浙江农作物种质资源

丛书主编　林福呈　戚行江　施俊生

大宗蔬菜卷

李国景　施俊生　牛晓伟 等　著

科学出版社

北　京

内 容 简 介

本书梳理和总结了农业农村部"第三次全国农作物种质资源普查与收集行动"和浙江省财政专项"浙江种质资源收集与保存"的普查、调查收集和鉴定评价成果。全书共六章,概述了浙江省大宗蔬菜种质资源多样性情况,以图文并茂的形式分别介绍了项目实施期间收集和征集到的瓜类、茄果类、豆类、叶菜类、根茎类蔬菜种质资源,详细描述了 559 份大宗蔬菜优异种质资源的名称、学名、采集地、主要特征特性、优异特性与利用价值、濒危状况及保护措施建议等。

本书主要面向从事蔬菜育种、栽培等研究的科技工作者、大专院校师生,以及蔬菜种业、产业管理人员,农业技术推广工作者,蔬菜种植大户。

图书在版编目(CIP)数据

浙江农作物种质资源. 大宗蔬菜卷 / 李国景等著. —北京:科学出版社,2023.3

ISBN 978-7-03-074823-2

Ⅰ. ①浙… Ⅱ. ①李… Ⅲ. ①作物-种质资源-浙江 ②蔬菜-种质资源-浙江 Ⅳ. ①S329.255 ②S630.24

中国国家版本馆 CIP 数据核字(2023)第 023788 号

责任编辑:陈 新 郝晨扬 / 责任校对:郑金红
责任印制:肖 兴 / 封面设计:无极书装

科 学 出 版 社 出版
北京东黄城根北街 16 号
邮政编码:100717
http://www.sciencep.com
北京九天鸿程印刷有限责任公司 印刷
科学出版社发行 各地新华书店经销
*
2023 年 3 月第 一 版 开本:787×1092 1/16
2023 年 3 月第一次印刷 印张:27
字数:637 000
定价:468.00 元
(如有印装质量问题,我社负责调换)

"浙江农作物种质资源"
丛书编委会

《浙江农作物种质资源·大宗蔬菜卷》
著者名单

主要著者

李国景　施俊生　牛晓伟

其他著者

（以姓名汉语拼音为序）

陈合云	陈人慧	陈孝赏	陈新娟	崔萌萌
范　敏	耿　玮	过维平	胡齐赞	姜偲倩
柯甫志	李　育	李志邈	林天宝	刘　娜
罗建丰	邱桂凤	沈　佳	盛小光	孙玉燕
屠昌鹏	汪宝根	汪精磊	王　驰	王凌云
王五宏	杨梢娜	俞法明	岳智臣	张古文
张权芳	赵彦婷	赵永彬	朱明义	朱育强

"浙江农作物种质资源"

丛 书 序

农作物种质资源是农业科技原始创新、现代种业发展的物质基础，是保障粮食安全、建设生态文明、支撑农业可持续发展的战略性资源。近年来，随着城镇建设速度加快，自然环境、种植业结构和土地经营方式等的变化，大量地方品种快速消失，作物野生近缘植物资源急剧减少。因此，农业部（现农业农村部）于2015年启动了"第三次全国农作物种质资源普查与收集行动"，以查清我国农作物种质资源本底，并开展种质资源的抢救性收集工作。

浙江省为2017年第三批启动"第三次全国农作物种质资源普查与收集行动"的省份之一，完成了63个县（市、区）农作物种质资源的全面普查、20个县（市、区）农作物种质资源的系统调查和抢救性收集，查清了浙江省农作物种质资源的基本情况，收集到各类种质资源3200余份，开展了系统的鉴定评价，筛选出一批优异的农作物种质资源，进一步丰富了我国农作物种质资源的战略储备。

在此基础上，浙江省农业科学院系统梳理和总结了浙江省农作物种质资源调查与鉴定评价成果，组织相关科技人员编撰了"浙江农作物种质资源"丛书。该丛书是浙江省"第三次全国农作物种质资源普查与收集行动"的重要成果，其编撰出版对于更好地保护与利用浙江省的农作物种质资源具有重要意义。

值此丛书脱稿之际，作此序，表示祝贺，并希望浙江省进一步加强农作物种质资源保护，深入开展种质资源鉴定评价工作，挖掘优异种质、优异基因，进一步推动种质资源共享共用，为浙江省现代种业发展和乡村振兴做出更大贡献。

中国工程院院士 刘旭

2022年2月

"浙江农作物种质资源"

❧ 丛 书 前 言 ❧

　　浙江省地处亚热带季风气候带，四季分明，雨量丰沛，地貌形态多样，孕育了丰富的农作物种质资源。浙江省历来重视种质资源的收集保存，先后于1958年、2004年组织开展了全省农作物种质资源调查征集工作，建成了一批具有浙江省地方特色的种质资源保护基地，一批名优地方品种被列为省级重点种质资源保护对象。

　　2015年，农业部（现农业农村部）启动了"第三次全国农作物种质资源普查与收集行动"。根据总体部署，浙江省于2017年启动了"第三次全国农作物种质资源普查与收集行动"，旨在查清浙江省农作物种质资源本底，抢救性收集珍稀、濒危作物野生种质资源和地方特色品种，以保护浙江省农作物种质资源的多样性，维护农业可持续发展的生态环境。

　　经过4年多的不懈努力，在浙江省农业厅（现浙江省农业农村厅）和浙江省农业科学院的共同努力下，调查收集和征集到各类种质资源3222份，其中粮食作物1120份、经济作物247份、蔬菜作物1327份、果树作物522份、牧草绿肥作物6份。通过系统的鉴定评价，筛选出一批优异种质资源，其中武义小佛豆、庆元白杨梅、东阳红粟、舟山海萝卜等4份地方特色种质资源先后入选农业农村部评选的2018～2021年"十大优异农作物种质资源"。

　　为全面总结浙江省"第三次全国农作物种质资源普查与收集行动"成果，浙江省农业科学院组织相关科技人员编撰"浙江农作物种质资源"丛书。本丛书分6卷，共收录了2030份农作物种质资源，其中水稻和油料作物165份、旱粮作物279份、豆类作物319份、大宗蔬菜559份、特色蔬菜187份、果树521份。丛书描述了每份种质资源的名称、学名、采集地、主要特征特性、优异特性与利用价值、濒危状况及保护措施建议等，多数种质资源在抗病性、抗逆性、品质等方面有较大优势，或富含功能因子、观赏价值等，对基础研究具有较高的科学价值，必将在种业发展、乡村振兴等方面发挥巨大作用。

　　本套丛书集科学性、系统性、实用性、资料性于一体，内容丰富，图文并茂，既可作为农作物种质资源领域的科技专著，又可供从事作物育种和遗传资源研究人员、大专院校师生、农业技术推广人员、种植户等参考。

由于浙江省农作物种质资源的多样性和复杂性，资料难以收全，尽管在编撰和统稿过程中注意了数据的补充、核实和编撰体例的一致性，但限于著者水平，书中不足之处在所难免，敬请广大读者不吝指正。

浙江省农业科学院院长　林福呈

2022年2月

目 录

第 一 章

绪 论

浙江地处东南沿海中纬度地带，地貌形态多样，具有独特的地理优势。全省陆域面积10.18万km²，其中山地和丘陵占70.4%，平原和盆地占23.2%，河流和湖泊占6.4%，素称"七山一水两分田"。全省多山地和丘陵，平原、江河、湖泊散布其间。地质、地形、气候的多样性和交互作用，使浙江成为农业门类齐全、作物种类繁多的综合性农区。在众多产业中，蔬菜产业已成为浙江农业生产中的重要产业，在农村经济、农民收入、城乡人民生活、社会经济建设中发挥着不可替代的重要作用。2020年，全省瓜菜播种面积1107万亩（1亩≈666.7m²，后文同），总产量达2119万t。

浙江种植蔬菜已有7000多年的发展历程，在璀璨的历史长河中，形成了浓厚的产业文化积淀，给后人留下了十分珍贵的历史财富。20世纪70年代，从余姚河姆渡遗址中发掘出碳化葫芦种子、菱角。距今4700多年的钱山漾遗址出土了甜瓜。从唐代开始，浙江蔬菜品种日益增多，据《植物名实图考长编》记载，杭嘉湖地区栽培的白菜品种有3个。据《新唐书·地理志》记载，在余杭的土贡中还有"蜜姜、干姜"。南宋嘉泰《会稽志》记载蔬菜品种有9类26种。南宋《梦粱录》记载蔬菜品种有苔心、矮菜、矮黄、大白头、小白头、夏菘、黄芽、芥菜、生菜、菠稜、莴苣、苦荬、葱、薤、韭、大蒜、小蒜、紫茄、水茄、梢瓜、黄瓜、葫芦、冬瓜、瓠子、芋、山药、牛蒡、茭白、蕨菜、萝卜、甘露子、水芹、芦笋、鸡头菜、藕条菜、姜、姜芽、新姜、老姜、菌等。明万历《会稽志》载有蔬菜品种41种，其中叶菜就有白菜、乌菘菜、矮青、箭杆菜（白）、塌棵菜、长梗白、香青菜、矮脚白等多个品种。清雍正《浙江通志》记载蔬菜种类有102个。

1958年浙江省农业厅（现浙江省农业农村厅）组织宁波、金华、嘉兴、台州4所农业学校的师生协助各县首次进行农作物种质资源的征集和调查工作，先后征集到4000多份种质资源。1979年浙江省农业科学院经再次补充征集，全省保存农作物种质资源（部分作物包括新选育和外地引进的品种）共计7903份，其中蔬菜种质资源511份。根据《浙江蔬菜品种志》（1994年）的记载，有根菜类等14大类84种511个品种，种植面积较大的有根菜、白菜、茄果、瓜类等14类。其中，根菜类主要有萝卜、胡萝卜、芜菁、芜菁甘蓝等，白菜类主要有结球白菜（黄芽菜类型和北方大白菜类型）、不结球白菜（包括普通白菜和塌菜两个变种），甘蓝类主要有结球甘蓝、球茎甘蓝、花椰菜，芥菜类主要有根芥、茎芥、叶芥，茄果类主要有番茄、茄子、辣椒，豆类主要有菜豆、豇豆、蚕豆、豌豆、扁豆、利马豆，瓜类有黄瓜、冬瓜、南瓜、葫芦、丝瓜等，葱蒜类主要有大蒜、葱、韭菜、薤，绿叶菜类有菠菜、茎用莴笋、芹菜，薯芋类有马铃薯、姜、芋、山药、豆薯，水生蔬菜类主要有莲藕、茭白，多年生蔬菜类有黄花菜、芦笋，果用瓜类有西瓜、甜瓜等，以及其他野生蔬菜。

近年来，受气候、耕作制度和农业经营方式的变化，特别是城镇化、工业化快速发展的影响，大量地方品种迅速消失，作物野生近缘植物资源也因其赖以生存繁衍的栖息地遭受破坏而急剧减少。为此，农业部（现农业农村部）、国家发展改革委、科技部联合印发了《全国农作物种质资源保护与利用中长期发展规划（2015—2030年）》（农种发〔2015〕2号）。2015年，农业部启动了"第三次全国农作物种质资源普查与收集行动"，并印发了《第三次全国农作物种质资源普查与收集行动实施方案》（农办种〔2015〕26号）。根据农业部办公厅印发《第三次全国农作物种质资源普查与收集行动2017年实施方案》的通知（农办种〔2017〕8号），2017年起浙江省全面开展农作物种质资源的普查与收集工作。为确保普查与收集工作的顺利实施，2017年浙江省农业厅印发了《浙江省农作物种质资源普查与收集行动实施方案》（浙农专发〔2017〕34号）、浙江省农业科学院印发了《第三次全国农作物种质资源普查与收集行动浙江省农业科学院实施方案》（浙农院科〔2017〕17号），旨在通过开展农作物种质资源普查与收集，抢救性收集珍稀、濒危作物野生种质资源，丰富浙江省农作物种质资源的数量和多样性。

2017～2021年，浙江省农业科学院组建由粮作、蔬菜、园艺、牧草等专业技术人员组成的系统调查队伍，参与全省63个普查县（市、区）农作物种质资源的全面普查和征集，对农作物种质资源最为丰富的20个调查县（市、区）开展系统调查和抢救性收集，对征集和收集到的种质资源进行扩繁、基本生物学特征特性鉴定评价，经过整理、整合并结合农民认知进行编目，提交到国家作物种质库（圃）。

《浙江农作物种质资源·大宗蔬菜卷》收录了经鉴定评价后具有代表性的大宗蔬菜种质资源559份。这些资源分别采集自浙江11个地级市，其中杭州市72份（建德市19份、临安市①17份、淳安县18份、富阳市9份、萧山区9份），宁波市38份（奉化市24份、宁海县6份、余姚市5份、慈溪市3份），温州市65份（瑞安市15份、苍南县13份、平阳县10份、文成县7份、瓯海区7份、洞头县5份、永嘉县4份、泰顺县4份），绍兴市19份（嵊州市7份、诸暨市6份、上虞区3份、新昌县3份），湖州市23份（长兴县14份、吴兴区4份、德清县3份、安吉县2份），嘉兴市65份（桐乡市25份、嘉善县17份、平湖市9份、海盐县9份、海宁市5份），金华市62份（武义县26份、浦江县12份、东阳市8份、兰溪市6份、磐安县4份、永康市5份、义乌市1份），衢州市56份（开化县32份、衢江区15份、常山县4份、柯城区2份、江山市2份、龙游县1份），台州市75份（黄岩区23份、三门县14份、温岭市11份、仙居县7份、路桥区6份、玉环县6份、天台县5份、临海市3份），丽水市58份（景宁畲族自治县27份、庆元县15份、松阳县7份、莲都区3份、龙泉市2份、云和县2份、遂昌县1份、青田县1份），舟山市26份（定海区20份、嵊泗县6份）。

本书主要涉及浙江省瓜类、茄果类、豆类、叶菜类、根茎类等五大类18种蔬菜作物，分5章共收录了559份种质资源。其中，第二章收录了瓜类蔬菜种质资源233份，第三章收录了茄果类蔬菜种质资源11份，第四章收录了豆类蔬菜种质资源153份，第五章收录了叶菜类蔬菜种质资源131份，第六章收录了根茎类蔬菜种质资源31份。下

---

① 临安市现为临安区，富阳市现为富阳区，奉化市现为奉化区，洞头县现为洞头区，玉环县现为玉环市，全书同。

面主要介绍一下本书所收录甜瓜、南瓜、瓠瓜、黄瓜、丝瓜、豇豆、豌豆、芥菜的资源概况。

本书收录的甜瓜为地方品种。有卵形、梨形、棒槌形等,果型指数0.8~6.4;单果重0.3~2.4kg;果皮底色以绿、黄、白为主,少数覆有点状、条状、棱状条纹,均无网纹;果肉以白、黄、绿为主,质地脆、粉、绵、软,厚度1.5~4.5cm,可溶性固形物含量3.4%~17.7%;大部分资源对白粉病和蔓枯病有较强抗性。

本书收录的南瓜为地方品种,均为中国南瓜。叶形掌状、掌状五角、心脏形、心脏五角和近圆形,叶面大多数白斑较少、少数白斑较多;商品瓜瓜面主要为多棱、皱缩、瘤突、平滑,纵径11.0~78.0cm,横径8.5~35.0cm;瓜形多样,包括梨形、盘形、长弯圆筒形、长颈圆筒形、心脏形、皇冠形等;老瓜皮色主要为黄褐、橙黄、墨绿和白,瓜面斑纹无、条状、块状、网状、点状,斑纹色黄、绿、红;老瓜肉色橙黄、金黄、浅黄等,单瓜重1.2~12.8kg。

本书收录的瓠瓜有野生资源和地方品种。第一子蔓节位6~9节;叶形包括心脏形、近圆形和近三角形,叶色浅绿、绿、深绿,叶片长19.5~40.3cm,叶片宽25.8~44.5cm,叶柄长12.2~33.1cm;第一雌花节位6~19节,雌花节率36.5%~99.1%;主蔓、主/侧蔓、子蔓结瓜;瓜形多样,主要包括梨形、牛腿形、葫芦形、圆形等;商品瓜皮色由白绿到深绿,部分瓜面有斑纹,斑纹主要为白、浅绿、绿,瓜面无蜡粉、有茸毛;瓜长11.0~36.7cm,横径6.4~13.2cm,瓜脐直径0.5~1.9cm。商品瓜肉厚5.6~12.2cm,肉色白或绿白,单瓜重0.5~1.5kg。

本书收录的黄瓜多为地方品种。叶形主要为掌状、掌状五角、心脏形、心脏五角和近圆形;第一雌花节位5~17节,主蔓或侧蔓结瓜;瓜形有短棒形、短圆筒形、长圆筒形、长棒形和纺锤形,瓜长13.0~38.3cm,瓜横径3.3~4.8cm,瓜把长1.1~5.2cm;瓜皮色乳白、白绿、绿白、浅绿、深绿等,瓜肉白、白绿、浅绿,瓜肉厚0.9~1.8cm;瓜面灰暗、较光亮、光亮,瓜棱无、微、浅、深,瓜刺色白、黄、棕、褐、黑,单瓜重96.7~325.0g。

本书收录的丝瓜为地方品种。叶色绿或深绿色,叶形心形、掌状深裂和掌状浅裂,叶片长19.0~30.0cm,叶片宽18.0~28.0cm;瓜形多样,包括短圆筒形、长圆筒形、长棍棒形、纺锤形等;瓜长12.5~48.0cm,横径3.2~6.3cm;瓜皮色白、黄白、黄绿、绿、深绿,无瓜斑或条状、点状瓜斑,瓜斑纹色黑、深绿、浅绿、黄白、黄绿等;大多数无瓜棱,少数有深棱;瓜肉白绿或白色,肉厚2.4~5.9cm,单瓜重139~575g。

本书收录的豇豆为地方品种和野生资源。生育期79~103天;粒色多样,包含白、橙、黑、红、双色、橙底褐花等,百粒重5.5~29.3g,粒形多样,包括肾形、球形、椭圆形、近三角形等;半蔓生或蔓生;叶片长9.0~18.2cm,叶片宽5.3~11.5cm,叶片呈卵菱形、卵圆形、披针形、长卵菱形,节间长5.0~22.3cm;荚型为软荚或硬荚;荚色多样,包括暗红、白绿、深绿、深紫等,荚形有圆筒形、弓形、长圆条形,嫩荚长9.8～67.3cm，嫩荚宽0.3～1.1cm，嫩荚厚0.3～1.1cm，荚壁纤维由无到多，嫩荚重2.3～31.4g，平均单荚粒数9.7～21.3粒；部分资源对锈病、病毒病、白粉病有较强抗性。

本书收录的豌豆为地方品种和野生资源。矮生或蔓生，生育期195～212天，初花节位11～21，鲜荚长3.5～10.6cm，鲜荚宽0.3～2.3cm，鲜荚荚形有镰刀形、直形、马刀形、联珠形，鲜荚重0.5～8.9g，单荚粒数为4.7～36.3粒，粒形包括扁球形、球形和柱形，种子表面光滑、皱缩或凹坑，粒色多样，包括黄色、斑纹、绿色、浅褐色、褐色，百粒重0.41～36.69g。

芥菜分为叶用、根用和茎用三类，本书收录的芥菜为地方品种。叶用芥菜株高30.0～64.0cm，株幅50.0～89.0cm，株型直立、半直立、开展和塌地；叶型板叶或花叶；叶形多样，包括长椭圆、倒卵、倒披针、阔椭圆等，叶面光滑、微皱、皱，叶色黄绿、绿、深绿、浅绿、紫、紫绿等，叶片长45.0～67.0cm，叶片宽2.0～37.0cm，叶柄白绿、绿或浅绿。根用芥菜肉质根形状为短圆柱、长圆柱、长圆锥，根尖平，肉质根纵径9.5～14.5cm，横径7.5～10.0cm，单根重0.28～0.94kg。茎用芥菜肉（瘤）茎类型为茎瘤或笋子，肉（瘤）茎形状近圆球、短棒或长纺锤，纵径15.0～22.0cm，横径5.0～10.0cm，浅绿色，重0.2～0.6kg。

本书还编录了萝卜、青菜、芹菜、苋菜、白菜、菜用大豆、菜豆、茄子、辣椒、冬瓜、苦瓜等种质资源。

第二章

浙江省瓜类蔬菜种质资源

第一节　甜瓜种质资源

1 长兴香瓜
2018331243①

【学　名】Cucurbitaceae（葫芦科）Cucumis（黄瓜属）Cucumis melo（甜瓜）。
【采集地】浙江省湖州市长兴县。

【主要特征特性】植株蔓生，中晚熟薄皮甜瓜材料，果实发育期37天左右。性型表现为雄花两性花同株，雌花稍大。子房椭圆形，子房表面少茸毛。成熟果实为白色果皮，有黄晕；果实呈卵形，单果重420.0g②，长和宽分别为12.5cm和8.6cm；脐部表现为圆形，果脐直径2.3cm；果肉呈白色，厚度2.3cm，中心可溶性固形物含量13.5%。口感粉质，带有香味。种子椭圆形，黄白色种皮。田间表现中抗蔓枯病，中抗白粉病。

【优异特性与利用价值】果实为粉状质地且具有香味，单果重400g以上。

【濒危状况及保护措施建议】在长兴县各乡镇仅少数农户零星种植，已很难收集到。在异位妥善保存的同时，建议扩大种植面积。

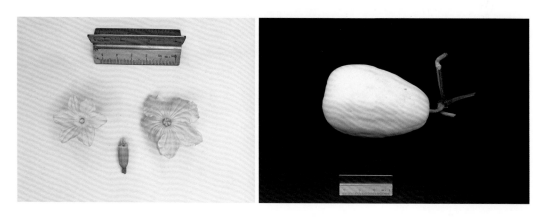

2 小雪瓜
P330109014

【学　名】Cucurbitaceae（葫芦科）Cucumis（黄瓜属）Cucumis melo（甜瓜）。
【采集地】浙江省杭州市萧山区。

【主要特征特性】植株蔓生，早中熟薄皮甜瓜材料，果实发育期31天左右。性型表现为雄花两性花同株，雌花稍大。子房圆形，子房表面少茸毛。成熟果实为白色果皮，稍有黄晕；果实呈梨形，单果重500.0g，长和宽分别为10.7cm和9.5cm；脐部表现为圆形，果脐直径1.3cm；果肉呈白色，厚度2.0cm，中心可溶性固形物含量16.1%。口感稍脆，带有香味。种子椭圆形，黄白色种皮。田间表现中抗蔓枯病，中抗白粉病。

---

① 全国统一编号，全书同。

② 此类数据均为平均值，全书同。

【优异特性与利用价值】成熟果实口感稍脆，味道香甜，中心可溶性固形物含量达16%以上。

【濒危状况及保护措施建议】在萧山区各乡镇仅少数农户零星种植，已很难收集到。在异位妥善保存的同时，建议扩大种植面积。

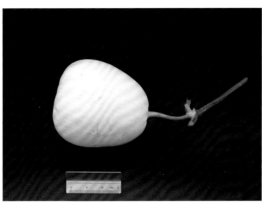

3 萧山黄金瓜
P330109015

【学　名】Cucurbitaceae（葫芦科）Cucumis（黄瓜属）Cucumis melo（甜瓜）。
【采集地】浙江省杭州市萧山区。

【主要特征特性】植株蔓生，中晚熟薄皮甜瓜材料，果实发育期38天左右。性型表现为雄花两性花同株，雌花稍大。子房椭圆形，子房表面多茸毛。成熟果实为浅黄色果皮，横沟明显；果实呈圆柱形，单果重350.0g，长和宽分别为12.5cm和7.0cm；脐部表现为圆形，果脐直径1.2cm；果肉呈白色，厚度2.2cm，中心可溶性固形物含量10.2%。口感粉质，带有香味。种子椭圆形，黄白色种皮。田间表现中抗蔓枯病，中抗白粉病。

【优异特性与利用价值】成熟果实果皮呈浅黄色，果实形状为圆柱形。

【濒危状况及保护措施建议】在萧山区各乡镇仅少数农户零星种植，已很难收集到。在异位妥善保存的同时，建议扩大种植面积。

4 棒形瓜

P330109016

【学　名】Cucurbitaceae（葫芦科）Cucumis（黄瓜属）Cucumis melo（甜瓜）。

【采集地】浙江省杭州市萧山区。

【主要特征特性】植株蔓生，早中熟薄皮甜瓜材料，果实发育期30天左右。性型表现为雄花两性花同株，雌花稍大。子房椭圆形，子房表面多茸毛。成熟果实为淡绿色果皮，绿色横沟明显；果实呈瓶颈形，单果重390.0g，长和宽分别为16.1cm和7.3cm；脐部表现为圆形，果脐直径1.5cm；果肉呈白绿色，厚度4.3cm，中心可溶性固形物含量14.1%。口感脆质，带有香味。种子椭圆形，黄褐色种皮。田间表现中抗蔓枯病，中抗白粉病。

【优异特性与利用价值】果实果肉较厚，且中心可溶性固形物含量达14%以上。

【濒危状况及保护措施建议】在萧山区各乡镇仅少数农户零星种植，已很难收集到。在异位妥善保存的同时，建议扩大种植面积。

5 花蒲瓜

P330109020

【学　名】Cucurbitaceae（葫芦科）Cucumis（黄瓜属）Cucumis melo（甜瓜）。

【采集地】浙江省杭州市萧山区。

【主要特征特性】植株蔓生，早中熟薄皮甜瓜材料，果实发育期27天左右。性型表现为雄花两性花同株，雌花稍大。子房长椭圆形，子房表面少茸毛。成熟果实为绿色果皮，浅绿色横沟明显；果实呈卵形，单果重1000.0g，长和宽分别为22.8cm和9.6cm；脐部表现为圆形，果脐直径1.3cm；果肉呈淡绿白色，厚度2.8cm，中心可溶性固形物含量10.9%。口感脆质，带有清香味。种子椭圆形，黄白色种皮。田间表现中抗蔓枯病，中抗白粉病。

【优异特性与利用价值】单果重达1000.0g，且果肉质地为脆质。

【濒危状况及保护措施建议】在萧山区各乡镇仅少数农户零星种植，已很难收集到。在异位妥善保存的同时，建议扩大种植面积。

 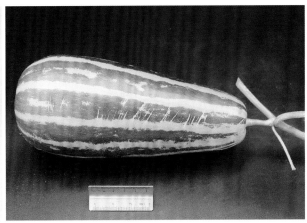

6 灵昆甜瓜
P330305008

【学　名】Cucurbitaceae（葫芦科）*Cucumis*（黄瓜属）*Cucumis melo*（甜瓜）。
【采集地】浙江省温州市洞头县。

【**主要特征特性**】植株蔓生，早中熟薄皮甜瓜材料，果实发育期32天左右。性型表现为雄花两性花同株，雌花稍大。子房圆形，子房表面少茸毛。成熟果实为白色果皮，稍有黄晕；果实呈梨形，单果重380.0g，长和宽分别为7.5cm和9.0cm；脐部表现为多角形，果脐直径3.4cm；果肉呈白色，厚度1.5cm，中心可溶性固形物含量13.1%。口感粉质，带有香味。种子椭圆形，黄白色种皮。田间表现中抗蔓枯病，中抗白粉病。

【**优异特性与利用价值**】果实个头较小，但连续坐果能力强。

【**濒危状况及保护措施建议**】在洞头县各乡镇仅少数农户零星种植，已很难收集到。在异位妥善保存的同时，建议扩大种植面积。

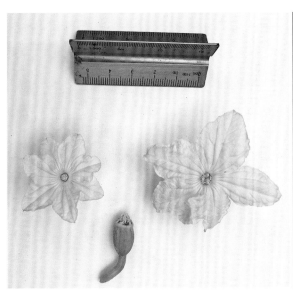 

7 白梨瓜

P330424005

【学　名】 Cucurbitaceae（葫芦科）*Cucumis*（黄瓜属）*Cucumis melo*（甜瓜）。
【采集地】 浙江省嘉兴市海盐县。

【主要特征特性】 植株蔓生，中晚熟薄皮甜瓜材料，果实发育期35天左右。性型表现为雄花两性花同株，雌花稍大。子房圆形，子房表面多茸毛。成熟果实为白色果皮，绿色棱沟明显；果实呈梨形，单果重790.0g，长和宽分别为10.4cm和12.4cm；脐部表现为圆形，果脐直径4.5cm；果肉呈白色，厚度2.0cm，中心可溶性固形物含量11.1%。口感软糯质，稍带有香味。种子椭圆形，黄白色种皮。田间表现中抗蔓枯病，中抗白粉病。

【优异特性与利用价值】 果实白皮带有绿色棱沟，单果重可达800.0g。

【濒危状况及保护措施建议】 在海盐县各乡镇仅少数农户零星种植，已很难收集到。在异位妥善保存的同时，建议扩大种植面积。

8 老来红

P330482005

【学　名】 Cucurbitaceae（葫芦科）*Cucumis*（黄瓜属）*Cucumis melo*（甜瓜）。
【采集地】 浙江省嘉兴市平湖市。

【主要特征特性】 植株蔓生，中晚熟薄皮甜瓜材料，果实发育期35天左右。性型表现为雄花两性花同株，雌花稍大。子房椭圆形，子房表面多茸毛。成熟果实为绿色果皮，浅绿色棱沟明显；果实呈梨形，单果重820.0g，长和宽分别为11.5cm和12.4cm；脐部表现为圆形，果脐直径1.2cm；果肉呈淡绿色，厚度3.0cm，中心可溶性固形物含量7.9%。口感软质，稍带有香味。种子椭圆形，粉白色种皮。田间表现中抗蔓枯病，中抗白粉病。

【优异特性与利用价值】 果实为软状质地，单果重800.0g以上。

【濒危状况及保护措施建议】 在平湖市各乡镇仅少数农户零星种植，已很难收集到。在异位妥善保存的同时，建议扩大种植面积。

9 光皮水甜瓜
P330482006

【学　名】Cucurbitaceae（葫芦科）*Cucumis*（黄瓜属）*Cucumis melo*（甜瓜）。
【采集地】浙江省嘉兴市平湖市。

【主要特征特性】植株蔓生，早中熟薄皮甜瓜材料，果实发育期32天左右。性型表现为雄花两性花同株，雌花稍大。子房圆形，子房表面多茸毛。成熟果实为黄绿色果皮，带有点状斑点；果实呈梨形，单果重350.0g，长和宽分别为7.5cm和9.3cm；脐部表现为圆形，果脐直径2.0cm；果肉呈黄绿色，厚度2.0cm，中心可溶性固形物含量17.7%。口感稍粉质，带有香味。种子椭圆形，黄白色种皮。田间表现中抗蔓枯病，中抗白粉病。

【优异特性与利用价值】果实光滑，带有点状斑点，且中心可溶性固形物含量17%以上。

【濒危状况及保护措施建议】在平湖市各乡镇仅少数农户零星种植，已很难收集到。在异位妥善保存的同时，建议扩大种植面积。

10 田鸡瓜

P330482008

【学　名】Cucurbitaceae（葫芦科）*Cucumis*（黄瓜属）*Cucumis melo*（甜瓜）。

【采集地】浙江省嘉兴市平湖市。

【主要特征特性】植株蔓生，早中熟薄皮甜瓜材料，果实发育期31天左右。性型表现为雄花两性花同株，雌花稍大。子房长椭圆形，子房表面少茸毛。成熟果实为黄绿色果皮，浅绿色棱沟明显；果实呈棒形，单果重1120.0g，长和宽分别为19.0cm和4.8cm；脐部表现为圆形，果脐直径1.4cm；果肉呈白色，厚度4.5cm，中心可溶性固形物含量7.1%。口感为软韧质地，稍有酸味。种子椭圆形，黄白色种皮。田间表现中抗蔓枯病，中抗白粉病。

【优异特性与利用价值】果实果肉较厚，达4.5cm；果实较重，单果重1000.0g以上；果实稍具有酸味。

【濒危状况及保护措施建议】在平湖市各乡镇仅少数农户零星种植，已很难收集到。在异位妥善保存的同时，建议扩大种植面积。

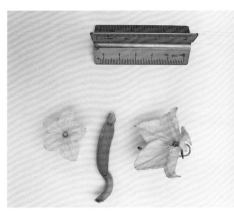

11 黄梨瓜

P330726004

【学　名】Cucurbitaceae（葫芦科）*Cucumis*（黄瓜属）*Cucumis melo*（甜瓜）。

【采集地】浙江省金华市浦江县。

【主要特征特性】植株蔓生，早中熟薄皮甜瓜材料，果实发育期31天左右。性型表现为雄花两性花同株，雌花稍大。子房椭圆形，子房表面少茸毛。成熟果实为淡黄色果皮，白色棱沟明显；果实呈梨形，单果重700.0g，长和宽分别为12.3cm和10.2cm；脐部表现为圆形，果脐直径2.8cm；果肉呈白色，厚度2.2cm，中心可溶性固形物含量12.8%。口感粉质，带有香味。种子椭圆形，黄白色种皮。田间表现中抗蔓枯病，中抗白粉病。

【优异特性与利用价值】果实发育期较短，单果重可达700.0g。

【濒危状况及保护措施建议】在浦江县各乡镇仅少数农户零星种植，已很难收集到。在异位妥善保存的同时，建议扩大种植面积。

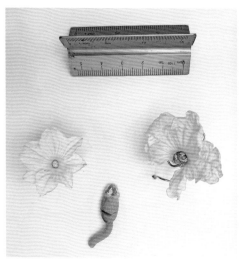

12 本地黄金瓜

P331004002

【学　名】Cucurbitaceae（葫芦科）*Cucumis*（黄瓜属）*Cucumis melo*（甜瓜）。

【采集地】浙江省台州市路桥区。

【主要特征特性】植株蔓生，早熟薄皮甜瓜材料，果实发育期28天左右。性型表现为雄花两性花同株，雌花稍大。子房椭圆形，子房表面少茸毛。成熟果实为黄色果皮，浅黄色棱沟明显；果实呈卵形，单果重560.0g，长和宽分别为12.8cm和9.3cm；脐部表现为圆形，果脐直径1.0cm；果肉呈白色，厚度2.5cm，中心可溶性固形物含量11.2%。口感脆质，带有香味。种子椭圆形，黄白色种皮。田间表现中抗蔓枯病，中抗白粉病。

【优异特性与利用价值】果实早熟，口感香甜，且果脐直径较小。

【濒危状况及保护措施建议】在路桥区各乡镇仅少数农户零星种植，已很难收集到。在异位妥善保存的同时，建议扩大种植面积。

13 本地花甜瓜

P331004003

【学 名】Cucurbitaceae（葫芦科）Cucumis（黄瓜属）Cucumis melo（甜瓜）。
【采集地】浙江省台州市路桥区。

【主要特征特性】植株蔓生，中晚熟薄皮甜瓜材料，果实发育期28天左右。性型表现为雄花两性花同株，雌花稍大。子房长椭圆形，子房表面多茸毛。成熟果实为浅绿色果皮，绿色棱沟明显；果实呈瓶颈形，单果重440.0g，长和宽分别为18.4cm和8.4cm；脐部凸起，表现为圆形，果脐直径2.6cm；果肉呈淡绿白色，厚度2.0cm，中心可溶性固形物含量9.0%。口感脆质，带有清香味。种子椭圆形，黄褐色种皮。田间表现中抗蔓枯病，中抗白粉病。

【优异特性与利用价值】果实早熟，带有清香味。

【濒危状况及保护措施建议】在路桥区各乡镇仅少数农户零星种植，已很难收集到。在异位妥善保存的同时，建议扩大种植面积。

14 青瓜

P331021014

【学 名】Cucurbitaceae（葫芦科）Cucumis（黄瓜属）Cucumis melo（甜瓜）。
【采集地】浙江省台州市玉环县。

【主要特征特性】植株蔓生，早中熟薄皮甜瓜材料，果实发育期30天左右。性型表现为雄花两性花同株，雌花稍大。子房圆形，子房表面多茸毛。成熟果实为浅绿色果皮，棱沟明显；果实呈梨形，单果重450.0g，长和宽分别为8.4cm和9.4cm；脐部表现为多角形，果脐直径3.5cm；果肉呈黄绿色，厚度3.5cm，中心可溶性固形物含量8.7%。口感脆质，带有清香味。种子椭圆形，黄白色种皮。田间表现中抗蔓枯病，中抗白粉病。

【优异特性与利用价值】果实早中熟，果肉呈黄绿色，厚度达3.5cm。

【濒危状况及保护措施建议】在玉环县各乡镇仅少数农户零星种植，已很难收集到。在异位妥善保存的同时，建议扩大种植面积。

15 牛轭瓜

P331081005

【学　名】Cucurbitaceae（葫芦科）*Cucumis*（黄瓜属）*Cucumis melo*（甜瓜）。

【采集地】浙江省台州市温岭市。

【主要特征特性】植株蔓生，早熟薄皮甜瓜材料，果实发育期27天左右。性型表现为雄花两性花同株，雌花稍大。子房椭圆形，子房表面少茸毛。成熟果实为淡绿色果皮，无黄晕；果实呈棒形，单果重2317.0g，长和宽分别为41.0cm和10.0cm；脐部凸起，表现为圆形，果脐直径2.2cm；果肉呈白色，厚度4.0cm，中心可溶性固形物含量6.3%。口感脆质，带有清香味。种子椭圆形，黄白色种皮。田间表现中抗蔓枯病，中抗白粉病。

【优异特性与利用价值】果实早熟，单果重超过2000.0g，且果肉厚度达4.0cm。

【濒危状况及保护措施建议】在温岭市各乡镇仅少数农户零星种植，已很难收集到。在异位妥善保存的同时，建议扩大种植面积。

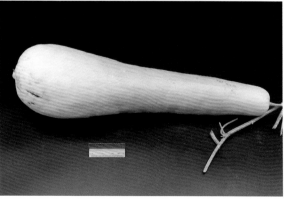

16 安阳香瓜

2017331062

【学　名】Cucurbitaceae（葫芦科）Cucumis（黄瓜属）Cucumis melo（甜瓜）。

【采集地】浙江省杭州市淳安县。

【主要特征特性】植株蔓生，早中熟薄皮甜瓜材料，果实发育期30天左右。性型表现为雄花两性花同株，雌花稍大。子房椭圆形，子房表面多茸毛。成熟果实为白色果皮，有浅绿色棱沟；果实呈圆柱形，单果重620.0g，长和宽分别为12.4cm和9.5cm；脐部表现为圆形，果脐直径2.8cm；果肉呈淡绿白色，厚度3.1cm，中心可溶性固形物含量13.9%。口感粉质，带有香味。种子椭圆形，黄白色种皮。田间表现中抗蔓枯病，中抗白粉病。

【优异特性与利用价值】果实为粉状质地且具有香味，入口香甜。

【濒危状况及保护措施建议】在淳安县各乡镇仅少数农户零星种植，已很难收集到。在异位妥善保存的同时，建议扩大种植面积。

17 金龙沙瓜

2017335089

【学　名】Cucurbitaceae（葫芦科）Cucumis（黄瓜属）Cucumis melo（甜瓜）。

【采集地】浙江省温州市苍南县。

【主要特征特性】植株蔓生，中晚熟薄皮甜瓜材料，果实发育期33天左右。性型表现为雄花两性花同株，雌花稍大。子房长椭圆形，子房表面少茸毛。成熟果实为绿色斑点状果皮，棱沟明显；果实呈棒形，单果重520.0g，长和宽分别为17.2cm和8.3cm；脐部表现为圆形，果脐直径2.8cm；果肉呈淡绿色，厚度3.5cm，中心可溶性固形物含量6.7%。口感软质，带有清香味。种子椭圆形，黄褐色种皮。田间表现中抗蔓枯病，中抗白粉病。

【优异特性与利用价值】果实为斑点状果皮，果肉厚度达3.5cm。

【濒危状况及保护措施建议】在苍南县各乡镇仅少数农户零星种植，已很难收集到。在异位妥善保存的同时，建议扩大种植面积。

18 黄湾生瓜

P330481008

【学 名】Cucurbitaceae（葫芦科）Cucumis（黄瓜属）Cucumis melo（甜瓜）。

【采集地】浙江省嘉兴市海宁市。

【主要特征特性】植株蔓生，早中熟薄皮甜瓜材料，果实发育期30天左右。性型表现为雄花两性花同株，雌花稍大。子房长椭圆形，子房表面少茸毛。成熟果实为浅绿色果皮，绿色棱沟明显；果实呈棒形，单果重1200.0g，长和宽分别为42.5cm和6.6cm；脐部表现为圆形，果脐直径0.8cm；果肉呈淡绿色，厚度4.0cm，中心可溶性固形物含量5.0%。口感脆质，带有清香味。种子椭圆形，黄白色种皮。田间表现中抗蔓枯病，中抗白粉病。

【优异特性与利用价值】果实呈棒形，单果重1000g以上，口感松脆且具有风味，且果脐直径较小。

【濒危状况及保护措施建议】在海宁市各乡镇仅少数农户零星种植，已很难收集到。在异位妥善保存的同时，建议扩大种植面积。

19 开化菜瓜-1
2018332460 【学 名】Cucurbitaceae（葫芦科）Cucumis（黄瓜属）Cucumis melo（甜瓜）。
【采集地】浙江省衢州市开化县。

【主要特征特性】植株蔓生，中晚熟薄皮甜瓜材料，果实发育期33天左右。性型表现为雌花雄花同株异花，雌花稍大。子房长椭圆形，子房表面多茸毛。成熟果实为黄色果皮，带有斑点，棱沟明显；果实呈卵形，单果重1200.0g，长和宽分别为19.3cm和11.0cm；脐部表现为圆形，果脐直径0.5cm；果肉呈淡绿白色，厚度4.0cm，中心可溶性固形物含量4.7%。口感绵质，带有清香味。种子椭圆形，黄白色种皮。田间表现中抗蔓枯病，中抗白粉病。

【优异特性与利用价值】果实为绵状质地且具有清香味，单果重1000.0g以上，且果脐直径较小。性型表现为雌花雄花同株异花，可以在育种亲本中渐渗，利于亲本的杂交。

【濒危状况及保护措施建议】在开化县各乡镇仅少数农户零星种植，已很难收集到。在异位妥善保存的同时，建议扩大种植面积。

20 开化菜瓜-2
2018332404 【学 名】Cucurbitaceae（葫芦科）Cucumis（黄瓜属）Cucumis melo（甜瓜）。
【采集地】浙江省衢州市开化县。

【主要特征特性】植株蔓生，早中熟薄皮甜瓜材料，果实发育期30天左右。性型表现为雌花雄花同株异花，雌花稍大。子房椭圆形，子房表面少茸毛。成熟果实为黄色果皮，白色棱沟明显；果实呈卵形，单果重2100.0g，长和宽分别为24.5cm和13.0cm；脐部表现为圆形，果脐直径0.9cm；果肉呈淡黄白色，厚度3.5cm，中心可溶性固形物含量4.7%。口感绵质，带有清香味。种子椭圆形，黄白色种皮。田间表现中抗蔓枯病，中抗白粉病。

【优异特性与利用价值】果实外观漂亮，绵状质地且具有清香味，单果重2000.0g以上，且果脐直径较小。性型表现为雌花雄花同株异花，可以在育种亲本中渐渗，利于亲本的杂交。

【濒危状况及保护措施建议】在开化县各乡镇仅少数农户零星种植，已很难收集到。在异位妥善保存的同时，建议扩大种植面积。

21 瑞安松瓜-1
2018335222

【学　名】Cucurbitaceae（葫芦科）*Cucumis*（黄瓜属）*Cucumis melo*（甜瓜）。
【采集地】浙江省温州市瑞安市。

【主要特征特性】植株蔓生，早熟薄皮甜瓜材料，果实发育期27天左右。性型表现为雄花两性花同株，雌花稍大。子房长椭圆形，子房表面少茸毛。成熟果实为绿色斑点状果皮，棱沟明显；果实呈棒形，单果重1170.0g，长和宽分别为27.3cm和9.0cm；脐部表现为圆形，果脐直径1.8cm；果肉呈白色，厚度3.3cm，中心可溶性固形物含量5.6%。口感脆质，带有清香味。种子椭圆形，黄白色种皮。田间表现中抗蔓枯病，中抗白粉病。

【优异特性与利用价值】早熟类型，果实发育期仅27天左右。

【濒危状况及保护措施建议】在瑞安市各乡镇仅少数农户零星种植，已很难收集到。在异位妥善保存的同时，建议扩大种植面积。

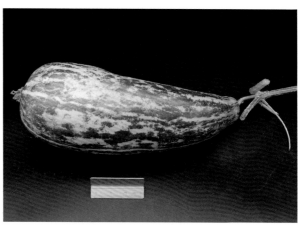

22 白甜瓜
2018333631

【学　名】Cucurbitaceae（葫芦科）Cucumis（黄瓜属）Cucumis melo（甜瓜）。
【采集地】浙江省台州市黄岩区。

【主要特征特性】植株蔓生，早中熟薄皮甜瓜材料，果实发育期32天左右。性型表现为雄花两性花同株，雌花稍大。子房椭圆形，子房表面少茸毛。成熟果实为浅绿色斑点状果皮，白色棱沟明显；果实呈卵形，单果重1000.0g，长和宽分别为20.0cm和9.1cm；脐部表现为多角形，果脐直径2.2cm；果肉呈淡绿白色，厚度2.2cm，中心可溶性固形物含量10.2%。口感绵质，带有清香味。种子椭圆形，黄褐色种皮。田间表现中抗蔓枯病，中抗白粉病。

【优异特性与利用价值】果皮颜色漂亮，单果重达1000.0g。

【濒危状况及保护措施建议】在黄岩区各乡镇仅少数农户零星种植，已很难收集到。在异位妥善保存的同时，建议扩大种植面积。

23 青皮绿玉糖瓜
2018333632

【学　名】Cucurbitaceae（葫芦科）Cucumis（黄瓜属）Cucumis melo（甜瓜）。
【采集地】浙江省台州市黄岩区。

【主要特征特性】植株蔓生，早中熟薄皮甜瓜材料，果实发育期32天左右。性型表现为雄花两性花同株，雌花稍大。子房圆形，子房表面多茸毛。成熟果实为绿色果皮，棱沟明显；果实呈梨形，单果重900.0g，长和宽分别为12.0cm和12.8cm；脐部表现为圆形，果脐直径2.5cm；果肉呈黄绿色，厚度2.5cm，中心可溶性固形物含量10.7%。口感粉质，带有香味。种子椭圆形，黄白色种皮。田间表现中抗蔓枯病，中抗白粉病。

【优异特性与利用价值】果实为粉状质地且具有香味，入口香甜。

【濒危状况及保护措施建议】在黄岩区各乡镇仅少数农户零星种植，已很难收集到。在异位妥善保存的同时，建议扩大种植面积。

24 白糖瓜

2018333633

【学　名】Cucurbitaceae（葫芦科）*Cucumis*（黄瓜属）*Cucumis melo*（甜瓜）。

【采集地】浙江省台州市黄岩区。

【主要特征特性】植株蔓生，早熟薄皮甜瓜材料，果实发育期27天左右。性型表现为雄花两性花同株，雌花稍大。子房圆形，子房表面少茸毛。成熟果实为白色果皮，浅绿色棱沟不太明显；果实呈梨形，单果重600.0g，长和宽分别为11.3cm和10.3cm；脐部表现为圆形，果脐直径2.3cm；果肉呈白色，厚度2.3cm，中心可溶性固形物含量10.9%。口感粉质，带有香味。种子椭圆形，黄白色种皮。田间表现中抗蔓枯病，中抗白粉病。

【优异特性与利用价值】果实早熟，为粉状质地且具有香味。

【濒危状况及保护措施建议】在黄岩区各乡镇仅少数农户零星种植，已很难收集到。在异位妥善保存的同时，建议扩大种植面积。

25 开化菜瓜-3
2018332419　【学　名】Cucurbitaceae（葫芦科）Cucumis（黄瓜属）Cucumis melo（甜瓜）。
【采集地】浙江省衢州市开化县。

【主要特征特性】植株蔓生，早中熟薄皮甜瓜材料，果实发育期33天左右。性型表现为雌花雄花同株异花，雌花稍大。子房椭圆形，子房表面多茸毛。成熟果实为黄色带有绿点果皮，白色棱沟明显；果实呈卵形，单果重1950.0g，长和宽分别为21.8cm和13.3cm；脐部表现为圆形，果脐直径0.3cm；果肉呈白色，厚度4.0cm，中心可溶性固形物含量3.9%。口感绵质，带有清香味。种子椭圆形，黄白色种皮。田间表现中抗蔓枯病，中抗白粉病。

【优异特性与利用价值】果实外观漂亮，表皮带有绿色斑点，且果脐直径较小。性型表现为雌花雄花同株异花，可以在育种亲本中渐渗，利于亲本的杂交。

【濒危状况及保护措施建议】在开化县各乡镇仅少数农户零星种植，已很难收集到。在异位妥善保存的同时，建议扩大种植面积。

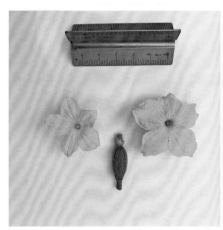 

26 白阳甜瓜
2017335090　【学　名】Cucurbitaceae（葫芦科）Cucumis（黄瓜属）Cucumis melo（甜瓜）。
【采集地】浙江省温州市苍南县。

【主要特征特性】植株蔓生，早中熟薄皮甜瓜材料，果实发育期30天左右。性型表现为雄花两性花同株，雌花稍大。子房圆形，子房表面少茸毛。成熟果实为白色果皮，稍有黄晕；果实呈梨形，单果重300.0g，长和宽分别为6.8cm和8.8cm；脐部表现为圆形，果脐直径2.8cm；果肉呈白色，厚度1.5cm，中心可溶性固形物含量10.4%。口感脆质，带有香味。种子椭圆形，黄白色种皮。田间表现中抗蔓枯病，中抗白粉病。

【优异特性与利用价值】果实外观小巧圆润，生育期较短。

【濒危状况及保护措施建议】在苍南县各乡镇仅少数农户零星种植，已很难收集到。在异位妥善保存的同时，建议扩大种植面积。

27 小白瓜
2019335009

【学　名】Cucurbitaceae（葫芦科）*Cucumis*（黄瓜属）*Cucumis melo*（甜瓜）。
【采集地】浙江省舟山市定海区。

【主要特征特性】植株蔓生，早熟薄皮甜瓜材料，果实发育期29天左右。性型表现为雄花两性花同株，雌花稍大。子房圆形，子房表面少茸毛。成熟果实为白色果皮，稍有黄晕；果实呈梨形，单果重530.0g，长和宽分别为9.2cm和10.8cm；脐部表现为圆形，果脐直径2.3cm；果肉呈白色，厚度2.0cm，中心可溶性固形物含量15.1%。口感脆质，带有香味。种子椭圆形，黄褐色种皮。田间表现中抗蔓枯病，中抗白粉病。

【优异特性与利用价值】果实口感细脆，且中心可溶性固形物含量达15%左右。

【濒危状况及保护措施建议】在定海区各乡镇仅少数农户零星种植，已很难收集到。在异位妥善保存的同时，建议扩大种植面积。

28 舟山黄金瓜
2019335008

【学　名】Cucurbitaceae（葫芦科）Cucumis（黄瓜属）Cucumis melo（甜瓜）。
【采集地】浙江省舟山市定海区。

【主要特征特性】植株蔓生，早中熟薄皮甜瓜材料，果实发育期33天左右。性型表现为雄花两性花同株，雌花稍大。子房椭圆形，子房表面少茸毛。成熟果实为黄色果皮，果实表面有裂纹，棱沟不明显；果实呈瓶颈形，单果重560.0g，长和宽分别为16.0cm和8.6cm；脐部表现为圆形，果脐直径1.5cm；果肉呈白色，厚度3.0cm，中心可溶性固形物含量9.1%。口感粉质，带有香味。种子椭圆形，黄白色种皮。田间表现中抗蔓枯病，中抗白粉病。

【优异特性与利用价值】果实为粉状质地且具有香味，单果重500.0g以上。

【濒危状况及保护措施建议】在定海区各乡镇仅少数农户零星种植，已很难收集到。在异位妥善保存的同时，建议扩大种植面积。

29 梢瓜
2019335007

【学　名】Cucurbitaceae（葫芦科）Cucumis（黄瓜属）Cucumis melo（甜瓜）。
【采集地】浙江省舟山市定海区。

【主要特征特性】植株蔓生，早熟薄皮甜瓜材料，果实发育期29天左右。性型表现为雄花两性花同株，雌花稍大。子房椭圆形，子房表面多茸毛。成熟果实为绿色斑点状果皮，白色棱沟明显；果实呈棒形，单果重1200.0g，长和宽分别为22.0cm和10.4cm；脐部表现为圆形，果脐直径2.8cm；果肉呈白色，厚度2.8cm，中心可溶性固形物含量3.4%。口感粉质，带有清香味。种子椭圆形，黄白色种皮。田间表现中抗蔓枯病，中抗白粉病。

【优异特性与利用价值】果实为粉状质地，单果重1000.0g以上。

【濒危状况及保护措施建议】在定海区各乡镇仅少数农户零星种植，已很难收集到。在异位妥善保存的同时，建议扩大种植面积。

30 青皮绿肉

2019335010

【学　名】Cucurbitaceae（葫芦科）Cucumis（黄瓜属）Cucumis melo（甜瓜）。
【采集地】浙江省舟山市定海区。

【主要特征特性】植株蔓生，早中熟薄皮甜瓜材料，果实发育期29天左右。性型表现为雄花两性花同株，雌花稍大。子房为圆形，子房表面少茸毛。成熟果实为淡绿色果皮，棱角明显；果实呈梨形，单果重580.0g，长和宽分别为9.8cm和10.4cm；脐部表现为多角形，果脐直径2.5cm；果肉呈绿白色，厚度2.3cm，中心可溶性固形物含量13.1%。口感粉质，带有香味。种子椭圆形，黄白色种皮。田间表现中抗蔓枯病，中抗白粉病。

【优异特性与利用价值】果实为粉状质地且香味浓郁，单果重500.0g以上。

【濒危状况及保护措施建议】在定海区各乡镇仅少数农户零星种植，已很难收集到。在异位妥善保存的同时，建议扩大种植面积。

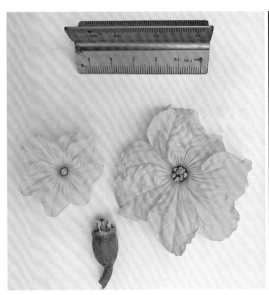
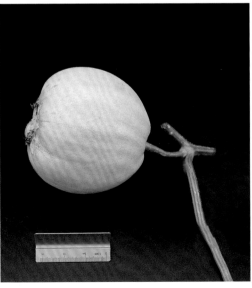

31　活守瓜（黑小囡）

P330482007

【学　名】Cucurbitaceae（葫芦科）Cucumis（黄瓜属）Cucumis melo（甜瓜）。

【采集地】浙江省嘉兴市平湖市。

【主要特征特性】植株蔓生，中晚熟薄皮甜瓜材料，果实发育期42天左右。性型表现为雄花两性花同株，雌花稍大。子房椭圆形，子房表面少茸毛。成熟果实为绿色果皮，稍有黄晕；果实呈梨形，单果重460.0g，长和宽分别为9.9cm和8.6cm；脐部表现为圆形，果脐直径2.2cm；果肉呈黄绿色，厚度2.5cm，中心可溶性固形物含量7.6%。口感脆质，带有香味。种子椭圆形，黄白色种皮。田间表现结实率高，单株上能结4个或5个，但田间对蔓枯病抗性较差。

【优异特性与利用价值】果实为脆肉型，单株坐果能力强，单果重400.0g以上，产量高。

【濒危状况及保护措施建议】在平湖市仅少数农户零星种植，已很难收集到。在异位妥善保存的同时，建议扩大种植面积。

32　白瓜

P331021013

【学　名】Cucurbitaceae（葫芦科）Cucumis（黄瓜属）Cucumis melo（甜瓜）。

【采集地】浙江省台州市玉环县。

【主要特征特性】植株蔓生，早中熟薄皮甜瓜材料，果实发育期28天左右。性型表现为雄花两性花同株，雌花稍大。子房椭圆形，子房表面少茸毛。成熟果实为白色果皮，稍有黄晕，果面有圈裂；果实呈梨形，单果重600.0g，长和宽分别为9.3cm和10.5cm；脐部表现为圆形，果脐直径2.0cm；果肉呈白色，厚度2.3cm，中心可溶性固形物含量12.5%。口感脆，带有香味。种子椭圆形，黄白色种皮。田间表现中抗蔓枯病，中抗白粉病；连续结果能力强。

【优异特性与利用价值】成熟果实口感脆，味道香甜，连续坐果能力强。

【濒危状况及保护措施建议】在玉环县仅少数农户零星种植，已很难收集到。在异位妥善保存的同时，建议扩大种植面积。

33 长白瓜
P331021019
【学　名】Cucurbitaceae（葫芦科）Cucumis（黄瓜属）Cucumis melo（甜瓜）。
【采集地】浙江省台州市玉环县。

【主要特征特性】植株蔓生，中晚熟厚薄皮甜瓜材料，果实发育期39天左右。性型表现为雄花两性花同株，雌花与雄花大小接近。子房椭圆形，子房表面多茸毛。成熟果实为浅绿色果皮，稍有绿色斑条；果实呈圆形，单果重2000.0g，长和宽分别为19.0cm和15.0cm；脐部表现为圆形，果脐直径0.9cm；果肉呈白色，厚度3.7cm，中心可溶性固形物含量14.6%。口感粉质，带有香味。种子椭圆形，黄白色种皮。田间表现中抗蔓枯病，中抗白粉病。

【优异特性与利用价值】成熟果实外观圆整漂亮，单果较重，且中心可溶性固形物含量较高。

【濒危状况及保护措施建议】在玉环县有少数农户零星种植，已很难收集到。在异位妥善保存的同时，建议扩大种植面积。

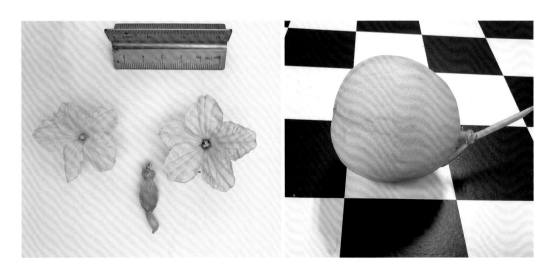

34 瑞安松瓜-2
2018335208

【学　名】Cucurbitaceae（葫芦科）Cucumis（黄瓜属）Cucumis melo（甜瓜）。

【采集地】浙江省温州市瑞安市。

【主要特征特性】植株蔓生，早中熟薄皮甜瓜材料，果实发育期29天左右。性型表现为雄花两性花同株，雌花稍大。子房长椭圆形，子房表面少茸毛。成熟果实为绿色斑点状果皮，浅绿色横沟明显；果实呈短棒形，单果重2000.0g，长和宽分别为31.7cm和11.6cm；脐部表现为圆形，果脐直径1.4cm；果肉呈淡绿色，厚度2.5cm，中心可溶性固形物含量12.4%。口感脆质，带有黄瓜的清香味。种子椭圆形，黄褐色种皮。田间表现高抗蔓枯病，中感白粉病。

【优异特性与利用价值】果实外观漂亮，且果实单果较重；高抗蔓枯病。

【濒危状况及保护措施建议】在瑞安市仅少数农户零星种植，已很难收集到。在异位妥善保存的同时，建议扩大种植面积。

35 青皮香瓜
2018331224

【学　名】Cucurbitaceae（葫芦科）Cucumis（黄瓜属）Cucumis melo（甜瓜）。

【采集地】浙江省湖州市长兴县。

【主要特征特性】植株蔓生，早中熟薄皮甜瓜材料，果实发育期27天左右。性型表现为雄花两性花同株，雌花明显较大。子房圆形，子房表面少茸毛。成熟果实为白色果皮，横沟不明显；果实呈梨形，单果重500.0g，长和宽分别为9.3cm和10.3cm；脐部表现为圆形，果脐直径2.0cm；果肉呈白色，厚度2.2cm，中心可溶性固形物含量14.9%。口感粉软，带有香味。种子椭圆形，黄白色种皮。田间表现中抗蔓枯病，连续坐果能力强。

【优异特性与利用价值】果实外观光滑漂亮，可溶性固形物含量较高，口感香甜。

【濒危状况及保护措施建议】在长兴县各乡镇仅少数农户零星种植，已很难收集到。在异位妥善保存的同时，建议扩大种植面积。

36 白皮香瓜

2018331225

【学　名】Cucurbitaceae（葫芦科）Cucumis（黄瓜属）Cucumis melo（甜瓜）。

【采集地】浙江省湖州市长兴县。

【主要特征特性】植株蔓生，早中熟薄皮甜瓜材料，果实发育期29天左右。性型表现为雄花两性花同株，雌花明显较大。子房椭圆形，子房表面少茸毛。成熟果实为绿白色果皮，稍有黄晕；果实呈梨形，单果重670.0g，长和宽分别为11.5cm和10.7cm；脐部表现为圆形，果脐直径2.2cm；果肉呈淡绿色，厚度2.8cm，中心可溶性固形物含量9.2%。口感稍脆，带有香味。种子椭圆形，黄白色种皮。田间表现中抗蔓枯病。

【优异特性与利用价值】果肉厚度达2.8cm，较一般品种厚。

【濒危状况及保护措施建议】在长兴县各乡镇仅少数农户零星种植，已很难收集到。在异位妥善保存的同时，建议扩大种植面积。

37 黄岩沙瓜

2019333664

【学　名】Cucurbitaceae（葫芦科）Cucumis（黄瓜属）Cucumis melo（甜瓜）。

【采集地】浙江省台州市黄岩区。

【主要特征特性】植株蔓生，早中熟薄皮甜瓜材料，果实发育期30天左右。性型表现为雄花两性花同株，雌花明显较大。子房长椭圆形，子房表面少茸毛。成熟果实为白绿色果皮，浅绿色棱沟明显；果实呈棒槌形，单果重1500.0g，长和宽分别为37.7cm和10.8cm；脐部表现为圆形，果脐直径1.5cm；果肉呈浅绿色，厚度2.5cm，中心可溶性固形物含量12.1%。口感粉软，稍带有清香味。种子椭圆形，黄白色种皮。田间表现感蔓枯病。

【优异特性与利用价值】单果重超过1000.0g。

【濒危状况及保护措施建议】在黄岩区各乡镇仅少数农户零星种植，已很难收集到。在异位妥善保存的同时，建议扩大种植面积。

38 太湖香瓜（白糖瓜）

P330502015

【学　名】Cucurbitaceae(葫芦科)Cucumis(黄瓜属)Cucumis melo(甜瓜)。

【采集地】浙江省湖州市吴兴区。

【主要特征特性】植株蔓生，中晚熟薄皮甜瓜材料，果实发育期35天左右。性型表现为雄花两性花同株，雌花稍大。子房椭圆形，子房表面多茸毛。成熟果实为绿色果皮，浅绿色棱沟明显；果实呈棒槌形，单果重900.0g，长和宽分别为27.6cm和8.5cm；脐部表现为圆形，果脐直径1.2cm；果肉呈淡绿色，厚度2.0cm，中心可溶性固形物含量12.0%。口感粉软，香味浓郁。种子椭圆形，粉白色种皮。田间表现中抗蔓枯病，中抗白粉病。

【优异特性与利用价值】果实为粉软质地，具有浓郁的香味。

【濒危状况及保护措施建议】在吴兴区各乡镇仅少数农户零星种植，已很难收集到。在异位妥善保存的同时，建议扩大种植面积。

39 太湖香瓜（老太婆瓜）
P330502016

【学　名】Cucurbitaceae(葫芦科)Cucumis(黄瓜属)Cucumis melo(甜瓜)。
【采集地】浙江省湖州市吴兴区。

【主要特征特性】植株蔓生，早中熟薄皮甜瓜材料，果实发育期30天左右。性型表现为雄花两性花同株，雌花明显较大。子房圆形，子房表面少茸毛。成熟果实为浅绿色果皮；果实呈梨形，单果重860.0g，长和宽分别为9.0cm和10.7cm；脐部表现为圆形，往外突出，果脐直径2.4cm；果肉呈黄绿色，厚度1.9cm，中心可溶性固形物含量16.0%。口感粉软质地，带有香味。种子椭圆形，黄白色种皮。田间表现中抗白粉病。

【优异特性与利用价值】果面光滑，口感粉软且糖度较高。

【濒危状况及保护措施建议】在吴兴区各乡镇仅少数农户零星种植，已很难收集到。在异位妥善保存的同时，建议扩大种植面积。

第二节 南瓜种质资源

1 癫蛤南瓜
P330281006
【学　名】Cucurbitaceae（葫芦科）Cucurbita（南瓜属）Cucurbita moschata（中国南瓜）。
【采集地】浙江省宁波市余姚市。

【主要特征特性】叶形掌状，叶色绿，叶面白斑少，蔓粗14.70mm，叶长37.12cm，叶宽47.26cm。瓜形为长把梨形，瓜面瘤凸，棱沟浅，瓜顶平，近瓜蒂端平。单瓜重5.27kg，纵径62.00cm，横径15.30cm，瓜脐直径7.00mm。老瓜皮色为黄褐色，表皮上有深绿色块状斑纹，肉色为黄色，口感松，纤维粗，不甜。当地农民认为该品种南瓜外皮有较多凸起，形似癫蛤蟆的皮肤，故得名癫蛤南瓜。

【优异特性与利用价值】抗性好，产量高。一般老瓜用于蒸煮食用。

【濒危状况及保护措施建议】当地农户零星种植，收集困难。在异位妥善保存的同时，建议扩大种植面积。

2 麦饼金瓜
P330726009
【学　名】Cucurbitaceae（葫芦科）Cucurbita（南瓜属）Cucurbita moschata（中国南瓜）。
【采集地】浙江省金华市浦江县。

【主要特征特性】叶形近圆形，叶色绿，叶面白斑少，蔓粗15.38mm，叶长39.02cm，叶宽47.16cm。瓜形为盘形，瓜面多棱，棱沟中等，瓜顶凹，近瓜蒂端凹。单瓜重10.40kg，纵径17.80cm，横径32.8cm，瓜脐直径18.00mm。老瓜皮色为黄褐色，表皮上有绿色网状瓜面斑纹，肉色为黄色，口感松，面，纤维粗，甜，有清香味。当地农民认为该品种优质，耐贫瘠。

【优异特性与利用价值】一般老瓜用于蒸煮食用，也可饲用。品质较好，可作为育种材料。

【濒危状况及保护措施建议】当地农户零星种植，收集困难。在异位妥善保存的同时，建议扩大种植面积。

3 香榧金瓜 【学　名】Cucurbitaceae（葫芦科）Cucurbita（南瓜属）Cucurbita moschata（中国南瓜）。
P330726010 【采集地】浙江省金华市浦江县。

【主要特征特性】叶形近圆形，叶色绿，叶面白斑少，蔓粗12.98mm，叶长37.80cm，叶宽48.45cm。瓜形为扁圆形，瓜面平滑，棱沟浅，瓜顶平，近瓜蒂端平。单瓜重4.64kg，纵径19.30cm，横径24.30cm，瓜脐直径25.00mm。老瓜皮色为黄褐色，无瓜面斑纹，肉色为黄色，口感松，纤维粗，不甜，有清香味。当地农民认为该品种优质，耐贫瘠。

【优异特性与利用价值】一般老瓜用于蒸煮食用，也可饲用。抗性好，可作为育种材料。

【濒危状况及保护措施建议】当地农户零星种植，收集困难。在异位妥善保存的同时，建议扩大种植面积。

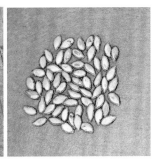

4 葫芦金瓜 【学　名】Cucurbitaceae（葫芦科）Cucurbita（南瓜属）Cucurbita moschata（中国南瓜）。
P330726011 【采集地】浙江省金华市浦江县。

【主要特征特性】叶形掌状，叶色绿，叶面白斑中等，蔓粗13.27mm，叶长33.88cm，叶宽43.08cm。瓜形为梨形，瓜面多棱，棱沟浅，瓜顶平，近瓜蒂端平。单瓜重5.25kg，纵径43.00cm，横径19.50cm，瓜脐直径80.00mm。老瓜皮色为棕黄色，表皮上有绿色点状瓜面斑纹，肉色为黄色，口感松，面，纤维粗，不甜，无清香味。当地农民认为该品种优质，耐贫瘠。

【优异特性与利用价值】一般老瓜用于蒸煮食用，也可饲用。抗性好，可作为育种材料。

【濒危状况及保护措施建议】当地农户零星种植，收集困难。在异位妥善保存的同时，建议扩大种植面积。

5 地雷南瓜
P330182001　【学　名】Cucurbitaceae（葫芦科）Cucurbita（南瓜属）Cucurbita moschata（中国南瓜）。
【采集地】浙江省杭州市建德市。

【主要特征特性】叶形掌状，叶色绿，叶面白斑少，蔓粗12.37mm，叶长34.24cm，叶宽47.54cm。瓜形为扁圆形，瓜面多棱，棱沟中等，瓜顶凹，近瓜蒂端凹。单瓜重6.87kg，纵径20.20cm，横径24.50cm，瓜脐直径9.00mm。老瓜皮色为黄褐色，表皮上有绿色网状瓜面斑纹，肉色为黄色，口感细，不甜，无清香味。当地农民认为该品种耐贫瘠。

【优异特性与利用价值】一般老瓜用于蒸煮食用。耐贫瘠，可作为育种材料。

【濒危状况及保护措施建议】当地农户零星种植，收集困难。在异位妥善保存的同时，建议扩大种植面积。

6 城西南瓜
P330424004　【学　名】Cucurbitaceae（葫芦科）Cucurbita（南瓜属）Cucurbita moschata（中国南瓜）。
【采集地】浙江省嘉兴市海盐县。

【主要特征特性】叶形掌状，叶色绿，叶面白斑少，蔓粗14.32mm，叶长37.02cm，叶宽52.34cm。瓜形为盘形，瓜面多棱，棱沟中等，瓜顶凹，近瓜蒂端凹。单瓜重

7.58kg，纵径14.00cm，横径32.50cm，瓜脐直径16.00mm。老瓜皮色为黄褐色，无瓜面斑纹，肉色为黄色，口感细，微甜，有清香味。当地农民认为该品种优质，抗病，抗虫，抗旱，耐贫瘠。

【优异特性与利用价值】一般老瓜用于蒸煮食用。品质较好，可作为育种材料。

【濒危状况及保护措施建议】当地农户零星种植，收集困难。在异位妥善保存的同时，建议扩大种植面积。

7 硬南瓜
P330624009
【学 名】Cucurbitaceae（葫芦科）Cucurbita（南瓜属）Cucurbita moschata（中国南瓜）。
【采集地】浙江省绍兴市新昌县。

【主要特征特性】叶形掌状，叶色绿，叶面白斑少，蔓粗11.24mm，叶长33.14cm，叶宽44.00cm。瓜形为梨形，瓜面平滑，无棱沟，瓜顶平，近瓜蒂端平。单瓜重1.24kg，纵径21.50cm，横径11.00cm，瓜脐直径11.00mm。老瓜皮色为黄褐色，无瓜面斑纹，肉色为黄色，口感细，微甜，无清香味。当地农民认为该品种优质，抗病，抗虫，耐贮藏。

【优异特性与利用价值】一般老瓜用于蒸煮食用。抗性好，可作为育种材料。

【濒危状况及保护措施建议】当地农户零星种植，收集困难。在异位妥善保存的同时，建议扩大种植面积。

8 温岭本地南瓜

P331081007

【学　名】Cucurbitaceae（葫芦科）Cucurbita（南瓜属）Cucurbita moschata（中国南瓜）。

【采集地】浙江省台州市温岭市。

【主要特征特性】叶形掌状五角，叶色绿，叶面白斑中等，蔓粗9.29mm，叶长27.80cm，叶宽36.52cm。瓜形为盘形，瓜面多棱，棱沟深，瓜顶凹，近瓜蒂端凹。单瓜重 9.14kg，纵径19.00cm，横径33.00cm，瓜脐直径20.00mm。老瓜皮色为黄褐色，无瓜面斑纹，肉色为黄色，口感松，纤维粗，不甜，无清香味。当地农民认为该品种含纤维较少，口感细腻不粗糙，南瓜汤既可作热食，也可作冷饮，风味上佳。单株结果数少，但瓜果大，可达15.00kg。

【优异特性与利用价值】一般老瓜用于蒸煮食用，也可饲用。果实大，可作为育种材料。

【濒危状况及保护措施建议】当地农户零星种植，收集困难。在异位妥善保存的同时，建议扩大种植面积。

9 高灯瓜

P331022016

【学　名】Cucurbitaceae（葫芦科）Cucurbita（南瓜属）Cucurbita moschata（中国南瓜）。

【采集地】浙江省台州市三门县。

【主要特征特性】叶形掌状，叶色绿，叶面白斑少，蔓粗13.89mm，叶长33.50cm，叶宽44.60cm。瓜形为扁圆形，瓜面多棱，棱沟浅，瓜顶平，近瓜蒂端平。单瓜重3.57kg，纵径21.40cm，横径18.90cm，瓜脐直径12.00mm。老瓜皮色为黄褐色，无瓜面斑纹，肉色为黄色，口感松，面，纤维粗，微甜。当地农民认为该品种高产，耐贫瘠，耐热，抗旱。

【优异特性与利用价值】一般老瓜用于蒸煮食用，也可饲用。产量高，抗性好，可作为育种材料。

【濒危状况及保护措施建议】当地农户零星种植，收集困难。在异位妥善保存的同时，建议扩大种植面积。

10 粟子瓜 【学 名】Cucurbitaceae（葫芦科）Cucurbita（南瓜属）Cucurbita moschata（中国南瓜）。
P331022017 【采集地】浙江省台州市三门县。

【主要特征特性】叶形掌状，叶色绿，叶面白斑少，蔓粗13.61mm，叶长36.88cm，叶宽49.90cm。瓜形为盘形，瓜面多棱，棱沟中等，瓜顶平，近瓜蒂端平。单瓜重5.95kg，纵径12.10cm，横径27.20cm，瓜脐直径19.00mm。老瓜皮色为黄褐色，无瓜面斑纹，肉色为黄色，口感粗，微甜，无清香味。当地农民认为该品种高产，优质，耐贫瘠，耐热，抗旱。

【优异特性与利用价值】一般老瓜用于蒸煮食用，也可饲用。产量高，抗性好，可作为育种材料。

【濒危状况及保护措施建议】当地农户零星种植，收集困难。在异位妥善保存的同时，建议扩大种植面积。

11 大瓣瓜 【学 名】Cucurbitaceae（葫芦科）Cucurbita（南瓜属）Cucurbita moschata（中国南瓜）。
P331022018 【采集地】浙江省台州市三门县。

【主要特征特性】叶形掌状，叶色绿，叶面白斑少，蔓粗14.34mm，叶长37.72cm，叶宽50.80cm。瓜形为盘形，瓜面多棱，棱沟中等，瓜顶平，近瓜蒂端平。单瓜重7.09kg，纵径14.00cm，横径32.80cm，瓜脐直径19.00mm。老瓜皮色为黄褐色，表皮上有绿色网状瓜面斑纹，肉色为黄色，口感松，面，不甜。当地农民认为该品种高产，耐贫瘠，耐热，抗旱。

【优异特性与利用价值】一般老瓜用于蒸煮食用，也可饲用。产量高，抗性好，可作为育种材料。

【濒危状况及保护措施建议】当地农户零星种植，收集困难。在异位妥善保存的同时，建议扩大种植面积。

12 圆瓜

P331022019

【学　名】Cucurbitaceae（葫芦科）*Cucurbita*（南瓜属）*Cucurbita moschata*（中国南瓜）。

【采集地】浙江省台州市三门县。

【主要特征特性】叶形掌状，叶色绿，叶面白斑少，蔓粗13.38mm，叶长33.54cm，叶宽43.50cm。瓜形为梨形，瓜面平滑，无棱沟，瓜顶平，近瓜蒂端平。单瓜重5.20kg，纵径35.80cm，横径19.10cm，瓜脐直径11.00mm。老瓜皮色为黄褐色，表皮上有绿色网状瓜面斑纹，肉色为黄色，口感水多，微甜，无清香味。当地农民认为该品种高产，耐贫瘠，耐热，抗旱。

【优异特性与利用价值】一般老瓜用于蒸煮食用，也可饲用。产量高，抗性好，可作为育种材料。

【濒危状况及保护措施建议】当地农户零星种植，收集困难。在异位妥善保存的同时，建议扩大种植面积。

13 长瓜
P331022020

【学　名】Cucurbitaceae（葫芦科）Cucurbita（南瓜属）Cucurbita moschata（中国南瓜）。
【采集地】浙江省台州市三门县。

【主要特征特性】叶形掌状，叶色绿，叶面白斑少，蔓粗12.58mm，叶长34.82cm，叶宽44.26cm。瓜形为长弯圆筒形，瓜面平滑，无棱沟，瓜顶平，近瓜蒂端平。单瓜重4.59kg，纵径78.00cm，横径13.35cm，瓜脐直径8.00mm。老瓜皮色为黄褐色，表皮上有绿色网状瓜面斑纹，肉色为黄色，口感细致，不甜，无清香味。当地农民认为该品种高产，耐贫瘠，耐热，抗旱。

【优异特性与利用价值】一般老瓜用于蒸煮食用，也可饲用。产量高，抗性好，可作为育种材料。

【濒危状况及保护措施建议】当地农户零星种植，收集困难。在异位妥善保存的同时，建议扩大种植面积。

14 夏南瓜（阔板籽南瓜）
P330111019

【学　名】Cucurbitaceae（葫芦科）Cucurbita（南瓜属）Cucurbita moschata（中国南瓜）。
【采集地】浙江省杭州市富阳市。

【主要特征特性】叶形掌状，叶色绿，叶面白斑少，蔓粗17.51mm，叶长39.20cm，叶宽51.52cm。瓜形为盘形，瓜面多棱，棱沟中等，瓜顶凹，近瓜蒂端凹。单瓜重6.85kg，纵径13.50cm，横径30.50cm，瓜脐直径18.00mm。老瓜皮色为黄褐色，表皮上有绿色网状瓜面斑纹，肉色为黄色，口感松，粗，无味道，无清香味。当地农民认为该品种瓜籽大，饱满，优质。老熟瓜扁圆形，瓜棱深，橙色。单瓜重5.00kg，可收干籽75.00g；瓜籽长2.40cm，宽3.00cm，大而饱满，俗称阔板南瓜籽。夏南瓜主要采摘老熟瓜，收获南瓜籽晒干炒食，味香，市场售价高。

【优异特性与利用价值】果肉蒸食，或加工南瓜饼食用，或收获南瓜籽晒干炒食，也可饲用。

【濒危状况及保护措施建议】当地农户零星种植，收集困难。在异位妥善保存的同时，建议扩大种植面积。

15 秋南瓜（长柄南瓜）

P330111020

【学　名】Cucurbitaceae（葫芦科）*Cucurbita*（南瓜属）*Cucurbita moschata*（中国南瓜）。

【采集地】浙江省杭州市富阳市。

【主要特征特性】叶形掌状，叶色绿，叶面白斑少，蔓粗15.23mm，叶长39.34cm，叶宽48.60cm。瓜形为长弯圆筒形，瓜面多棱，棱沟浅，瓜顶平，近瓜蒂端平。单瓜重4.77kg，纵径71.50cm，横径13.40cm，瓜脐直径8.00mm。老瓜皮色为墨绿色，无瓜面斑纹，肉色为黄色，口感特粗，微甜，无清香味。当地农民认为该品种优质，瓜长圆形，先端膨大，结籽，近果柄一端实心，或细长，或粗短。嫩瓜青绿，品质好。老熟瓜单瓜重5.00kg，果肉橙色，肉质细致、味甜、水分少。富阳农村节日农历七月半，农户常用成熟秋南瓜果肉加工南瓜饼。

【优异特性与利用价值】果肉蒸食，或加工南瓜饼食用。嫩瓜品质好，老瓜大。

【濒危状况及保护措施建议】当地农户零星种植，收集困难。在异位妥善保存的同时，建议扩大种植面积。

16 炭瓮瓜

P331023016

【学　名】Cucurbitaceae（葫芦科）*Cucurbita*（南瓜属）*Cucurbita moschata*（中国南瓜）。

【采集地】浙江省台州市天台县。

【主要特征特性】叶形掌状，叶色绿，叶面白斑少，蔓粗13.86mm，叶长35.42cm，叶宽45.68cm。瓜形为梨形，瓜面多棱，棱沟浅，瓜顶平，近瓜蒂端平。单瓜重7.25kg，纵径31.50cm，横径24.70cm，瓜脐直径21.00mm。老瓜皮色为黄色，表皮上有红色网状瓜面斑纹，肉色为黄色，口感松，纤维粗，不甜，无清香味。当地农民认为该品种高产，优质，耐热。炭瓮瓜又名火彭瓜，播种期为3月底至4月初，采收期为7～10月。

【优异特性与利用价值】一般老瓜用于蒸煮食用。产量高，抗性好，可作为育种材料。

【濒危状况及保护措施建议】当地农户零星种植，收集困难。在异位妥善保存的同时，建议扩大种植面积。

17 麻风瓜
P330329009

【学　名】Cucurbitaceae（葫芦科）Cucurbita（南瓜属）Cucurbita moschata（中国南瓜）。

【采集地】浙江省温州市泰顺县。

【主要特征特性】叶形掌状，叶色绿，叶面白斑中等，蔓粗14.07mm，叶长36.16cm，叶宽44.12cm。瓜形为盘形，瓜面瘤凸，棱沟浅，瓜顶平，近瓜蒂端平。单瓜重3.26kg，纵径11.90cm，横径20.40cm，瓜脐直径13.00mm。老瓜皮色为棕黄色，表皮上有绿色块状瓜面斑纹，肉色为黄色，口感粗，不甜，糯，有清香味。当地农民认为该品种优质，抗病，抗虫，广适。

【优异特性与利用价值】一般老瓜用于蒸煮食用。抗性好，可作为育种材料。

【濒危状况及保护措施建议】当地农户零星种植，收集困难。在异位妥善保存的同时，建议扩大种植面积。

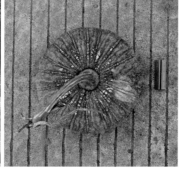

18 遂昌南瓜

P331123027

【学　名】Cucurbitaceae（葫芦科）Cucurbita（南瓜属）Cucurbita moschata（中国南瓜）。

【采集地】浙江省丽水市遂昌县。

【主要特征特性】叶形掌状，叶色绿，叶面白斑少，蔓粗15.99mm，叶长33.14cm，叶宽46.70cm。瓜形为长颈圆筒形，瓜面多棱，棱沟浅，瓜顶凸，近瓜蒂端平。单瓜重9.04kg，纵径33.80cm，横径9.66cm，瓜脐直径29.00mm。老瓜皮色为黄褐色，表皮上有绿色网状瓜面斑纹，肉色为黄色，口感松，面，糯，纤维粗，微甜，有清香味。当地农民认为该品种抗病，耐贫瘠。

【优异特性与利用价值】一般老瓜用于蒸煮食用，也可饲用。品质较好，可作为育种材料。

【濒危状况及保护措施建议】当地农户零星种植，收集困难。在异位妥善保存的同时，建议扩大种植面积。

19 拉丝皮南瓜

P330424013

【学　名】Cucurbitaceae（葫芦科）Cucurbita（南瓜属）Cucurbita moschata（中国南瓜）。

【采集地】浙江省嘉兴市海盐县。

【主要特征特性】叶形近圆形，叶色绿，叶面白斑少，蔓粗13.03mm，叶长33.60cm，叶宽43.80cm。瓜形为盘形，瓜面瘤突，棱沟中等，瓜顶平，近瓜蒂端平。单瓜重8.67kg，纵径15.00cm，横径35.00cm，瓜脐直径18.00mm。老瓜皮色为黄褐色，无瓜面斑纹，肉色为黄色，口感松，面，微甜，无清香味。当地农民认为该品种高产，优质，抗病，抗虫，抗旱，耐热，耐贫瘠。

【优异特性与利用价值】一般老瓜用于蒸煮食用，也可饲用。品质优，可作为育种材料。

【濒危状况及保护措施建议】当地农户零星种植，收集困难。在异位妥善保存的同时，建议扩大种植面积。

 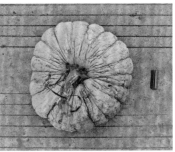 

20 石墩子南瓜

P330111054

【学　名】Cucurbitaceae（葫芦科）*Cucurbita*（南瓜属）*Cucurbita moschata*（中国南瓜）。
【采集地】浙江省杭州市富阳市。

【主要特征特性】叶形掌状，叶色绿，叶面白斑少，蔓粗14.92mm，叶长37.00cm，叶宽45.50cm。瓜形为心脏形，瓜面瘤突，棱沟浅，瓜顶平，近瓜蒂端平。单瓜重5.67kg，纵径40.00cm，横径18.80cm，瓜脐直径8.00mm。嫩瓜皮色为深绿色，无瓜面斑纹，肉色为黄色，口感细致，不甜。当地农民认为该品种优质。老熟瓜圆形，瓜柄端至瓜蒂部由大渐小，状如石墩，俗称石墩子南瓜。果面有瘤状突起，瓜棱深。老熟瓜肉橙红色，单瓜重5.00kg以上。

【优异特性与利用价值】果肉蒸食，质粉软，味香甜，或加工南瓜饼食用，或饲用。

【濒危状况及保护措施建议】当地农户零星种植，收集困难。在异位妥善保存的同时，建议扩大种植面积。

21 土南瓜

P330824001

【学　名】Cucurbitaceae（葫芦科）*Cucurbita*（南瓜属）*Cucurbita moschata*（中国南瓜）。
【采集地】浙江省衢州市开化县。

【主要特征特性】叶形掌状，叶色绿，叶面白斑少，蔓粗14.30mm，叶长34.02cm，叶宽45.20cm。瓜形为盘形，瓜面多棱，棱沟浅，瓜顶凹，近瓜蒂端凹。单瓜重8.47kg，纵径15.90cm，横径26.20cm，瓜脐直径10.00mm。老瓜皮色为黄褐色，无瓜面斑纹，肉色为黄色，口感粗，微甜，无清香味。当地农民认为该品种优质，抗病，抗虫，抗旱，广适，耐寒，耐热，耐涝，耐贫瘠。

【优异特性与利用价值】一般老瓜用于蒸煮食用，也可饲用。抗性好，可作为育种材料。

【濒危状况及保护措施建议】当地农户零星种植，收集困难。在异位妥善保存的同时，建议扩大种植面积。

22 楼塔十姐妹

P330109040

【学　名】Cucurbitaceae（葫芦科）*Cucurbita*（南瓜属）*Cucurbita moschata*（中国南瓜）。

【采集地】浙江省杭州市萧山区。

【主要特征特性】叶形掌状，叶色绿，叶面白斑少，蔓粗14.80mm，叶长34.62cm，叶宽48.00cm。瓜形为梨形，瓜面平滑，无棱沟，瓜顶平，近瓜蒂端平。单瓜重7.09kg，纵径49.00cm，横径19.00cm，瓜脐直径16.00mm。老瓜皮色为黄褐色，无瓜面斑纹，肉色为黄棕色，口感糯，纤维粗，甜，有淡清香味。当地农民认为该品种优质，广适，耐热，耐贫瘠。

【优异特性与利用价值】一般老瓜用于蒸煮食用，也可饲用。品质较好，可作为育种材料。

【濒危状况及保护措施建议】当地农户零星种植，收集困难。在异位妥善保存的同时，建议扩大种植面积。

23 粉质南瓜

P330723018

【学 名】Cucurbitaceae（葫芦科）Cucurbita（南瓜属）Cucurbita moschata（中国南瓜）。

【采集地】浙江省金华市武义县。

【主要特征特性】叶形掌状，叶色绿，叶面白斑多，蔓粗10.53mm，叶长27.02cm，叶宽37.13cm。瓜形为扁圆形，瓜面多棱，棱沟浅，瓜顶凹，近瓜蒂端凹。单瓜重2.43kg，纵径17.30cm，横径15.00cm，瓜脐直径12.00mm。老瓜皮色为黄褐色，无瓜面斑纹，肉色为黄色，口感紧致，面，微甜，无清香味。当地农民认为该品种高产，优质，抗病，抗虫，耐热，耐贫瘠。

【优异特性与利用价值】一般老瓜用于蒸煮食用，也可饲用。品质优，抗性强，可作为育种材料。

【濒危状况及保护措施建议】当地农户零星种植，收集困难。在异位妥善保存的同时，建议扩大种植面积。

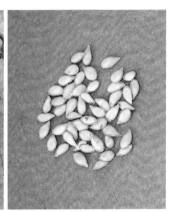

24 本地圆南瓜（圆金瓜）

P330304005

【学 名】Cucurbitaceae（葫芦科）Cucurbita（南瓜属）Cucurbita moschata（中国南瓜）。

【采集地】浙江省温州市瓯海区。

【主要特征特性】叶形掌状，叶色绿，叶面白斑少，蔓粗13.75mm，叶长36.00cm，叶宽47.40cm。瓜形为扁圆形，瓜面多棱，棱沟浅，瓜顶凹，近瓜蒂端凹。单瓜重8.76kg，纵径21.60cm，横径33.80cm，瓜脐直径24.00mm。老瓜皮色为棕黄色，无瓜面斑纹，肉色为黄色，口感松，面，纤维粗，微甜，无清香味。当地农民认为该品种优质，抗病，抗虫，耐贫瘠。

【优异特性与利用价值】一般老瓜用于蒸煮食用。品质优，抗性好，可作为育种材料。

【濒危状况及保护措施建议】当地农户零星种植，收集困难。在异位妥善保存的同时，建议扩大种植面积。

25 德清麻子南瓜

P330521015

【学　名】Cucurbitaceae（葫芦科）*Cucurbita*（南瓜属）*Cucurbita moschata*（中国南瓜）。

【采集地】浙江省湖州市德清县。

【主要特征特性】叶形掌状，叶色绿，叶面白斑少，蔓粗12.41mm，叶长37.50cm，叶宽50.25cm。瓜形为盘形，瓜面多棱，棱沟中等，瓜顶平，近瓜蒂端平。单瓜重6.41kg，纵径16.80cm，横径24.30cm，瓜脐直径16.00mm。老瓜皮色为黄褐色，表皮上有蓝绿色块状瓜面斑纹，肉色为黄色，口感细，甜，有清香味，有水析出。当地农民认为该品种抗旱，果实圆形，外皮上有麻点。

【优异特性与利用价值】一般老瓜用于蒸煮食用。品质优，可作为育种材料。

【濒危状况及保护措施建议】当地农户零星种植，收集困难。在异位妥善保存的同时，建议扩大种植面积。

26 菩毯南瓜

P330521016

【学　名】Cucurbitaceae（葫芦科）*Cucurbita*（南瓜属）*Cucurbita moschata*（中国南瓜）。

【采集地】浙江省湖州市德清县。

【主要特征特性】叶形掌状五角，叶色绿，叶面白斑少，蔓粗13.64mm，叶长32.63cm，叶宽45.75cm。瓜形为扁圆形，瓜面多棱，棱沟中等，瓜顶凹，近瓜蒂端凹。单瓜重7.30kg，纵径18.20cm，横径21.40cm，瓜脐直径27.00mm。老瓜皮色为黄褐色，表皮上有浅黄色网状瓜面斑纹，肉色为黄色，口感硬，粗，不甜，无清香味。当地农民认为该品种抗旱，果实圆形，瓜皮光滑，有10多条较深的棱沟。

【优异特性与利用价值】一般老瓜用于蒸煮食用。抗性好，可作为育种材料。

【濒危状况及保护措施建议】当地农户零星种植，收集困难。在异位妥善保存的同时，建议扩大种植面积。

27 平阳金瓜-1

P330326022

【学　名】Cucurbitaceae（葫芦科）*Cucurbita*（南瓜属）*Cucurbita moschata*（中国南瓜）。

【采集地】浙江省温州市平阳县。

【主要特征特性】叶形掌状五角，叶色绿，叶面白斑少，蔓粗13.94mm，叶长33.88cm，叶宽44.50cm。瓜形为扁圆形，瓜面多棱，棱沟浅，瓜顶凹，近瓜蒂端平。单瓜重7.00kg，纵径15.30cm，横径27.10cm，瓜脐直径21.00mm。老瓜皮色为黄褐色，无瓜面斑纹，肉色为黄色，口感细松，微甜，无清香味。当地农民认为该品种优质，略扁，纵向凹陷明显。该品种在当地被称为金瓜，房屋建成后挂于房梁，以表吉祥。

【优异特性与利用价值】一般老瓜用于蒸煮食用。品质优，可作为育种材料。

【濒危状况及保护措施建议】当地农户零星种植，收集困难。在异位妥善保存的同时，建议扩大种植面积。

28 平阳金瓜-2

P330326023

【学　名】Cucurbitaceae（葫芦科）*Cucurbita*（南瓜属）*Cucurbita moschata*（中国南瓜）。

【采集地】浙江省温州市平阳县。

【主要特征特性】叶形掌状五角，叶色绿，叶面白斑少，蔓粗15.01mm，叶长34.18cm，叶宽44.00cm。瓜形为扁圆形，瓜面多棱，棱沟浅，瓜顶平，近瓜蒂端平。单瓜重3.88kg，纵径22.20cm，横径16.60cm，瓜脐直径34.00mm。老瓜皮色为黄褐色，表皮上有浅黄色网状瓜面斑纹，肉色为黄色，口感细致，粉，甜，无清香味，风味好。当地农民认为该品种优质，果实头部略扁，基部圆柱形。该品种在当地被称为金瓜，房屋建成后挂于房梁，以表吉祥。

【优异特性与利用价值】一般老瓜用于蒸煮食用。品质优，可作为育种材料。

【濒危状况及保护措施建议】当地农户零星种植，收集困难。在异位妥善保存的同时，建议扩大种植面积。

29 龙游麻子南瓜

P330825016

【学　名】Cucurbitaceae（葫芦科）*Cucurbita*（南瓜属）*Cucurbita moschata*（中国南瓜）。

【采集地】浙江省衢州市龙游县。

【主要特征特性】叶形掌状，叶色浅绿，叶面白斑少，蔓粗16.28mm，叶长35.43cm，叶宽45.00cm。瓜形为盘形，瓜面皱缩，棱沟浅，瓜顶平，近瓜蒂端平。单瓜重3.63kg，纵径11.00cm，横径24.50cm，瓜脐直径14.00mm。老瓜皮色为黄褐色，表皮上有蓝绿色块状瓜面斑纹，肉色为黄色，口感松，面，微甜，无清香味。当地农民认为该品种甜，口感粉嫩，为地方土种，价格比普通品种高一倍多，清明前后播种，7月上旬采收。

【优异特性与利用价值】一般老瓜用于蒸煮食用。品质优，可作为育种材料。

【濒危状况及保护措施建议】当地农户零星种植，收集困难。在异位妥善保存的同时，建议扩大种植面积。

30 云和老南瓜

P331125018

【学　名】Cucurbitaceae（葫芦科）Cucurbita（南瓜属）Cucurbita moschata（中国南瓜）。

【采集地】浙江省丽水市云和县。

【主要特征特性】叶形掌状，叶色绿，叶面白斑中等，蔓粗14.88mm，叶长33.80cm，叶宽45.75cm。瓜形为盘形，瓜面多棱，棱沟中等，瓜顶凹，近瓜蒂端平。单瓜重5.21kg，纵径11.50cm，横径29.50cm，瓜脐直径18.00mm。老瓜皮色为黄褐色，无瓜面斑纹，肉色为黄色，口感无味道，相对细，微甜。当地农民认为该品种高产，优质，抗病，耐寒。

【优异特性与利用价值】一般老瓜用于蒸煮食用，也可饲用或者作为加工原料。

【濒危状况及保护措施建议】当地农户零星种植，收集困难。在异位妥善保存的同时，建议扩大种植面积。

31 永嘉金瓜

P330324011

【学　名】Cucurbitaceae（葫芦科）Cucurbita（南瓜属）Cucurbita moschata（中国南瓜）。

【采集地】浙江省温州市永嘉县。

【主要特征特性】叶形掌状，叶色绿，叶面白斑少，蔓粗14.86mm，叶长37.68cm，叶宽46.00cm。瓜形为椭圆形，瓜面多棱，棱沟中等，瓜顶平，近瓜蒂端平。单瓜重

7.17kg，纵径44.00cm，横径22.00cm，瓜脐直径10.00mm。老瓜皮色为棕黄色，表皮上有绿色点状瓜面斑纹，肉色为黄色，口感松，面，微甜，有清香味。当地农民认为该品种高产，优质，抗病，抗虫，广适，耐贫瘠。

【优异特性与利用价值】一般老瓜用于蒸煮食用。品质优，抗性好，可作为育种材料。

【濒危状况及保护措施建议】当地农户零星种植，收集困难。在异位妥善保存的同时，建议扩大种植面积。

32 舟山南瓜
P330900016

【学　名】Cucurbitaceae（葫芦科）Cucurbita（南瓜属）Cucurbita moschata（中国南瓜）。

【采集地】浙江省舟山市嵊泗县。

【主要特征特性】叶形掌状，叶色绿，叶面白斑中等，蔓粗16.08mm，叶长36.08cm，叶宽47.50cm。瓜形为椭圆形，瓜面平滑，无棱沟，瓜顶平，近瓜蒂端平。单瓜重7.59kg，纵径43.50cm，横径18.50cm，瓜脐直径10.00mm。老瓜皮色为深绿色，表皮上有绿色网状瓜面斑纹，肉色为黄色，口感松，面，不甜，无清香味。当地农民认为该品种肉质粉，微甜，优质，抗病，广适，耐贫瘠。

【优异特性与利用价值】一般老瓜用于蒸煮食用，也可用作加工原料。品质优，抗性好，可作为育种材料。

【濒危状况及保护措施建议】当地农户零星种植，收集困难。在异位妥善保存的同时，建议扩大种植面积。

33 梨形南瓜

2017331093

【学　名】Cucurbitaceae（葫芦科）*Cucurbita*（南瓜属）*Cucurbita moschata*（中国南瓜）。

【采集地】浙江省杭州市淳安县。

【主要特征特性】叶形掌状，叶色绿，叶面白斑少，蔓粗13.76mm，叶长31.25cm，叶宽45.25cm。瓜形为梨形，瓜面多棱，棱沟浅，瓜顶平，近瓜蒂端平。单瓜重2.34kg，纵径19.50cm，横径15.75cm，瓜脐直径27.00mm。老瓜皮色为黄褐色，表皮上有绿色条状瓜面斑纹，肉色为黄色，口感粗，粉，微甜，有清香味。当地农民认为该品种一般粉、甜。

【优异特性与利用价值】一般老瓜用于蒸煮食用。品质优，可作为育种材料。

【濒危状况及保护措施建议】当地农户零星种植，收集困难。在异位妥善保存的同时，建议扩大种植面积。

34 蟠南瓜

2017332015

【学　名】Cucurbitaceae（葫芦科）*Cucurbita*（南瓜属）*Cucurbita moschata*（中国南瓜）。

【采集地】浙江省杭州市建德市。

【主要特征特性】叶形掌状，叶色绿，叶面白斑少，蔓粗14.07mm，叶长37.75cm，叶宽50.50cm。瓜形为盘形，瓜面皱缩，棱沟浅，瓜顶平，近瓜蒂端平。单瓜重5.62kg，纵径23.00cm，横径23.30cm，瓜脐直径20.00mm。老瓜皮色为黄褐色，无瓜面斑纹，肉色为黄色，口感松，纤维粗，甜，无清香味。当地农民认为该品种粉质，较扁，似蟠桃。

【优异特性与利用价值】一般老瓜用于蒸煮食用，也可饲用。品质优，可作为育种材料。

【濒危状况及保护措施建议】当地农户零星种植，收集困难。在异位妥善保存的同时，建议扩大种植面积。

35 疙瘩南瓜
2017332056

【学　名】Cucurbitaceae（葫芦科）Cucurbita（南瓜属）Cucurbita moschata（中国南瓜）。
【采集地】浙江省杭州市建德市。

【主要特征特性】叶形掌状，叶色绿，叶面白斑少，蔓粗14.72mm，叶长38.88cm，叶宽49.20cm。瓜形为盘形，瓜面多棱，棱沟浅，瓜顶凹，近瓜蒂端凹。单瓜重8.32kg，纵径27.30cm，横径29.50cm，瓜脐直径19.00mm。老瓜皮色为黄褐色，表皮上有绿色块状瓜面斑纹，肉色为黄色，口感粗，微甜，有清香味。当地农民认为该品种果实身带疙瘩，品质优，3月下旬播种，8～9月收获。

【优异特性与利用价值】一般老瓜用于蒸煮食用，也可饲用。品质优，可作为育种材料。

【濒危状况及保护措施建议】当地农户零星种植，收集困难。在异位妥善保存的同时，建议扩大种植面积。

36 建德南瓜-1
2017332081

【学　名】Cucurbitaceae（葫芦科）Cucurbita（南瓜属）Cucurbita moschata（中国南瓜）。
【采集地】浙江省杭州市建德市。

【主要特征特性】叶形掌状五角，叶色绿，叶面白斑少，蔓粗12.58mm，叶长22.83cm，叶宽30.67cm。瓜形为盘形，瓜面多棱，棱沟深，瓜顶凹，近瓜蒂端凹。单瓜重5.02kg，纵径11.50cm，横径28.00cm，瓜脐直径28.00mm。老瓜皮色为黄褐色，无瓜面斑纹，肉色为橙黄色，口感致密，粉，微甜，有清香味。当地农民认为该品种较耐贫瘠，牛心形，种腔大。

【优异特性与利用价值】一般老瓜用于蒸煮食用，或饲用，或用于观赏。

【濒危状况及保护措施建议】当地农户零星种植，收集困难。在异位妥善保存的同时，建议扩大种植面积。

37 建德南瓜-2

2017332087

【学　名】Cucurbitaceae（葫芦科）Cucurbita（南瓜属）Cucurbita moschata（中国南瓜）。

【采集地】浙江省杭州市建德市。

【主要特征特性】叶形掌状，叶色绿，叶面白斑中等，蔓粗12.75mm，叶长22.50cm，叶宽24.50cm。瓜形为皇冠形，瓜面多棱，棱沟浅，瓜顶凹，近瓜蒂端凹。单瓜重6.07kg，纵径24.50cm，横径23.00cm，瓜脐直径18.00mm。老瓜皮色为黄色，无瓜面斑纹，肉色为黄色，口感致密，多纤维，微甜，有清香味。当地农民认为该品种优质，播种期为5～6月，收获期为10～11月。

【优异特性与利用价值】一般老瓜用于蒸煮食用，或饲用。品质优，可作为育种材料。

【濒危状况及保护措施建议】当地农户零星种植，收集困难。在异位妥善保存的同时，建议扩大种植面积。

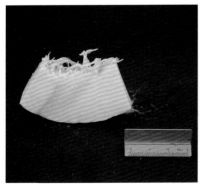 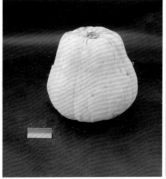 

38 扁南瓜
2018332408

【学 名】Cucurbitaceae（葫芦科）Cucurbita（南瓜属）Cucurbita moschata（中国南瓜）。

【采集地】浙江省衢州市开化县。

【主要特征特性】叶形掌状五角，叶色绿，叶面白斑少，蔓粗8.92mm，叶长27.00cm，叶宽35.33cm。瓜形为梨形，瓜面平滑，无棱沟，瓜顶平，近瓜蒂端平。单瓜重3.70kg，纵径24.50cm，横径17.50cm，瓜脐直径15.00mm。老瓜皮色为墨绿色，无瓜面斑纹，肉色为橙黄色，口感致密，多纤维，微甜，有清香味。当地农民认为该品种可晒干以后作为加工原料。

【优异特性与利用价值】一般老瓜用于蒸煮食用，或作为加工原料或饲用。

【濒危状况及保护措施建议】当地农户零星种植，收集困难。在异位妥善保存的同时，建议扩大种植面积。

39 衢江南瓜
2018333250

【学 名】Cucurbitaceae（葫芦科）Cucurbita（南瓜属）Cucurbita moschata（中国南瓜）。

【采集地】浙江省衢州市衢江区。

【主要特征特性】叶形掌状五角，叶色深绿，叶面白斑中等，蔓粗15.33mm，叶长24.67cm，叶宽31.67cm。瓜形为椭圆形，瓜面多棱，棱沟浅，瓜顶平，近瓜蒂端平。单瓜重6.13kg，纵径42.50cm，横径19.00cm，瓜脐直径11.00mm。老瓜皮色为橙红色，表皮上有橙黄色网状瓜面斑纹，肉色为浅黄色，口感致密，多纤维，味淡，有清香味。当地农民认为该品种南瓜果肉口味好，南瓜籽也可食用。

【优异特性与利用价值】一般老瓜用于蒸煮食用。品质优，可作为育种材料。

【濒危状况及保护措施建议】当地农户零星种植，收集困难。在异位妥善保存的同时，建议扩大种植面积。

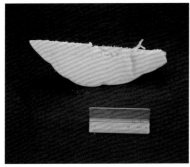  

40 衢江老南瓜

2018333272

【学　名】Cucurbitaceae（葫芦科）Cucurbita（南瓜属）Cucurbita moschata（中国南瓜）。

【采集地】浙江省衢州市衢江区。

【主要特征特性】叶形掌状，叶色绿，叶面白斑少，蔓粗15.50mm，叶长25.33cm，叶宽33.67cm。瓜形为盘形，瓜面多棱，棱沟浅，瓜顶凹，近瓜蒂端凹。单瓜重5.00kg，纵径19.00cm，横径25.00cm，瓜脐直径19.00mm。老瓜皮色为黄色，表皮上有绿色网状瓜面斑纹，肉色为金黄色，口感致密，多纤维，味淡，有清香味。当地农民认为该品种优质，播种期为4月，收获期为8～10月。

【优异特性与利用价值】一般老瓜用于蒸煮食用。品质优，可作为育种材料。

【濒危状况及保护措施建议】当地农户零星种植，收集困难。在异位妥善保存的同时，建议扩大种植面积。

41 磐安金瓜

2018333417

【学　名】Cucurbitaceae（葫芦科）Cucurbita（南瓜属）Cucurbita moschata（中国南瓜）。

【采集地】浙江省金华市磐安县。

【主要特征特性】叶形掌状，叶色绿，叶面白斑少，蔓粗10.50mm，叶长28.33cm，叶宽36.00cm。瓜形为盘形，瓜面瘤突，棱沟中等，瓜顶凹，近瓜蒂端凹。单瓜重6.79kg，纵径14.00cm，横径31.50cm，瓜脐直径18.00mm。老瓜皮色为墨绿色，表皮上有黄色块状瓜面斑纹，肉色为黄色，口感致密，多纤维，味淡，有清香味。当地农民认为该品种抗病、抗虫，播种期为5月，收获期为7月。

【优异特性与利用价值】一般老瓜用于蒸煮食用。抗性好，可作为育种材料。

【濒危状况及保护措施建议】当地农户零星种植，收集困难。在异位妥善保存的同时，建议扩大种植面积。

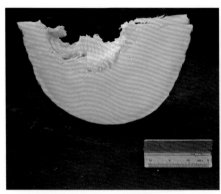

42 酒埕南瓜
2017334057
【学　名】Cucurbitaceae（葫芦科）Cucurbita（南瓜属）Cucurbita moschata（中国南瓜）。
【采集地】浙江省宁波市奉化市。

【主要特征特性】叶形掌状五角，叶色绿，叶面白斑少，蔓粗13.67mm，叶长26.33cm，叶宽31.00cm。瓜形为梨形，瓜面瘤突，无棱沟，瓜顶平，近瓜蒂端平。单瓜重4.09kg，纵径26.50cm，横径16.50cm，瓜脐直径14.00mm。老瓜皮色为黄褐色，无瓜面斑纹，肉色为黄色，口感致密，多纤维，微甜，有清香味。当地农民认为该品种不粉不甜，但抗病、抗虫，一般饲用。

【优异特性与利用价值】一般老瓜用于蒸煮食用，也可饲用。抗性好，可作为育种材料。

【濒危状况及保护措施建议】当地农户零星种植，收集困难。在异位妥善保存的同时，建议扩大种植面积。

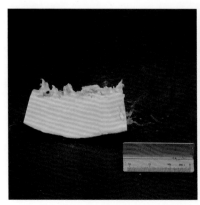

43 石门长南瓜

2018331434

【学 名】Cucurbitaceae（葫芦科）Cucurbita（南瓜属）Cucurbita moschata（中国南瓜）。

【采集地】浙江省嘉兴市桐乡市。

【主要特征特性】叶形掌状，叶色绿，无叶面白斑，蔓粗10.83mm，叶长23.33cm，叶宽32.67cm。瓜形为长弯圆筒形，瓜面平滑，无棱沟，瓜顶凸，近瓜蒂端平。单瓜重2.01kg，纵径43.50cm，横径8.50cm，瓜脐直径16.00mm。老瓜皮色为棕黄色，表皮上有绿色块状瓜面斑纹，肉色为橙黄色，口感致密，多纤维，味甜，有清香味。当地农民认为该品种大小均匀，籽粒集中在下部，肉质橘红，较致密，皮色红，糯，甜。

【优异特性与利用价值】一般老瓜用于蒸煮食用。品质优，可作为育种材料。

【濒危状况及保护措施建议】当地农户零星种植，收集困难。在异位妥善保存的同时，建议扩大种植面积。

44 桐乡小南瓜

2018331430

【学 名】Cucurbitaceae（葫芦科）Cucurbita（南瓜属）Cucurbita moschata（中国南瓜）。

【采集地】浙江省嘉兴市桐乡市。

【主要特征特性】叶形掌状，叶色绿，叶面白斑少，叶长22.67cm，叶宽27.00cm。瓜形为长把梨形，瓜面平滑，无棱沟，瓜顶平，近瓜蒂端平。单瓜重4.52kg，纵径37.50cm，横径15.00cm，瓜脐直径12.00mm。老瓜皮色为黄色，表皮上有深绿色条状瓜面斑纹，肉色为金黄色，口感致密，粉，味甜，有清香味。当地农民认为该品种果实呈梨形，皮色土黄，肉质十分细腻，口感很糯，甜，味道很好，青皮嫩瓜做菜味道也好。

【优异特性与利用价值】一般老瓜用于蒸煮食用。品质较好，可作为育种材料。

【濒危状况及保护措施建议】当地农户零星种植，收集困难。在异位妥善保存的同时，建议扩大种植面积。

45 桐乡南瓜-2　【学　名】Cucurbitaceae（葫芦科）Cucurbita（南瓜属）Cucurbita moschata（中国南瓜）。

2018331424　【采集地】浙江省嘉兴市桐乡市。

【主要特征特性】叶形掌状五角，叶色绿，叶面白斑少，蔓粗11.83mm，叶长26.67cm，叶宽32.67cm。瓜形为近圆形，瓜面多棱，棱沟浅，瓜顶凹，近瓜蒂端凹。单瓜重4.59kg，纵径17.50cm，横径22.50cm，瓜脐直径29.00mm。老瓜皮色为黄色，表皮上有深绿色条状瓜面斑纹，肉色为金黄色，口感松软，粉，味甜，有清香味。当地农民认为该品种果实呈扁圆形，口感粉、糯。

【优异特性与利用价值】一般老瓜用于蒸煮食用。品质较好，可作为育种材料。

【濒危状况及保护措施建议】当地农户零星种植，收集困难。在异位妥善保存的同时，建议扩大种植面积。

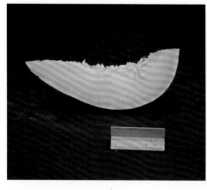  

46 桐乡南瓜-1　【学　名】Cucurbitaceae（葫芦科）Cucurbita（南瓜属）Cucurbita moschata（中国南瓜）。

2018331417　【采集地】浙江省嘉兴市桐乡市。

【主要特征特性】叶形掌状，叶色绿，叶面白斑少，蔓粗16.33mm，叶长25.67cm，叶宽31.67cm。瓜形为长颈圆筒形，瓜面平滑，无棱沟，瓜顶平，近瓜蒂端凹。单瓜重

7.90kg，纵径51.00cm，横径15.50cm，瓜脐直径16.00mm。老瓜皮色为黄色，表皮上有深绿色网状瓜面斑纹，肉色为橙黄色，口感松软，粉，微甜，有清香味。当地农民认为该品种较粉甜，青瓜可以刨丝作为蔬菜。

【优异特性与利用价值】一般老瓜用于蒸煮食用。品质优，可作为育种材料。

【濒危状况及保护措施建议】当地农户零星种植，收集困难。在异位妥善保存的同时，建议扩大种植面积。

47 麻子南瓜（粉）

2018331060

【学　名】Cucurbitaceae（葫芦科）*Cucurbita*（南瓜属）*Cucurbita moschata*（中国南瓜）。

【采集地】浙江省金华市武义县。

【主要特征特性】叶形掌状，叶色绿，无叶面白斑，蔓粗17.83mm，叶长28.67cm，叶宽34.67cm。瓜形为盘形，瓜面多棱，棱沟深，瓜顶凹，近瓜蒂端凹。单瓜重6.84kg，纵径15.50cm，横径29.00cm，瓜脐直径15.00mm。老瓜皮色为橙黄色，无瓜面斑纹，肉色为浅黄色，口感致密，脆，味淡，有清香味。当地农民认为该品种产量高，肉质粉，味道甜，一般用于煮粥、炒菜、做汤。

【优异特性与利用价值】一般老瓜用于蒸煮食用。高产，可作为育种材料。

【濒危状况及保护措施建议】当地农户零星种植，收集困难。在异位妥善保存的同时，建议扩大种植面积。

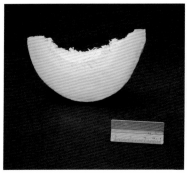

48 大麻长南瓜

2018331452

【学　名】Cucurbitaceae（葫芦科）Cucurbita（南瓜属）Cucurbita moschata（中国南瓜）。

【采集地】浙江省嘉兴市桐乡市。

【主要特征特性】叶形掌状，叶色绿，叶面白斑中等，蔓粗16.17mm，叶长26.00cm，叶宽31.00cm。瓜形为长颈圆筒形，瓜面平滑，无棱沟，瓜顶平，近瓜蒂端凹。单瓜重6.01kg，纵径64.00cm，横径13.50cm，瓜脐直径19.00mm。老瓜皮色为黄色，表皮上有绿色条状瓜面斑纹，肉色为金黄色，口感致密，多纤维，味淡，有清香味。当地农民认为该品种糯，甜，抗病性好。

【优异特性与利用价值】一般老瓜用于蒸煮食用。品质优，可作为育种材料。

【濒危状况及保护措施建议】当地农户零星种植，收集困难。在异位妥善保存的同时，建议扩大种植面积。

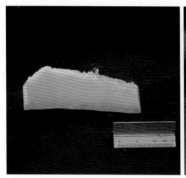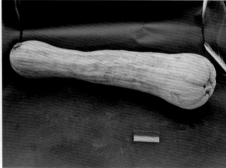

49 新宅南瓜

2018331065

【学　名】Cucurbitaceae（葫芦科）Cucurbita（南瓜属）Cucurbita moschata（中国南瓜）。

【采集地】浙江省金华市武义县。

【主要特征特性】叶形掌状，叶色绿，叶面白斑少，蔓粗13.30mm。叶长28.00cm，叶宽31.67cm。瓜形为椭圆形，瓜面平滑，无棱沟，瓜顶凹，近瓜蒂端凹。单瓜重10.06kg，纵径41.00cm，横径25.00cm，瓜脐直径8.00mm。老瓜皮色为白色，表皮上有绿色网状瓜面斑纹，肉色为浅黄色，口感致密，脆，味淡，有清香味。当地农民认为该品种口感甜，肉质糯，抗病性强，抗虫，较耐贫瘠。

【优异特性与利用价值】一般老瓜用于蒸煮食用。抗性强，可作为育种材料。

【濒危状况及保护措施建议】当地农户零星种植，收集困难。在异位妥善保存的同时，建议扩大种植面积。

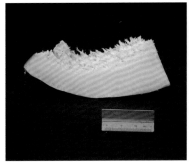  

50 桃溪南瓜　【学　名】Cucurbitaceae（葫芦科）Cucurbita（南瓜属）Cucurbita moschata（中国南瓜）。
2018331095　【采集地】浙江省金华市武义县。

【主要特征特性】叶形掌状五角，叶色绿，叶面白斑多，蔓粗13.33mm，叶长26.67cm，叶宽29.33cm。瓜形为心脏形，瓜面平滑，无棱沟，瓜顶平，近瓜蒂端凹。单瓜重8.04kg，纵径30.00cm，横径24.00cm，瓜脐直径14.00mm。老瓜皮色为黄色，表皮上有深绿色网状瓜面斑纹，肉色为黄色，口感致密，多纤维，味淡，有清香味。当地农民认为该品种扁圆，9瓣。

【优异特性与利用价值】一般老瓜用于蒸煮食用。品质优，可作为育种材料。

【濒危状况及保护措施建议】当地农户零星种植，收集困难。在异位妥善保存的同时，建议扩大种植面积。

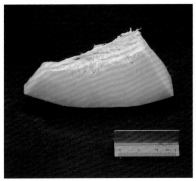  

51 柳城南瓜　【学　名】Cucurbitaceae（葫芦科）Cucurbita（南瓜属）Cucurbita moschata（中国南瓜）。
2018331105　【采集地】浙江省金华市武义县。

【主要特征特性】叶形掌状，叶色绿，叶面白斑多，蔓粗12.33mm，叶长26.33cm，叶宽31.00cm。瓜形为盘形，瓜面多棱，棱沟中等，瓜顶凹，近瓜蒂端凹。单瓜重3.69kg，纵径14.00cm，横径22.50cm，瓜脐直径21.00mm。老瓜皮色为黄色，表皮上有深绿色网状瓜面斑纹，肉色为金黄色，口感致密，脆，微甜，有清香味。当地农民认为该品种扁圆，金黄色皮，橘红色肉，肉较薄。

【优异特性与利用价值】一般老瓜用于蒸煮食用。品质优，可作为育种材料。

【濒危状况及保护措施建议】当地农户零星种植，收集困难。在异位妥善保存的同时，建议扩大种植面积。

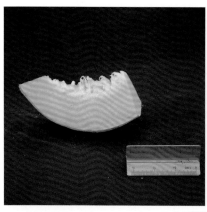

52 诸暨南瓜

2018334200

【学　名】Cucurbitaceae（葫芦科）Cucurbita（南瓜属）Cucurbita moschata（中国南瓜）。
【采集地】浙江省绍兴市诸暨市。

【主要特征特性】叶形掌状，叶色绿，叶面白斑少，蔓粗9.00mm，叶长25.67cm，叶宽31.67cm。瓜形为近圆形，瓜面瘤突，棱沟浅，瓜顶凹，近瓜蒂端凹。单瓜重4.93kg，纵径19.00cm，横径20.00cm，瓜脐直径23.00mm。老瓜皮色为黄色，表皮上有绿色网状瓜面斑纹，肉色为黄色，口感松软，粉，味甜，有清香味。当地农民认为该品种抗病，抗虫。

【优异特性与利用价值】一般老瓜用于蒸煮食用。品质较好，可作为育种材料。

【濒危状况及保护措施建议】当地农户零星种植，收集困难。在异位妥善保存的同时，建议扩大种植面积。

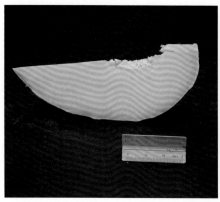

53 长同南瓜

2018334453

【学　名】Cucurbitaceae（葫芦科）Cucurbita（南瓜属）Cucurbita moschata（中国南瓜）。
【采集地】浙江省杭州市临安市。

【主要特征特性】叶形掌状，叶色绿，叶面白斑少，蔓粗13.00mm，叶长28.33cm，叶宽34.33cm。瓜形为梨形，瓜面瘤突，无棱沟，瓜顶凹，近瓜蒂端平。单瓜重5.59kg，纵径30.00cm，横径23.00cm，瓜脐直径16.00mm。老瓜皮色为黄色，无瓜面斑纹，肉色为黄色，口感致密，多纤维，味淡，有清香味。

【优异特性与利用价值】一般老瓜用于蒸煮食用，也可饲用。

【濒危状况及保护措施建议】当地农户零星种植，收集困难。在异位妥善保存的同时，建议扩大种植面积。

54 牛角南瓜

2019335012

【学　名】Cucurbitaceae（葫芦科）Cucurbita（南瓜属）Cucurbita moschata（中国南瓜）。
【采集地】浙江省舟山市定海区。

【主要特征特性】叶形心脏形，叶色绿，叶面白斑少，蔓粗13.00mm，叶长28.00cm，叶宽31.67cm。瓜形为长把梨形，瓜面平滑，无棱沟，瓜顶平，近瓜蒂端平。单瓜重4.30kg，纵径48.00cm，横径15.00cm，瓜脐直径12.00mm。老瓜皮色为黄色，表皮上有深绿色网状瓜面斑纹，肉色为橙黄色，口感松软，粉，微甜，有清香味。

【优异特性与利用价值】一般老瓜用于蒸煮食用。品质优，可作为育种材料。

【濒危状况及保护措施建议】当地农户零星种植，收集困难。在异位妥善保存的同时，建议扩大种植面积。

55 瑞安南瓜-1

【学　名】Cucurbitaceae（葫芦科）Cucurbita（南瓜属）Cucurbita moschata（中国南瓜）。

2018335287

【采集地】浙江省温州市瑞安市。

【主要特征特性】叶形掌状，叶色绿，叶面白斑中等，蔓粗8.17mm，叶长26.67cm，叶宽29.33cm。瓜形为长把梨形，瓜面平滑，无棱沟，瓜顶凹，近瓜蒂端平。单瓜重6.87kg，纵径45.50cm，横径17.50cm，瓜脐直径19.00mm。老瓜皮色为墨绿色，表皮上有深绿色条状瓜面斑纹，老瓜肉色为黄色，口感松软，面，多纤维，微甜，有清香味。当地农民认为该品种品质优，瓜形为菱形。

【优异特性与利用价值】一般老瓜用于蒸煮食用。品质优，可作为育种材料。

【濒危状况及保护措施建议】当地农户零星种植，收集困难。在异位妥善保存的同时，建议扩大种植面积。

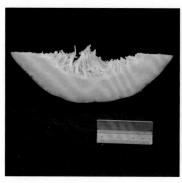

56 黄岩长南瓜

【学　名】Cucurbitaceae（葫芦科）Cucurbita（南瓜属）Cucurbita moschata（中国南瓜）。

P331003005

【采集地】浙江省台州市黄岩区。

【主要特征特性】叶形掌状，叶色绿，叶面白斑少，蔓粗8.00mm，叶长26.33cm，叶宽31.00cm。瓜形为椭圆形，瓜面平滑，无棱沟，瓜顶平，近瓜蒂端凹。单瓜重3.44kg，纵径34.00cm，横径16.50cm，瓜脐直径9.00mm。老瓜皮色为黄色，表皮上有深绿色网状瓜面斑纹，肉色为浅黄色，口感松软，面，味淡，有清香味。当地农民认为该品种优质，抗病，抗虫。

【优异特性与利用价值】一般老瓜用于蒸煮食用。品质优，可作为育种材料。

【濒危状况及保护措施建议】当地农户零星种植，收集困难。在异位妥善保存的同时，建议扩大种植面积。

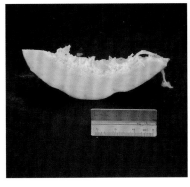

57 黄岩圆南瓜

P331003006

【学　名】Cucurbitaceae（葫芦科）Cucurbita（南瓜属）Cucurbita moschata（中国南瓜）。

【采集地】浙江省台州市黄岩区。

【主要特征特性】叶形掌状五角，叶色绿，叶面白斑中等，蔓粗6.17mm，叶长26.33cm，叶宽32.67cm。瓜形为盘形，瓜面多棱，棱沟浅，瓜顶凹，近瓜蒂端凹。单瓜重3.44kg，纵径11.50cm，横径23.00cm，瓜脐直径28.00mm。老瓜皮色为黄褐色，无瓜面斑纹，肉色为橙黄色，口感致密，粉，微甜，有清香味。当地农民认为该品种优质，抗病。

【优异特性与利用价值】一般老瓜用于蒸煮食用。品质优，可作为育种材料。

【濒危状况及保护措施建议】当地农户零星种植，收集困难。在异位妥善保存的同时，建议扩大种植面积。

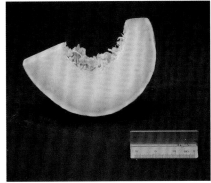

58 麻皮南瓜

2018334116

【学　名】Cucurbitaceae（葫芦科）Cucurbita（南瓜属）Cucurbita moschata（中国南瓜）。

【采集地】浙江省宁波市奉化市。

【主要特征特性】叶形掌状，叶色绿，叶面白斑中等，蔓粗11.67mm，叶长26.33cm，叶宽34.33cm。瓜形为盘形，瓜面皱缩，棱沟深，瓜顶凹，近瓜蒂端凹。单瓜重5.70kg，纵径14.00cm，横径27.50cm，瓜脐直径18.00mm。老瓜皮色为黄色，表皮上有深绿色块状瓜面斑纹，肉色为黄色，口感致密，面，味淡，有清香味。当地农民认为该品种果实大，味道好，甜、粉，老瓜烤食，嫩瓜炒食，抗病性好，抗虫性好，不抗热，耐肥。种植该品种需要施基肥，藤长至1m施追肥。种子保存需要干燥环境，用烟囱灰搅拌保存。

【优异特性与利用价值】一般老瓜用于蒸煮食用。品质优，可作为育种材料。

【濒危状况及保护措施建议】当地农户零星种植，收集困难。在异位妥善保存的同时，建议扩大种植面积。

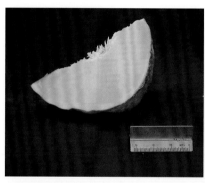

59 瑞安南瓜-2

P330381006

【学　名】Cucurbitaceae（葫芦科）*Cucurbita*（南瓜属）*Cucurbita moschata*（中国南瓜）。

【采集地】浙江省温州市瑞安市。

【主要特征特性】叶形掌状五角，叶色绿，叶面白斑中等，蔓粗13.67mm，叶长23.67cm，叶宽30.33cm。瓜形为盘形，瓜面多棱，棱沟浅，瓜顶凹，近瓜蒂端凹。单瓜重6.02kg，纵径13.50cm，横径28.00cm，瓜脐直径28.00mm。老瓜皮色为黄色，表皮上有深绿色网状瓜面斑纹，肉色为黄色，口感松软，多纤维，味淡，有清香味。当地农民认为该品种适应性很强，高抗病虫害，耐贫瘠，老瓜和嫩瓜均可食用，而且是很好的饲料。

【优异特性与利用价值】一般老瓜用于蒸煮食用，也可饲用。抗性强，可作为育种材料。

【濒危状况及保护措施建议】当地农户零星种植，收集困难。在异位妥善保存的同时，建议扩大种植面积。

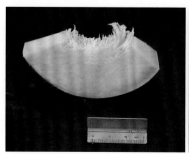

60 金丝搅瓜

P330482021

【学　名】Cucurbitaceae（葫芦科）Cucurbita（南瓜属）Cucurbita moschata（中国南瓜）。

【采集地】浙江省嘉兴市平湖市。

【主要特征特性】叶形心脏五角，叶色绿，无叶面白斑，蔓粗9.33mm，叶长25.67cm，叶宽31.00cm。瓜形为椭圆形，瓜面平滑，无棱沟，瓜顶平，近瓜蒂端凸。单瓜重2.51kg，纵径22.50cm，横径14.00cm，瓜脐直径17.00mm。老瓜皮色为橙黄色，表皮上有浅黄色点状瓜面斑纹，肉色为浅黄色，口感致密，多纤维，味淡，有清香味。当地农民认为该品种优质，瓜瓤如粉丝，耐贮性强。

【优异特性与利用价值】一般老瓜用于蒸煮食用。品质优，可作为育种材料。

【濒危状况及保护措施建议】当地农户零星种植，收集困难。在异位妥善保存的同时，建议扩大种植面积。

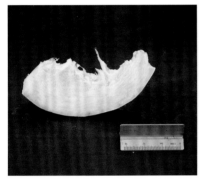

第三节　瓠瓜种质资源

1 铁葫芦

2017331037

【学　名】Cucurbitaceae（葫芦科）Lagenaria（葫芦属）Lagenaria siceraria（葫芦）。

【采集地】浙江省杭州市淳安县。

【主要特征特性】中熟，第一子蔓节位6.3节，叶近圆形，深绿色，叶片长和宽分别为33.3cm、31.0cm，叶柄长22.7cm，第一雌花节位10.7节，雌花节率90.9%，无两性花，子蔓结瓜。瓜呈葫芦形，瓜皮绿色，商品瓜长约21.5cm，横径约11.7cm，瓜脐直径0.8cm，单瓜重630.0g，瓜面有斑纹，瓜面茸毛稀。近瓜蒂端无棱沟，钝圆形，瓜顶形状平。商品瓜肉厚10.9cm，商品瓜肉色白色，单株结瓜6个，种皮棕色，种子千粒重164.1g。从定植到始收约65天。

【优异特性与利用价值】瓜呈葫芦形，瓜形漂亮，可作为观赏葫芦用。

【濒危状况及保护措施建议】少数农户零星种植，收集困难。建议异位妥善保存，扩大种植面积。

2 冬蒲 　【学　名】Cucurbitaceae（葫芦科）Lagenaria（葫芦属）Lagenaria siceraria（葫芦）。
2017333067　【采集地】浙江省宁波市宁海县。

【主要特征特性】中熟，第一子蔓节位8.0节，近圆形，深绿色，叶片长和宽分别为40.3cm、39.2cm，叶柄长21.0cm，第一雌花节位11.0节，雌花节率76.2%，无两性花，主/侧蔓均可结瓜。瓜呈牛腿形，瓜皮浅绿色，商品瓜长约22.0cm，横径约6.8cm，瓜脐直径1.0cm，单瓜重560.0g，瓜面无斑纹，瓜面茸毛中等。近瓜蒂端无棱沟，钝圆形，瓜顶形状平。商品瓜肉厚6.0cm，商品瓜肉色白色，单株结瓜5个，种皮白色，种子千粒重146.1g。从定植到始收约64天。

【优异特性与利用价值】一般性种质。

【濒危状况及保护措施建议】少数农户零星种植，收集困难。建议异位妥善保存，扩大种植面积。

3 奉化蒲 　【学　名】Cucurbitaceae（葫芦科）Lagenaria（葫芦属）Lagenaria siceraria（葫芦）。
2017334009　【采集地】浙江省宁波市奉化市。

【主要特征特性】中熟，第一子蔓节位8.7节，叶心脏形，深绿色，叶片长和宽分别为27.5cm、28.1cm，叶柄长18.3cm，第一雌花节位11.7节，雌花节率84.8%，无两性花，子蔓结瓜。瓜呈梨形，瓜皮浅绿色，商品瓜长约16.0cm，瓜把长5.5cm，横径约9.5cm，瓜脐直径1.5cm，单瓜重620.0g，瓜面无斑纹，瓜面茸毛稀。近瓜蒂端无棱沟，钝圆形，瓜顶形状平。商品瓜肉厚8.7cm，商品瓜肉色白色，单株结瓜7个，种皮棕色，种子千粒重102.2g。从定植到始收约67天。

【优异特性与利用价值】一般性种质。

【濒危状况及保护措施建议】少数农户零星种植，收集困难。建议异位妥善保存，扩大种植面积。

4　苍南八月蒲-1
2017335007

【学　名】Cucurbitaceae（葫芦科）Lagenaria（葫芦属）Lagenaria siceraria（葫芦）。

【采集地】浙江省温州市苍南县。

【主要特征特性】早熟，第一子蔓节位7.7节，叶近圆形，深绿色，叶片长和宽分别为38.2cm、38.4cm，叶柄长19.3cm，第一雌花节位9.7节，雌花节率36.5%，无两性花，子蔓结瓜。瓜呈梨形，瓜皮绿色，商品瓜长约18.8cm，瓜把长6.8cm，横径约10.5cm，瓜脐直径1.2cm，单瓜重1240.0g，瓜面有斑纹，瓜面茸毛中等。近瓜蒂端无棱沟，溜肩形，瓜顶形状平。商品瓜肉厚9.7cm，商品瓜肉色白色，单株结瓜4个，种皮棕色，种子千粒重144.2g。从定植到始收约59天。

【优异特性与利用价值】一般性种质。

【濒危状况及保护措施建议】少数农户零星种植，收集困难。建议异位妥善保存，扩大种植面积。

5 五月蒲
2017335013

【学　名】Cucurbitaceae（葫芦科）*Lagenaria*（葫芦属）*Lagenaria siceraria*（葫芦）。
【采集地】浙江省温州市苍南县。

【主要特征特性】早熟，第一子蔓节位7.7节，叶心脏形，绿色，叶片长和宽分别为27.5cm、25.8cm，叶柄长12.2cm，第一雌花节位8.3节，雌花节率86.3%，无两性花，主蔓结瓜。瓜呈牛腿形，瓜皮绿色，商品瓜长约15.4cm，横径约8.0cm，瓜脐直径1.3cm，单瓜重536.7g，瓜面无斑纹，瓜面茸毛中等。近瓜蒂端无棱沟，钝圆形，瓜顶形状平。商品瓜肉厚7.2cm，商品瓜肉色白色，单株结瓜6个，种皮棕色，种子千粒重74.2g。从定植到始收约52天。

【优异特性与利用价值】一般性种质。

【濒危状况及保护措施建议】少数农户零星种植，收集困难。建议异位妥善保存，扩大种植面积。

6 苍南八月蒲-2
2017335047

【学　名】Cucurbitaceae（葫芦科）*Lagenaria*（葫芦属）*Lagenaria siceraria*（葫芦）。
【采集地】浙江省温州市苍南县。

【主要特征特性】早熟，第一子蔓节位7.3节，叶心脏形，深绿色，叶片长和宽分别为37.3cm、36.7cm，叶柄长26.5cm，第一雌花节位10.0节，雌花节率95.1%，无两性花，主蔓结瓜。瓜呈梨形，瓜皮浅绿色，商品瓜长约17.3cm，横径约11.1cm，瓜脐直径1.5cm，单瓜重945.0g，瓜面无斑纹，瓜面茸毛中等。近瓜蒂端无棱沟，溜肩形，瓜顶形状凸。商品瓜肉厚10.3cm，商品瓜肉色白色，单株结瓜4个，种皮白色，种子千粒重116.3g。从定植到始收约56天。

【优异特性与利用价值】一般性种质。

【濒危状况及保护措施建议】少数农户零星种植，收集困难。建议异位妥善保存，扩大种植面积。

7 葫芦蒲
2018331015
【学　名】Cucurbitaceae（葫芦科）*Lagenaria*（葫芦属）*Lagenaria siceraria*（葫芦）。
【采集地】浙江省金华市武义县。

【主要特征特性】早熟，第一子蔓节位7.0节，叶心脏形，深绿色，叶片长和宽分别为37.8cm、39.2cm，叶柄长18.5cm，第一雌花节位7.3节，雌花节率68.1%，无两性花，主蔓结瓜。瓜呈葫芦形，瓜皮浅绿色，商品瓜长约18.5cm，瓜把长7.0cm，横径约9.5cm，瓜脐直径1.4cm，单瓜重1205.0g，瓜面有斑纹，瓜面茸毛中等。近瓜蒂端无棱沟，溜肩形，瓜顶形状平。商品瓜肉厚8.7cm，商品瓜肉色白色，单株结瓜2个，种皮棕色，种子千粒重146.0g。从定植到始收约53天。

【优异特性与利用价值】一般性种质。

【濒危状况及保护措施建议】少数农户零星种植，收集困难。建议异位妥善保存，扩大种植面积。

8 景宁蒲瓜-1
2018332077
【学　名】Cucurbitaceae（葫芦科）*Lagenaria*（葫芦属）*Lagenaria siceraria*（葫芦）。
【采集地】浙江省丽水市景宁畲族自治县。

【主要特征特性】早熟，第一子蔓节位6.7节，叶心脏形，深绿色，叶片长和宽分别为34.0cm、32.5cm，叶柄长16.3cm，第一雌花节位9.7节，雌花节率75.2%，无两性花，主蔓结瓜。瓜呈长圆筒形，瓜皮浅绿色，商品瓜长约17.4cm，瓜把长5.2cm，横径约

8.3cm，瓜脐直径1.2cm，单瓜重920.0g，瓜面无斑纹，瓜面茸毛稀。近瓜蒂端无棱沟，钝圆形，瓜顶形状平。商品瓜肉厚7.5cm，商品瓜肉色绿白色，单株结瓜3个，种皮棕色，种子千粒重104.2g。从定植到始收约56天。

【优异特性与利用价值】一般性种质。

【濒危状况及保护措施建议】少数农户零星种植，收集困难。建议异位妥善保存，扩大种植面积。

9 景宁牛腿蒲
2018332096　　【学　名】Cucurbitaceae（葫芦科）*Lagenaria*（葫芦属）*Lagenaria siceraria*（葫芦）。
【采集地】浙江省丽水市景宁畲族自治县。

【主要特征特性】早熟，第一子蔓节位6.0节，叶心脏形，绿色，叶片长和宽分别为33.2cm、36.3cm，叶柄长20.0cm，第一雌花节位11.0节，雌花节率65.9%，无两性花，主/侧蔓均可结瓜。瓜呈棒形，瓜皮浅绿色，商品瓜长约36.7cm，横径约7.5cm，瓜脐直径0.6cm，单瓜重1185.0g，瓜面无斑纹，瓜面茸毛稀。近瓜蒂端无棱沟，溜肩形，瓜顶形状凸。商品瓜肉厚6.7cm，商品瓜肉色绿白色，单株结瓜3个，种皮白色，种子千粒重146.3g。从定植到始收约57天。

【优异特性与利用价值】一般性种质。

【濒危状况及保护措施建议】少数农户零星种植，收集困难。建议异位妥善保存，扩大种植面积。

10 景宁花蒲
2018332101

【学　名】Cucurbitaceae（葫芦科）*Lagenaria*（葫芦属）*Lagenaria siceraria*（葫芦）。
【采集地】浙江省丽水市景宁畲族自治县。

【主要特征特性】极早熟，第一子蔓节位7.7节，叶心脏形，深绿色，叶片长和宽分别为33.3cm、32.3cm，叶柄长18.0cm，第一雌花节位7.7节，雌花节率87.6%，无两性花，主/侧蔓均可结瓜。瓜呈牛腿形，瓜皮绿色，商品瓜长约28.2cm，横径约6.8cm，瓜脐直径1.0cm，单瓜重830.0g，瓜面有斑纹，瓜面茸毛中等。近瓜蒂端无棱沟，溜肩形，瓜顶形状凸。商品瓜肉厚6.0cm，商品瓜肉色白色，单株结瓜7个，种皮棕色，种子千粒重126.4g。从定植到始收约44天。

【优异特性与利用价值】一般性种质。

【濒危状况及保护措施建议】少数农户零星种植，收集困难。建议异位妥善保存，扩大种植面积。

11 景宁蒲瓜-2
2018332103

【学　名】Cucurbitaceae（葫芦科）*Lagenaria*（葫芦属）*Lagenaria siceraria*（葫芦）。
【采集地】浙江省丽水市景宁畲族自治县。

【主要特征特性】早熟，第一子蔓节位7.0节，叶心脏形，深绿色，叶片长和宽分别为33.0cm、34.2cm，叶柄长20.3cm，第一雌花节位7.0节，雌花节率58.7%，无两性花，主/侧蔓均可结瓜。瓜呈长牛腿形，瓜皮浅绿色，商品瓜长约19.5cm，瓜把长6.5cm，横径约8.7cm，瓜脐直径1.0cm，单瓜重1105.0g，瓜面无斑纹，瓜面茸毛稀。近瓜蒂端无棱沟，钝圆形，瓜顶形状平。商品瓜肉厚7.9cm，商品瓜肉色绿白色，单株结瓜3个，种皮棕色，种子千粒重106.5g。从定植到始收约58天。

【优异特性与利用价值】一般性种质。

【濒危状况及保护措施建议】少数农户零星种植，收集困难。建议异位妥善保存，扩大种植面积。

12 庆元葫芦-1
2018332237
【学　名】Cucurbitaceae（葫芦科）*Lagenaria*（葫芦属）*Lagenaria siceraria*（葫芦）。
【采集地】浙江省丽水市庆元县。

【主要特征特性】早熟，第一子蔓节位6.3节，叶近圆形，深绿色，叶片长和宽分别为37.7cm、37.9cm，叶柄长20.5cm，第一雌花节位8.3节，雌花节率82.9%，无两性花，主/侧蔓均可结瓜。瓜呈梨形，瓜皮浅绿色，商品瓜长约14.3cm，瓜把长3.2cm，横径约9.5cm，瓜脐直径1.2cm，单瓜重825.0g，瓜面有斑纹，瓜面茸毛中等。近瓜蒂端无棱沟，溜肩形，瓜顶形状平。商品瓜肉厚8.7cm，商品瓜肉色白色，单株结瓜3个，种皮棕色，种子千粒重118.4g。从定植到始收约57天。

【优异特性与利用价值】一般性种质。

【濒危状况及保护措施建议】少数农户零星种植，收集困难。建议异位妥善保存，扩大种植面积。

13 庆元葫芦-2
2018332253
【学　名】Cucurbitaceae（葫芦科）*Lagenaria*（葫芦属）*Lagenaria siceraria*（葫芦）。
【采集地】浙江省丽水市庆元县。

【主要特征特性】极早熟，第一子蔓节位8.0节，叶心脏形，深绿色，叶片长和宽分别为25.7cm、33.7cm，叶柄长24.7cm，第一雌花节位15.0节，雌花节率45.9%，无两性花，子蔓结瓜。瓜呈梨形，瓜皮深绿色，商品瓜长约18.0cm，横径约10.8cm，瓜脐直径1.3cm，单瓜重605.0g，瓜面有斑纹，瓜面茸毛中等。近瓜蒂端无棱沟，钝圆形，瓜顶形状凸。商品瓜肉厚10.0cm，商品瓜肉色白色，单株结瓜3个，种皮棕色，种子千粒重112.5g。从定植到始收约44天。

【优异特性与利用价值】一般性种质。

【濒危状况及保护措施建议】少数农户零星种植，收集困难。建议异位妥善保存，扩大种植面积。

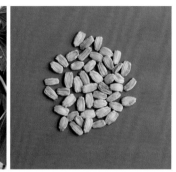

14 开化瓠瓜
2018332431

【学　名】Cucurbitaceae（葫芦科）Lagenaria（葫芦属）Lagenaria siceraria（葫芦）。

【采集地】浙江省衢州市开化县。

【主要特征特性】中熟，第一子蔓节位7.0节，叶近圆形，深绿色，叶片长和宽分别为40.0cm、44.5cm，叶柄长20.0cm，第一雌花节位8.0节，雌花节率96.9%，无两性花，子蔓结瓜。瓜呈葫芦形，瓜皮浅绿色，商品瓜长约18.0cm，横径约9.5cm，瓜脐直径1.0cm，单瓜重1187.5g，瓜面无斑纹，瓜面茸毛中等。近瓜蒂端无棱沟，溜肩形，瓜顶形状平。商品瓜肉厚8.7cm，商品瓜肉色为绿白色，单株结瓜10个，种皮棕色，种子千粒重150.5g。从定植到始收约64天。

【优异特性与利用价值】一般性种质。

【濒危状况及保护措施建议】少数农户零星种植，收集困难。建议异位妥善保存，扩大种植面积。

15 衢江葫芦-1

2018333256

【学 名】Cucurbitaceae（葫芦科）*Lagenaria*（葫芦属）*Lagenaria siceraria*（葫芦）。

【采集地】浙江省衢州市衢江区。

【主要特征特性】极早熟，第一子蔓节位7.7节，叶心脏形，绿色，叶片长和宽分别为36.8cm、33.2cm，叶柄长21.7cm，第一雌花节位9.0节，雌花节率89.5%，无两性花，主蔓结瓜。瓜呈长把梨形，瓜皮绿色，商品瓜长约14.8cm，瓜把长6.0cm，横径约8.0cm，瓜脐直径0.8cm，单瓜重1265.0g，瓜面无斑纹，瓜面茸毛中等。近瓜蒂端无棱沟，钝圆形，瓜顶形状平。商品瓜肉厚7.2cm，商品瓜肉色白色，单株结瓜3个，种皮棕色，种子千粒重162.1g。从定植到始收约44天。

【优异特性与利用价值】一般性种质。

【濒危状况及保护措施建议】少数农户零星种植，收集困难。建议异位妥善保存，扩大种植面积。

16 衢江葫芦-2

2018333297

【学 名】Cucurbitaceae（葫芦科）*Lagenaria*（葫芦属）*Lagenaria siceraria*（葫芦）。

【采集地】浙江省衢州市衢江区。

【主要特征特性】极早熟，第一子蔓节位8.3节，叶心脏形，绿色，叶片长和宽分别为22.2cm、30.5cm，叶柄长26.3cm，第一雌花节位11.7节，雌花节率87.6%，无两性花，主/侧蔓均可结瓜。瓜呈长把梨形，瓜皮白绿色，商品瓜长约19.2cm，瓜把长7.8cm，横径约9.7cm，瓜脐直径0.9cm，单瓜重550.0g，瓜面无斑纹，瓜面茸毛中等。近瓜蒂端无棱沟，溜肩形，瓜顶形状平。商品瓜肉厚8.9cm，商品瓜肉色绿白色，单株结瓜4个，种皮棕色，种子千粒重136.5g。从定植到始收约33天。

【优异特性与利用价值】一般性种质。

【濒危状况及保护措施建议】少数农户零星种植，收集困难。建议异位妥善保存，扩大种植面积。

17 磐安蒲
2018333420

【学　名】Cucurbitaceae（葫芦科）*Lagenaria*（葫芦属）*Lagenaria siceraria*（葫芦）。
【采集地】浙江省金华市磐安县。

【主要特征特性】中熟，第一子蔓节位6.0节，叶心脏形，深绿色，叶片长和宽分别为32.5cm、31.5cm，叶柄长16.6cm，第一雌花节位10.0节，雌花节率89.8%，无两性花，主/侧蔓均可结瓜。瓜呈梨形，瓜皮白绿色，商品瓜长约15.3cm，瓜把长5.7cm，横径约9.8cm，瓜脐直径0.7cm，单瓜重1090.0g，瓜面无斑纹，瓜面茸毛稀。近瓜蒂端无棱沟，钝圆形，瓜顶形状平。商品瓜肉厚9.0cm，商品瓜肉色白色，单株结瓜4个，种皮棕色，种子千粒重140.2g。从定植到始收约63天。

【优异特性与利用价值】一般性种质。

【濒危状况及保护措施建议】少数农户零星种植，收集困难。建议异位妥善保存，扩大种植面积。

18 木杓蒲
2018333634

【学　名】Cucurbitaceae（葫芦科）*Lagenaria*（葫芦属）*Lagenaria siceraria*（葫芦）。
【采集地】浙江省台州市黄岩区。

【主要特征特性】早熟，第一子蔓节位7.7节，叶心脏形，深绿色，叶片长和宽分别为30.7cm、29.0cm，叶柄长13.0cm，第一雌花节位7.7节，雌花节率59.6%，无两性花，主蔓结瓜。瓜呈近圆形，瓜皮浅绿色，商品瓜长约13.3cm，横径约11.2cm，瓜脐直径1.6cm，单瓜重1030.0g，瓜面有斑纹，瓜面茸毛稀。近瓜蒂端无棱沟，阔圆形，瓜顶形状凸。商品瓜肉厚10.4cm，商品瓜肉色白色，单株结瓜3个，种皮棕色，种子千粒重122.3g。从定植到始收约52天。

【优异特性与利用价值】瓜呈近圆形，瓜形周正，可作为育种的亲本材料。

【濒危状况及保护措施建议】少数农户零星种植，收集困难。建议异位妥善保存，扩大种植面积。

19　仙居葫芦

2018334273

【学　名】Cucurbitaceae（葫芦科）Lagenaria（葫芦属）Lagenaria siceraria（葫芦）。
【采集地】浙江省台州市仙居县。

【主要特征特性】早熟，第一子蔓节位6.0节，叶心脏形，深绿色，叶片长和宽分别为35.7cm、34.8cm，叶柄长16.7cm，第一雌花节位7.7节，雌花节率76.5%，无两性花，主蔓结瓜。瓜呈梨形，瓜皮浅绿色，商品瓜长约16.5cm，瓜把长5.7cm，横径约8.2cm，瓜脐直径0.5cm，单瓜重960.0g，瓜面无斑纹，瓜面茸毛中等。近瓜蒂端无棱沟，钝圆形，瓜顶形状平。商品瓜肉厚7.4cm，商品瓜肉色白色，单株结瓜4个，种皮棕色，种子千粒重130.1g。从定植到始收约57天。

【优异特性与利用价值】一般性种质。

【濒危状况及保护措施建议】少数农户零星种植，收集困难。建议异位妥善保存，扩大种植面积。

20 临安葫芦-1

2018334457

【学　名】Cucurbitaceae（葫芦科）Lagenaria（葫芦属）Lagenaria siceraria（葫芦）。

【采集地】浙江省杭州市临安市。

【主要特征特性】早熟，第一子蔓节位7.3节，叶心脏形，深绿色，叶片长和宽分别为30.5cm、29.3cm，叶柄长15.8cm，第一雌花节位8.7节，雌花节率98.6%，无两性花，主蔓结瓜。瓜呈葫芦形，瓜皮浅绿色，商品瓜长约15.5cm，瓜把长5.7cm，横径约9.5cm，瓜脐直径1.1cm，单瓜重850.0g，瓜面有斑纹，瓜面茸毛中等。近瓜蒂端无棱沟，溜肩形，瓜顶形状平。商品瓜肉厚8.7cm，商品瓜肉色白色，单株结瓜4个，种皮棕色，种子千粒重158.3g。从定植到始收约51天。

【优异特性与利用价值】瓜呈葫芦形，瓜形漂亮，可作为育种的亲本材料。

【濒危状况及保护措施建议】少数农户零星种植，收集困难。建议异位妥善保存，扩大种植面积。

21 定海蒲瓜

2018335009

【学　名】Cucurbitaceae（葫芦科）Lagenaria（葫芦属）Lagenaria siceraria（葫芦）。

【采集地】浙江省舟山市定海区。

【主要特征特性】早熟，第一子蔓节位6.7节，叶心脏形，绿色，叶片长和宽分别为33.7cm、36.2cm，叶柄长18.3cm，第一雌花节位9.3节，雌花节率69.9%，无两性花，主蔓结瓜。瓜呈近圆形，瓜皮浅绿色，商品瓜长约11.0cm，横径约8.2cm，瓜脐直径0.9cm，单瓜重1100.0g，瓜面无斑纹，瓜面茸毛中等。近瓜蒂端无棱沟，阔圆形，瓜顶形状平。商品瓜肉厚7.4cm，商品瓜肉色绿白色，单株结瓜3个，种皮棕色，种子千粒重107.9g。从定植到始收约56天。

【优异特性与利用价值】瓜呈近圆形，可作为特色种质。

【濒危状况及保护措施建议】少数农户零星种植，收集困难。建议异位妥善保存，扩大种植面积。

22 定海葫芦-1
2018335017

【学　名】Cucurbitaceae（葫芦科）*Lagenaria*（葫芦属）*Lagenaria siceraria*（葫芦）。
【采集地】浙江省舟山市定海区。

【主要特征特性】极早熟，第一子蔓节位8.0节，叶近三角形，深绿色，叶片长和宽分别为34.2cm、33.6cm，叶柄长21.0cm，第一雌花节位8.0节，雌花节率56.8%，无两性花，主蔓结瓜。瓜呈长牛腿形，瓜皮油绿色，商品瓜长约23.3cm，横径约11.0cm，瓜脐直径1.2cm，单瓜重1465.0g，瓜面无斑纹，瓜面茸毛中等。近瓜蒂端无棱沟，钝圆形，瓜顶形状平。商品瓜肉厚10.2cm，商品瓜肉色白色，单株结瓜3个，种皮棕色，种子千粒重120.1g。从定植到始收约43天。

【优异特性与利用价值】瓜呈牛腿形，瓜皮油绿色，可作为育种的亲本材料。

【濒危状况及保护措施建议】少数农户零星种植，收集困难。建议异位妥善保存，扩大种植面积。

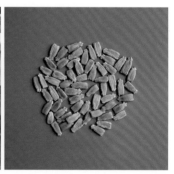

23 定海葫芦-2
2018335039

【学　名】Cucurbitaceae（葫芦科）*Lagenaria*（葫芦属）*Lagenaria siceraria*（葫芦）。
【采集地】浙江省舟山市定海区。

【主要特征特性】极早熟，第一子蔓节位6.3节，叶近三角形，绿色，叶片长和宽分别为19.5cm、28.7cm，叶柄长21.2cm，第一雌花节位10.3节，雌花节率99.1%，无两性花，主/侧蔓均可结瓜。瓜呈葫芦形，瓜皮深绿色，商品瓜长约18.8cm，横径约

10.2cm，瓜脐直径0.6cm，单瓜重505.0g，瓜面无斑纹，瓜面茸毛中等。近瓜蒂端无棱沟，溜肩形，瓜顶形状平。商品瓜肉厚9.4cm，商品瓜肉色白色，单株结瓜9个，种皮棕色，种子千粒重117.6g。从定植到始收约33天。

【优异特性与利用价值】瓜呈葫芦形，瓜皮深绿色，可作为观赏葫芦或育种的亲本材料。

【濒危状况及保护措施建议】少数农户零星种植，收集困难。建议异位妥善保存，扩大种植面积。

24 瑞安花蒲
2018335260
【学　名】Cucurbitaceae（葫芦科）Lagenaria（葫芦属）Lagenaria siceraria（葫芦）。
【采集地】浙江省温州市瑞安市。

【主要特征特性】早熟，第一子蔓节位7.0节，叶心脏形，深绿色，叶片长和宽分别为31.7cm、31.2cm，叶柄长13.0cm，第一雌花节位7.0节，雌花节率86.3%，无两性花，主蔓结瓜。瓜呈梨形，瓜皮深绿色，商品瓜长约16.1cm，瓜把长5.3cm，横径约9.5cm，瓜脐直径1.4cm，单瓜重1395.0g，瓜面有斑纹，瓜面茸毛稀。近瓜蒂端无棱沟，溜肩形，瓜顶形状平。商品瓜肉厚8.7cm，商品瓜肉色绿白色，单株结瓜3个，种皮棕色，种子千粒重112.4g。从定植到始收约55天。

【优异特性与利用价值】瓜呈梨形，瓜皮深绿色，可作为特色种质。

【濒危状况及保护措施建议】少数农户零星种植，收集困难。建议异位妥善保存，扩大种植面积。

25 临安葫芦-2
2019334483

【学 名】Cucurbitaceae（葫芦科）Lagenaria（葫芦属）Lagenaria siceraria（葫芦）。
【采集地】浙江省杭州市临安市。

【主要特征特性】中熟，第一子蔓节位7.2节，叶近圆形，深绿色，叶片长和宽分别为27.6cm、36.5cm，叶柄长33.1cm，第一雌花节位9.4节，雌花节率57.6%，无两性花，主/侧蔓均可结瓜。瓜呈梨形，瓜皮白绿色，瓜把长7.1cm，商品瓜长约20.1cm，横径约13.1cm，瓜脐直径1.8cm，单瓜重1089.0g，瓜面无斑纹，瓜面茸毛中等。近瓜蒂端无棱沟，钝圆形，瓜顶形状平。商品瓜肉厚12.1cm，商品瓜肉色绿白色，单株结瓜5个，种皮棕色，种子千粒重121.1g。从定植到始收约65天。

【优异特性与利用价值】一般性种质。

【濒危状况及保护措施建议】少数农户零星种植，收集困难。建议异位妥善保存，扩大种植面积。

26 舟山葫芦
2019335005

【学 名】Cucurbitaceae（葫芦科）Lagenaria（葫芦属）Lagenaria siceraria（葫芦）。
【采集地】浙江省舟山市定海区。

【主要特征特性】早熟，第一子蔓节位7.0节，叶心脏形，深绿色，叶片长和宽分别为30.3cm、31.2cm，叶柄长14cm，第一雌花节位8.3节，雌花节率94.2%，无两性花，主蔓结瓜。瓜呈梨形，瓜皮绿色，商品瓜长约16.2cm，横径约12.8cm，瓜脐直径1.5cm，单瓜重560.0g，瓜面无斑纹，瓜面茸毛中等。近瓜蒂端无棱沟，溜肩形，瓜顶形状凹。商品瓜肉厚12.0cm，商品瓜肉色白色，单株结瓜7个，种皮棕色，种子千粒重132.4g。从定植到始收约50天。

【优异特性与利用价值】一般性种质。

【濒危状况及保护措施建议】少数农户零星种植，收集困难。建议异位妥善保存，扩大种植面积。

27 萧山葫芦

P330109021

【学　名】Cucurbitaceae（葫芦科）Lagenaria（葫芦属）Lagenaria siceraria（葫芦）。

【采集地】浙江省杭州市萧山区。

【主要特征特性】早熟，第一子蔓节位7.7节，叶心脏形，深绿色，叶片长和宽分别为31.8cm、28.8cm，叶柄长15.3cm，第一雌花节位8.3节，雌花节率64.3%，无两性花，主蔓结瓜。瓜呈葫芦形，瓜皮白绿色，商品瓜长约19.8cm，瓜把长9.3cm，横径约11.8cm，瓜脐直径1.8cm，单瓜重900.0g，瓜面无斑纹，瓜面茸毛密。近瓜蒂端无棱沟，溜肩形，瓜顶形状平。商品瓜肉厚11.0cm，商品瓜肉色白色，单株结瓜3个，种皮棕色，种子千粒重140.2g。从定植到始收约54天。

【优异特性与利用价值】瓜呈葫芦形，可作为观赏葫芦。

【濒危状况及保护措施建议】少数农户零星种植，收集困难。建议异位妥善保存，扩大种植面积。

28 瓯海本地蒲瓜

P330304006

【学　名】Cucurbitaceae（葫芦科）Lagenaria（葫芦属）Lagenaria siceraria（葫芦）。

【采集地】浙江省温州市瓯海区。

【主要特征特性】早熟，第一子蔓节位7.7节，叶心脏形，深绿色，叶片长和宽分别为32.8cm、33.0cm，叶柄长16.5cm，第一雌花节位10.3节，雌花节率56.9%，无两性花，主蔓结瓜。瓜呈梨形，瓜皮绿色，商品瓜长约16.0cm，瓜把长5.5cm，横径约10.3cm，瓜脐直径1.1cm，单瓜重1320.0g，瓜面有斑纹，瓜面茸毛中等。近瓜蒂端无棱沟，溜肩形，瓜顶形状平。商品瓜肉厚9.5cm，商品瓜肉色绿白色，单株结瓜4个，种皮棕色，种子千粒重148.3g。从定植到始收约57天。

【优异特性与利用价值】一般性种质。

【濒危状况及保护措施建议】少数农户零星种植，收集困难。建议异位妥善保存，扩大种植面积。

29 洞头本地蒲瓜

P330305018

【学　名】Cucurbitaceae(葫芦科)Lagenaria(葫芦属)Lagenaria siceraria(葫芦)。

【采集地】浙江省温州市洞头县。

【主要特征特性】早熟，第一子蔓节位7.0节，叶近圆形，深绿色，叶片长和宽分别为31.8cm、32.2cm，叶柄长20.3cm，第一雌花节位9.7节，雌花节率58.2%，无两性花，主蔓结瓜。瓜呈牛腿形，瓜皮深绿色，商品瓜长约21.0cm，瓜把长6.2cm，横径约11.8cm，瓜脐直径1.8cm，单瓜重700.0g，瓜面有斑纹，瓜面茸毛中等。近瓜蒂端无棱沟，钝圆形，瓜顶形状平。商品瓜肉厚11.0cm，商品瓜肉色白色，单株结瓜5个，种皮棕色，种子千粒重110.2g。从定植到始收约55天。

【优异特性与利用价值】一般性种质。

【濒危状况及保护措施建议】少数农户零星种植，收集困难。建议异位妥善保存，扩大种植面积。

30 花葫芦

P330326020

【学　名】Cucurbitaceae（葫芦科）Lagenaria（葫芦属）Lagenaria siceraria（葫芦）。

【采集地】浙江省温州市平阳县。

【主要特征特性】早熟，第一子蔓节位7.3节，叶近三角形，绿色，叶片长和宽分别为31.8cm、32.9cm，叶柄长18.0cm，第一雌花节位7.3节，雌花节率89.7%，无两性花，主/侧蔓均可结瓜。瓜呈牛腿形，瓜皮深绿色，商品瓜长约21.9cm，横径约8.5cm，瓜脐直径0.9cm，单瓜重1070.0g，瓜面有斑纹，瓜面茸毛中等。近瓜蒂端无棱沟，钝圆形，瓜顶形状凹。商品瓜肉厚7.7cm，商品瓜肉色白色，单株结瓜3个，种皮棕色，种子千粒重120.1g。从定植到始收约51天。

【优异特性与利用价值】一般性种质。

【濒危状况及保护措施建议】少数农户零星种植，收集困难。建议异位妥善保存，扩大种植面积。

31 文成瓠瓜

P330328012

【学　名】Cucurbitaceae（葫芦科）Lagenaria（葫芦属）Lagenaria siceraria（葫芦）。

【采集地】浙江省温州市文成县。

【主要特征特性】早熟，第一子蔓节位6.3节，叶心脏形，深绿色，叶片长和宽分别为28.7cm、28.7cm，叶柄长15.0cm，第一雌花节位9.7节，雌花节率79.4%，无两性花，主蔓结瓜。瓜呈梨形，瓜皮深绿色，商品瓜长约16.8cm，瓜把长5.2cm，横径约11.2cm，瓜脐直径1.0cm，单瓜重1400.0g，瓜面有斑纹，瓜面茸毛密。近瓜蒂端无棱沟，钝圆形，瓜顶形状平。商品瓜肉厚10.4cm，商品瓜肉色白色，单株结瓜6个，种皮棕色，种子千粒重132.3g。从定植到始收约58天。

【优异特性与利用价值】一般性种质。

【濒危状况及保护措施建议】少数农户零星种植，收集困难。建议异位妥善保存，扩大种植面积。

32 牛腿瓜

P330328013

【学　名】Cucurbitaceae（葫芦科）*Lagenaria*（葫芦属）*Lagenaria siceraria*（葫芦）。

【采集地】浙江省温州市文成县。

【主要特征特性】早熟，第一子蔓节位7.0节，叶近圆形，深绿色，叶片长和宽分别为36.5cm、33.3cm，叶柄长21.8cm，第一雌花节位10.0节，雌花节率43.9%，无两性花，主/侧蔓均可结瓜。瓜呈梨形，瓜皮深绿色，商品瓜长约22.3cm，瓜把长8.2cm，横径约7.8cm，瓜脐直径0.7cm，单瓜重722.5g，瓜面有斑纹，瓜面茸毛中等。近瓜蒂端无棱沟，溜肩形，瓜顶形状凸。商品瓜肉厚7.0cm，商品瓜肉色白色，单株结瓜6个，种皮棕色，种子千粒重90.0g。从定植到始收约53天。

【优异特性与利用价值】一般性种质。

【濒危状况及保护措施建议】少数农户零星种植，收集困难。建议异位妥善保存，扩大种植面积。

  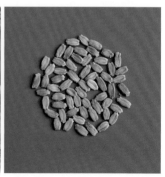

33 泰顺花蒲

P330329011

【学　名】Cucurbitaceae（葫芦科）*Lagenaria*（葫芦属）*Lagenaria siceraria*（葫芦）。

【采集地】浙江省温州市泰顺县。

【主要特征特性】早熟，第一子蔓节位7.0节，叶近圆形，深绿色，叶片长和宽分别为36.7cm、34.5cm，叶柄长19.7cm，第一雌花节位7.0节，雌花节率62.8%，无两性花，主蔓结瓜。瓜呈牛腿形，瓜皮深绿色，商品瓜长约17.6cm，瓜把长7.1cm，横径约

8.4cm，瓜脐直径0.9cm，单瓜重1330.0g，瓜面有斑纹，瓜面茸毛中等。近瓜蒂端无棱沟，钝圆形，瓜顶形状平。商品瓜肉厚7.6cm，商品瓜肉色白色，单株结瓜3个，种皮棕色，种子千粒重162.0g。从定植到始收约53天。

【优异特性与利用价值】一般性种质。

【濒危状况及保护措施建议】少数农户零星种植，收集困难。建议异位妥善保存，扩大种植面积。

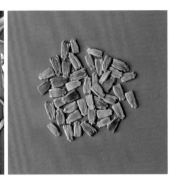

34 东蒲
P330381022

【学　名】Cucurbitaceae（葫芦科）*Lagenaria*（葫芦属）*Lagenaria siceraria*（葫芦）。
【采集地】浙江省温州市瑞安市。

【主要特征特性】早熟，第一子蔓节位7.0节，叶近三角形，深绿色，叶片长和宽分别为32.5cm、33.3cm，叶柄长15.3cm，第一雌花节位8.0节，雌花节率48.5%，无两性花，主蔓结瓜。瓜呈近圆形，瓜皮浅绿色，商品瓜长约11.5cm，横径约9.3cm，瓜脐直径1.7cm，单瓜重1360.0g，瓜面有斑纹，瓜面茸毛中等。近瓜蒂端无棱沟，阔圆形，瓜顶形状平。商品瓜肉厚8.5cm，商品瓜肉色白色，单株结瓜4个，种皮棕色，种子千粒重120.0g。从定植到始收约57天。

【优异特性与利用价值】瓜呈近圆形，瓜皮浅绿色，可作为特色种质。

【濒危状况及保护措施建议】少数农户零星种植，收集困难。建议异位妥善保存，扩大种植面积。

35 花晚地蒲

P330482025

【学 名】Cucurbitaceae（葫芦科）Lagenaria（葫芦属）Lagenaria siceraria（葫芦）。
【采集地】浙江省嘉兴市平湖市。

【主要特征特性】早熟，第一子蔓节位7.3节，叶心脏形，深绿色，叶片长和宽分别为38.3cm、36.3cm，叶柄长23.0cm，第一雌花节位9.0节，雌花节率45.3%，无两性花，主蔓结瓜。瓜呈长把梨形，瓜皮深绿色，商品瓜长约21.2cm，瓜把长7.3cm，横径约9.5cm，瓜脐直径1.1cm，单瓜重1150.0g，瓜面有斑纹，瓜面茸毛中等。近瓜蒂端无棱沟，钝圆形，瓜顶形状平。商品瓜肉厚8.7cm，商品瓜肉色白色，单株结瓜4个，种皮棕色，种子千粒重156.1g。从定植到始收约52天。

【优异特性与利用价值】一般性种质。

【濒危状况及保护措施建议】少数农户零星种植，收集困难。建议异位妥善保存，扩大种植面积。

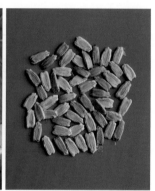

36 长晚地蒲

P330482026

【学 名】Cucurbitaceae（葫芦科）Lagenaria（葫芦属）Lagenaria siceraria（葫芦）。
【采集地】浙江省嘉兴市平湖市。

【主要特征特性】中熟，第一子蔓节位8.7节，叶心脏形，深绿色，叶片长和宽分别为37.2cm、34.5cm，叶柄长25.7cm，第一雌花节位13.0节，雌花节率79.5%，无两性花，子蔓结瓜。瓜呈牛腿形，瓜皮绿色，商品瓜长约32.0cm，横径约8.0cm，瓜脐直径0.5cm，单瓜重905.0g，瓜面有斑纹，瓜面茸毛稀。近瓜蒂端无棱沟，溜肩形，瓜顶形状凸。商品瓜肉厚7.2cm，商品瓜肉色白色，单株结瓜4个，种皮白色，种子千粒重136.8g。从定植到始收约73天。

【优异特性与利用价值】一般性种质。

【濒危状况及保护措施建议】少数农户零星种植，收集困难。建议异位妥善保存，扩大种植面积。

37 短晚地蒲

P330482027

【学　名】Cucurbitaceae（葫芦科）Lagenaria（葫芦属）Lagenaria siceraria（葫芦）。

【采集地】浙江省嘉兴市平湖市。

【主要特征特性】中熟，第一子蔓节位8.3节，叶心脏形，深绿色，叶片长和宽分别为39.0cm、35.0cm，叶柄长30.3cm，第一雌花节位11.0节，雌花节率81.3%，无两性花，主/侧蔓均可结瓜。瓜呈牛腿形，瓜皮浅绿色，商品瓜长约18.5cm，瓜把长5.0cm，横径约8.2cm，瓜脐直径0.8cm，单瓜重555.0g，瓜面无斑纹，瓜面茸毛中等。近瓜蒂端无棱沟，溜肩形，瓜顶形状凸。商品瓜肉厚7.4cm，商品瓜肉色绿白色，单株结瓜6个，种皮棕色，种子千粒重142.3g。从定植到始收约68天。

【优异特性与利用价值】一般性种质。

【濒危状况及保护措施建议】少数农户零星种植，收集困难。建议异位妥善保存，扩大种植面积。

38 安吉大葫芦

P330523009

【学　名】Cucurbitaceae（葫芦科）Lagenaria（葫芦属）Lagenaria siceraria（葫芦）。

【采集地】浙江省湖州市安吉县。

【主要特征特性】早熟，第一子蔓节位7.3节，叶心脏形，深绿色，叶片长和宽分别为34.0cm、31.7cm，叶柄长17.8cm，第一雌花节位7.3节，雌花节率67.9%，无两性花，主蔓结瓜。瓜呈长把梨形，瓜皮绿白色，商品瓜长约16.9cm，瓜把长6.8cm，横径约

9.6cm，瓜脐直径1.1cm，单瓜重1240.0g，瓜面无斑纹，瓜面茸毛密。近瓜蒂端无棱沟，钝圆形，瓜顶形状平。商品瓜肉厚8.8cm，商品瓜肉色绿白色，单株结瓜3个，种皮棕色，种子千粒重148.0g。从定植到始收约52天。

【优异特性与利用价值】一般性种质。

【濒危状况及保护措施建议】少数农户零星种植，收集困难。建议异位妥善保存，扩大种植面积。

  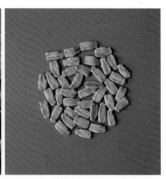

39 上虞牛腿蒲

P330604023

【学　名】Cucurbitaceae（葫芦科）*Lagenaria*（葫芦属）*Lagenaria siceraria*（葫芦）。

【采集地】浙江省绍兴市上虞区。

【主要特征特性】中熟，第一子蔓节位7.0节，叶心脏形，深绿色，叶片长和宽分别为37.3cm、36.1cm，叶柄长21.3cm，第一雌花节位12.0节，雌花节率78.9%，无两性花，子蔓结瓜。瓜呈牛腿形，瓜皮浅绿色，商品瓜长约22.0cm，瓜把长6.0cm，横径约8.3cm，瓜脐直径0.9cm，单瓜重770.0g，瓜面无斑纹，瓜面茸毛中等。近瓜蒂端无棱沟，溜肩形，瓜顶形状平。商品瓜肉厚7.5cm，商品瓜肉色白色，单株结瓜6个，种皮白色，种子千粒重140.2g。从定植到始收约67天。

【优异特性与利用价值】一般性种质。

【濒危状况及保护措施建议】少数农户零星种植，收集困难。建议异位妥善保存，扩大种植面积。

  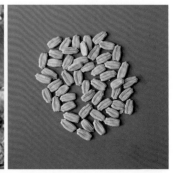

40 腰紧蒲
P330726032

【学　名】Cucurbitaceae（葫芦科）Lagenaria（葫芦属）Lagenaria siceraria（葫芦）。
【采集地】浙江省金华市浦江县。

【主要特征特性】早熟，第一子蔓节位8.0节，叶近圆形，绿色，叶片长和宽分别为32.2cm、32.3cm，叶柄长22.0cm，第一雌花节位7.7节，雌花节率92.4%，无两性花，主蔓结瓜。瓜呈梨形，瓜皮绿色，商品瓜长约14.5cm，瓜把长6.0cm，横径约9.7cm，瓜脐直径1.9cm，单瓜重950.0g，瓜面有斑纹，瓜面茸毛稀。近瓜蒂端无棱沟，溜肩形，瓜顶形状平。商品瓜肉厚8.9cm，商品瓜肉色白色，单株结瓜3个，种皮棕色，种子千粒重140.3g。从定植到始收约53天。

【优异特性与利用价值】一般性种质。

【濒危状况及保护措施建议】少数农户零星种植，收集困难。建议异位妥善保存，扩大种植面积。

41 牛腿蒲芦
P330783011

【学　名】Cucurbitaceae（葫芦科）Lagenaria（葫芦属）Lagenaria siceraria（葫芦）。
【采集地】浙江省金华市东阳市。

【主要特征特性】中熟，第一子蔓节位8.0节，叶近圆形，深绿色，叶片长和宽分别为27.2cm、26.2cm，叶柄长16.7cm，第一雌花节位6.7节，雌花节率36.9%，无两性花，主蔓结瓜。瓜呈牛腿形，瓜皮绿白色，商品瓜长约24.3cm，横径约6.4cm，瓜脐直径1.4cm，单瓜重840.0g，瓜面无斑纹，瓜面茸毛中等。近瓜蒂端无棱沟，钝圆形，瓜顶形状凸。商品瓜肉厚5.6cm，商品瓜肉色绿白色，单株结瓜9个，种皮棕色，种子千粒重114.1g。从定植到始收约64天。

【优异特性与利用价值】一般性种质。

【濒危状况及保护措施建议】少数农户零星种植，收集困难。建议异位妥善保存，扩大种植面积。

42 东阳蒲芦-1
P330783013

【学 名】Cucurbitaceae（葫芦科）Lagenaria（葫芦属）Lagenaria siceraria（葫芦）。
【采集地】浙江省金华市东阳市。

【主要特征特性】中熟，第一子蔓节位8.3节，叶心脏形，深绿色，叶片长和宽分别为33.7cm、33.2cm，叶柄长19.0cm，第一雌花节位10.2节，雌花节率45.3%，无两性花，主/侧蔓均可结瓜。瓜呈细腰葫芦形，瓜皮浅绿色，商品瓜长约15.3cm，横径约8.3cm，瓜脐直径0.7cm，单瓜重655.0g，瓜面无斑纹，瓜面茸毛稀。近瓜蒂端无棱沟，溜肩形，瓜顶形状平。商品瓜肉厚7.5cm，商品瓜肉色白色，单株结瓜4个，种皮棕色，种子千粒重154.1g。从定植到始收约65天。

【优异特性与利用价值】瓜呈细腰葫芦形，瓜形漂亮，可作为观赏葫芦。

【濒危状况及保护措施建议】少数农户零星种植，收集困难。建议异位妥善保存，扩大种植面积。

43 东阳蒲芦-2
P330783016

【学 名】Cucurbitaceae（葫芦科）Lagenaria（葫芦属）Lagenaria siceraria（葫芦）。
【采集地】浙江省金华市东阳市。

【主要特征特性】早熟，第一子蔓节位8.0节，叶近圆形，深绿色，叶片长和宽分别为30.7cm、30.5cm，叶柄长21.3cm，第一雌花节位8.3节，雌花节率44.9%，无两性花，主蔓结瓜。瓜呈细腰葫芦形，瓜皮浅绿色，商品瓜长约16.5cm，横径约8.7cm，瓜脐直径1.3cm，单瓜重1035.0g，瓜面无斑纹，瓜面茸毛中等。近瓜蒂端无棱沟，溜肩形，瓜顶形状平。商品瓜肉厚7.9cm，商品瓜肉色白色，单株结瓜3个，种皮棕色，种子千粒重138.0g。从定植到始收约47天。

【优异特性与利用价值】一般性种质。

【濒危状况及保护措施建议】少数农户零星种植，收集困难。建议异位妥善保存，扩大种植面积。

44 永康牛腿蒲

P330784031

【学　名】Cucurbitaceae（葫芦科）Lagenaria（葫芦属）Lagenaria siceraria（葫芦）。

【采集地】浙江省金华市永康市。

【主要特征特性】早熟，第一子蔓节位8.0节，叶心脏形，深绿色，叶片长和宽分别为28.8cm、30.1cm，叶柄长20.5cm，第一雌花节位6.7节，雌花节率78.2%，无两性花，主蔓结瓜。瓜呈牛腿形，瓜皮浅绿色，商品瓜长约24.0cm，横径约6.7cm，瓜脐直径0.9cm，单瓜重630.0g，瓜面无斑纹，瓜面茸毛稀。近瓜蒂端无棱沟，钝圆形，瓜顶形状凸。商品瓜肉厚5.9cm，商品瓜肉色白色，单株结瓜6个，种皮棕色，种子千粒重126.2g。从定植到始收约47天。

【优异特性与利用价值】一般性种质。

【濒危状况及保护措施建议】少数农户零星种植，收集困难。建议异位妥善保存，扩大种植面积。

45 千斤蒲

P330900012

【学　名】Cucurbitaceae（葫芦科）*Lagenaria*（葫芦属）*Lagenaria siceraria*（葫芦）。

【采集地】浙江省舟山市定海区。

【主要特征特性】早熟，第一子蔓节位7.7节，叶心脏形，深绿色，叶片长和宽分别为35.3cm、34.0cm，叶柄长27.0cm，第一雌花节位10.0节，雌花节率89.6%，无两性花，主/侧蔓均可结瓜。瓜呈长把梨形，瓜皮绿白色，商品瓜长约15.5cm，瓜把长4.3cm，横径约9.3cm，瓜脐直径1.8cm，单瓜重450.0g，瓜面无斑纹，瓜面茸毛稀。近瓜蒂端无棱沟，溜肩形，瓜顶形状平。商品瓜肉厚8.5cm，商品瓜肉色绿白色，单株结瓜5个，种皮白色，种子千粒重112.7g。从定植到始收约56天。

【优异特性与利用价值】一般性种质。

【濒危状况及保护措施建议】少数农户零星种植，收集困难。建议异位妥善保存，扩大种植面积。

46 十月蒲

P330900022

【学　名】Cucurbitaceae（葫芦科）*Lagenaria*（葫芦属）*Lagenaria siceraria*（葫芦）。

【采集地】浙江省舟山市嵊泗县。

【主要特征特性】极早熟，第一子蔓节位7.0节，叶心脏形，绿色，叶片长和宽分别为24.7cm、32.5cm，叶柄长25.7cm，第一雌花节位19.0节，雌花节率93.8%，无两性花，主/侧蔓均可结瓜。瓜呈牛腿形，瓜皮绿白色，商品瓜长约28cm，横径约9cm，瓜脐直径0.6cm，单瓜重487.3g，瓜面无斑纹，瓜面茸毛中等。近瓜蒂端无棱沟，钝圆形，瓜顶形状凸。商品瓜肉厚8.2cm，商品瓜肉色白色，单株结瓜4个，种皮白色，种子千粒重119.8g。从定植到始收约34天。

【优异特性与利用价值】一般性种质。

【濒危状况及保护措施建议】少数农户零星种植，收集困难。建议异位妥善保存，扩大种植面积。

47 山地蒲瓜

P331021015

【学　名】Cucurbitaceae（葫芦科）*Lagenaria*（葫芦属）*Lagenaria siceraria*（葫芦）。

【采集地】浙江省台州市玉环县。

【主要特征特性】早熟，第一子蔓节位7.0节，叶心脏形，深绿色，叶片长和宽分别为34.8cm、33.3cm，叶柄长21.5cm，第一雌花节位8.0节，雌花节率56.8%，无两性花，主蔓结瓜。瓜呈牛腿形，瓜皮浅绿色，商品瓜长约24.5cm，横径约9.4cm，瓜脐直径1.5cm，单瓜重890.0g，瓜面有斑纹，瓜面茸毛中等。近瓜蒂端无棱沟，钝圆形，瓜顶形状平。商品瓜肉厚8.6cm，商品瓜肉色白色，单株结瓜4个，种皮白色，种子千粒重152.2g。从定植到始收约54天。

【优异特性与利用价值】一般性种质。

【濒危状况及保护措施建议】少数农户零星种植，收集困难。建议异位妥善保存，扩大种植面积。

48 三门蒲瓜

P331022021

【学　名】Cucurbitaceae（葫芦科）*Lagenaria*（葫芦属）*Lagenaria siceraria*（葫芦）。

【采集地】浙江省台州市三门县。

【主要特征特性】早熟，第一子蔓节位8.3节，叶心脏形，深绿色，叶片长和宽分别为37.5cm、34.5cm，叶柄长27.0cm，第一雌花节位8.7节，雌花节率62.3%，无两性花，主/侧蔓均可结瓜。瓜呈牛腿形，瓜皮绿色，商品瓜长约17.1cm，横径约6.4cm，瓜脐直径1.0cm，单瓜重825.0g，瓜面有斑纹，瓜面茸毛稀。近瓜蒂端无棱沟，钝圆形，瓜顶形状凸。商品瓜肉厚5.6cm，商品瓜肉色白色，单株结瓜3个，种皮棕色，种子千粒重160.2g。从定植到始收约49天。

【优异特性与利用价值】一般性种质。

【濒危状况及保护措施建议】少数农户零星种植，收集困难。建议异位妥善保存，扩大种植面积。

49 天台冬蒲
P331023011
【学　名】Cucurbitaceae（葫芦科）Lagenaria（葫芦属）Lagenaria siceraria（葫芦）。
【采集地】浙江省台州市天台县。

【主要特征特性】早熟，第一子蔓节位9.0节，叶近圆形，深绿色，叶片长和宽分别为35.3cm、31.3cm，叶柄长22.2cm，第一雌花节位10.0节，雌花节率81.9%，无两性花，主蔓结瓜。瓜呈牛腿形，瓜皮绿色，商品瓜长约22.8cm，横径约7.2cm，瓜脐直径1.0cm，单瓜重690.0g，瓜面无斑纹，瓜面茸毛中等。近瓜蒂端无棱沟，钝圆形，瓜顶形状平。商品瓜肉厚6.4cm，商品瓜肉色白色，单株结瓜6个，种皮白色，种子千粒重138.5g。从定植到始收约53天。

【优异特性与利用价值】一般性种质。

【濒危状况及保护措施建议】少数农户零星种植，收集困难。建议异位妥善保存，扩大种植面积。

50 火焰蒲

P331081009

【学　名】Cucurbitaceae（葫芦科）Lagenaria（葫芦属）Lagenaria siceraria（葫芦）。

【采集地】浙江省台州市温岭市。

【主要特征特性】早熟，第一子蔓节位6.0节，叶心脏形，浅绿色，叶片长和宽分别为24.7cm、31.0cm，叶柄长26.0cm，第一雌花节位16.0节，雌花节率90.3%，无两性花，子蔓结瓜。瓜呈牛腿形，瓜皮浅绿色，商品瓜长约26.3cm，横径约7.3cm，瓜脐直径0.6cm，单瓜重640.0g，瓜面无斑纹，瓜面茸毛少。近瓜蒂端无棱沟，钝圆形，瓜顶形状凸。商品瓜肉厚6.5cm，商品瓜肉色白色，单株结瓜6个，种皮白色，种子千粒重127.9g。从定植到始收约50天。

【优异特性与利用价值】一般性种质。

【濒危状况及保护措施建议】少数农户零星种植，收集困难。建议异位妥善保存，扩大种植面积。

51 临海冬蒲

P331082009

【学　名】Cucurbitaceae（葫芦科）Lagenaria（葫芦属）Lagenaria siceraria（葫芦）。

【采集地】浙江省台州市临海市。

【主要特征特性】早熟，第一子蔓节位8.1节，叶近圆形，绿色，叶片长和宽分别为27.5cm、27.2cm，叶柄长25.2cm，第一雌花节位7.2节，雌花节率85.3%，无两性花，子蔓结瓜。瓜呈短圆筒形，瓜皮绿色，商品瓜长约25.2cm，横径约13.2cm，瓜脐直径0.8cm，单瓜重502.0g，瓜面无斑纹，瓜面茸毛少。近瓜蒂端无棱沟，钝圆形，瓜顶形状平。商品瓜肉厚12.2cm，商品瓜肉色白色，单株结瓜6个，种皮棕色，种子千粒重121.3g。从定植到始收约50天。

【优异特性与利用价值】一般性种质。

【濒危状况及保护措施建议】少数农户零星种植，收集困难。建议异位妥善保存，扩大种植面积。

52 白皮木勺瓠

P331124019

【学　名】Cucurbitaceae（葫芦科）Lagenaria（葫芦属）Lagenaria siceraria（葫芦）。
【采集地】浙江省丽水市松阳县。

【主要特征特性】中熟，第一子蔓节位7.0节，叶心脏形，深绿色，叶片长和宽分别为32.9cm、35.5cm，叶柄长22.2cm，第一雌花节位9.3节，雌花节率68.5%，无两性花，子蔓结瓜。瓜呈长把梨形，瓜皮浅绿色，商品瓜长约20.3cm，瓜把长7.3cm，横径约8.7cm，瓜脐直径0.8cm，单瓜重1325.0g，瓜面无斑纹，瓜面茸毛中等。近瓜蒂端无棱沟，溜肩形，瓜顶形状凸。商品瓜肉厚7.9cm，商品瓜肉色白色，单株结瓜3个，种皮棕色，种子千粒重104.1g。从定植到始收约64天。

【优异特性与利用价值】一般性种质。

【濒危状况及保护措施建议】少数农户零星种植，收集困难。建议异位妥善保存，扩大种植面积。

53 花皮木勺瓠

P331124020

【学　名】Cucurbitaceae（葫芦科）Lagenaria（葫芦属）Lagenaria siceraria（葫芦）。
【采集地】浙江省丽水市松阳县。

【主要特征特性】早熟，第一子蔓节位6.7节，叶近三角形，深绿色，叶片长和宽分别为34.3cm、35.5cm，叶柄长25.0cm，第一雌花节位8.3节，雌花节率94.6%，无两性花，子蔓结瓜。瓜呈长梨形，瓜皮绿色，商品瓜长约16.7cm，瓜把长7.8cm，横径约8.3cm，瓜脐直径0.7cm，单瓜重860.0g，瓜面有斑纹，瓜面茸毛中等。近瓜蒂端无棱沟，溜肩形，瓜顶形状平。商品瓜肉厚7.5cm，商品瓜肉色白色，单株结瓜8个，种皮棕色，种子千粒重154.2g。从定植到始收约54天。

【优异特性与利用价值】一般性种质。

【濒危状况及保护措施建议】少数农户零星种植，收集困难。建议异位妥善保存，扩大种植面积。

第四节　黄瓜种质资源

1 建德山黄瓜
2017332027

【学　名】Cucurbitaceae（葫芦科）Cucumis（黄瓜属）Cucumis sativus（黄瓜）。
【采集地】浙江省杭州市建德市。

【主要特征特性】植株蔓生，晚熟，分枝性强。叶掌状，绿色，主/侧蔓结瓜，第一雌花着生在主蔓8.3节，商品瓜短圆形，瓜长13.5cm，横径4.1cm，瓜把钝圆形，把长1.4cm，单瓜重108.4g，瓜皮白绿色，瓜肉白色，肉厚1.4cm，瓜面较光亮，无棱，中瘤，刺瘤稀少，黑色粒刺，蜡粉少。种瓜皮橙色，有细网裂纹。种皮黄白色，披针形，千粒重24.5g。4月上中旬播种，采收期5月下旬至7月上旬，播种至始收约58天，亩产量1821.1kg。田间表现感白粉病和霜霉病。

【优异特性与利用价值】商品瓜肉厚，肉质脆嫩，可用作黄瓜育种材料。

【濒危状况及保护措施建议】在建德市各乡镇仅少数农户零星种植，已很难收集到。在异位妥善保存的同时，建议提纯复壮，扩大种植面积。

2 建德白黄瓜

2017332039

【学　名】Cucurbitaceae（葫芦科）*Cucumis*（黄瓜属）*Cucumis sativus*（黄瓜）。

【采集地】浙江省杭州市建德市。

【主要特征特性】植株蔓生，中熟，分枝性强。叶掌状五角，绿色，主/侧蔓结瓜，第一雌花着生在主蔓6.3节，商品瓜长圆形，瓜长15.6cm，横径3.3cm，瓜把溜肩形，把长3.2cm，单瓜重225.2g，瓜皮乳白色，瓜肉白色，肉厚1.3cm，瓜面较光亮，无棱，中瘤，刺瘤稀少，白色粒刺，蜡粉少。种瓜皮乳白色，无裂纹。种皮淡黄色，披针形，千粒重25.3g。4月上中旬播种，采收期5月下旬至7月上旬，播种至始收约54天，亩产量1948.3kg。田间表现中抗白粉病，感霜霉病。

【优异特性与利用价值】商品瓜肉厚，肉质脆嫩，可用作黄瓜育种材料。

【濒危状况及保护措施建议】在建德市各乡镇仅少数农户零星种植。在异位妥善保存的同时，建议提纯复壮，扩大种植面积。

3 奉化八月白

2017334035

【学　名】Cucurbitaceae（葫芦科）Cucumis（黄瓜属）Cucumis sativus（黄瓜）。
【采集地】浙江省宁波市奉化市。

【主要特征特性】植株蔓生，晚熟，分枝性中等。叶掌状，绿色，主/侧蔓结瓜，第一雌花着生在主蔓8.5节，商品瓜长棒形，瓜长28.8cm，横径3.9cm，瓜把溜肩形，把长3.1cm，单瓜重225.2g，瓜皮乳白色，瓜肉白绿色，肉厚1.4cm，瓜面灰暗，浅棱，大瘤，刺瘤稀少，白色软毛刺，蜡粉无。种瓜皮乳白色，无裂纹。种皮淡黄色，披针形，千粒重26.5g。4月上中旬播种，采收期5月下旬至7月上旬，播种至始收约59天，亩产量3040.2kg。田间表现感白粉病和霜霉病。

【优异特性与利用价值】商品瓜肉厚，肉质松脆，可用作黄瓜育种材料。

【濒危状况及保护措施建议】在建德市各乡镇仅少数农户零星种植，已很难收集到。在异位妥善保存的同时，建议提纯复壮，扩大种植面积。

4 大莱八月黄瓜

2018331020

【学　名】Cucurbitaceae（葫芦科）Cucumis（黄瓜属）Cucumis sativus（黄瓜）。
【采集地】浙江省金华市武义县。

【主要特征特性】植株蔓生，中熟，分枝性强。叶心脏形，绿色，主/侧蔓结瓜，第一雌花着生在主蔓7.4节，商品瓜纺锤形，瓜长17.3cm，横径4.4cm，瓜把溜肩形，把长1.9cm，单瓜重115.7g，瓜皮黄白色，瓜肉白绿色，肉厚1.6cm，瓜面灰暗，浅棱，大瘤，刺瘤稀少，褐色软毛刺，蜡粉无，高温期瓜把微苦。种瓜皮橙色，短纵裂纹。种皮黄白色，披针形，千粒重23.1g。4月上中旬播种，采收期5月上中旬至7月上旬，播种至始收约58天，亩产量1909.1kg。田间表现抗白粉病，中抗霜霉病。

【优异特性与利用价值】抗病性好，商品瓜肉质脆嫩，可用作黄瓜育种材料。

【濒危状况及保护措施建议】在武义县各乡镇仅少数农户零星种植，已很难收集到。在异位妥善保存的同时，建议提纯复壮，扩大种植面积。

5 武义白黄瓜

2018331049

【学　名】Cucurbitaceae（葫芦科）Cucumis（黄瓜属）Cucumis sativus（黄瓜）。

【采集地】浙江省金华市武义县。

【主要特征特性】植株蔓生，晚熟，分枝性中等。叶心脏形，绿色，主/侧蔓结瓜，第一雌花着生在主蔓8.6节，商品瓜长圆筒形，瓜长18.5cm，横径4.4cm，瓜把溜肩形，把长2.5cm，单瓜重180.6g，瓜皮白绿色，瓜肉浅绿色，肉厚1.6cm，瓜面灰暗，浅棱，大瘤，刺瘤稀少，白色软毛刺，蜡粉无。种瓜皮乳白色，无裂纹。种皮黄白色，长披针形，千粒重27.8g。4月上中旬播种，采收期5月下旬至7月上旬，播种至始收约59天，亩产量2654.8kg。田间表现中抗白粉病和霜霉病。

【优异特性与利用价值】抗病性好，商品瓜肉厚，肉质脆嫩，微甜，可用作黄瓜育种材料。

【濒危状况及保护措施建议】在武义县及周边地区有少数农户小面积种植。在异位妥善保存的同时，建议扩大种植面积。

6 武义八月黄瓜-1
2018331080

【学　名】Cucurbitaceae（葫芦科）Cucumis（黄瓜属）Cucumis sativus（黄瓜）。
【采集地】浙江省金华市武义县。

【主要特征特性】植株蔓生，中熟，分枝性中等。叶心脏形，深绿色，主/侧蔓结瓜，第一雌花着生在主蔓5.5节，商品瓜短棒形，瓜长13.2cm，横径4.2cm，瓜把溜肩形，把长2.1cm，单瓜重97.4g，瓜皮黄绿色，瓜肉浅绿色，肉厚1.5cm，瓜面灰暗，深棱，大瘤，刺瘤稀少，黑色粒刺，蜡粉无。种瓜皮橙色，无裂纹。种皮淡黄色，披针形，千粒重24.9g。4月上中旬播种，采收期5月下旬至7月上旬，播种至始收约56天，亩产量1987.0kg。田间表现中抗白粉病，感霜霉病。

【优异特性与利用价值】商品瓜肉厚，肉质脆嫩，可用作黄瓜育种材料。

【濒危状况及保护措施建议】在武义县各乡镇仅少数农户零星种植。在异位妥善保存的同时，建议扩大种植面积。

7 武义白皮黄瓜-1
2018331109

【学　名】Cucurbitaceae（葫芦科）Cucumis（黄瓜属）Cucumis sativus（黄瓜）。
【采集地】浙江省金华市武义县。

【主要特征特性】植株蔓生，晚熟，分枝性中等。叶掌状，深绿色，主/侧蔓结瓜，第一雌花着生在主蔓8.2节，商品瓜长圆筒形，瓜长17.2cm，横径4.1cm，瓜把溜肩形，把长2.8cm，单瓜重159.7g，瓜皮乳白色，瓜肉白色，肉厚1.4cm，瓜面灰暗，微棱，小瘤，刺瘤稀少，白色粒刺，蜡粉无。种瓜皮白色，无裂纹。种皮淡黄色，披针形，千粒重26.8g。4月上中旬播种，采收期5月下旬至7月上旬，播种至始收约58天，亩产量2635.1kg。田间表现中抗白粉病和霜霉病。

【优异特性与利用价值】商品瓜肉厚，口感香脆多汁，可用作黄瓜育种材料。

【濒危状况及保护措施建议】在武义县各乡镇仅少数农户零星种植，已很难收集到。在异位妥善保存的同时，建议扩大种植面积。

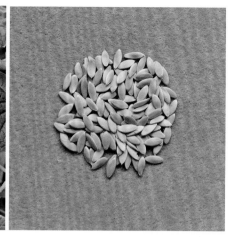

8 长兴黄瓜-1
2018331206

【学 名】Cucurbitaceae（葫芦科）*Cucumis*（黄瓜属）*Cucumis sativus*（黄瓜）。

【采集地】浙江省湖州市长兴县。

【主要特征特性】植株蔓生，早熟，分枝性中等。叶心脏形，深绿色，主/侧蔓结瓜，第一雌花着生在主蔓5.2节，商品瓜短圆筒形，瓜长13.7cm，横径3.7cm，瓜把钝圆形，把长2.2cm，单瓜重88.9g，瓜皮黄绿色，瓜肉白绿色，肉厚1.2cm，瓜面较光亮，无棱，大瘤，刺瘤稀少，棕色粒刺，蜡粉无。种瓜皮黄色，短纵裂纹。种皮淡黄色，披针形，千粒重27.1g。4月上中旬播种，采收期5月下旬至7月上旬，播种至始收约53天，亩产量2088.7kg。田间表现感白粉病和霜霉病。

【优异特性与利用价值】早熟性好，肉质松脆，可用作黄瓜育种材料。

【濒危状况及保护措施建议】在长兴县各乡镇仅少数农户零星种植，已很难收集到。在异位妥善保存的同时，建议扩大种植面积。

9 长兴黄瓜-2
2018331242

【学 名】Cucurbitaceae（葫芦科）Cucumis（黄瓜属）Cucumis sativus（黄瓜）。
【采集地】浙江省湖州市长兴县。

【主要特征特性】植株蔓生，中熟，分枝性强。叶心脏形，深绿色，主/侧蔓结瓜，第一雌花着生在主蔓8.1节，商品瓜短棒形，瓜长18.1cm，横径3.5cm，瓜把溜肩形，把长3.7cm，单瓜重123.9g，瓜皮黄绿色，瓜肉浅绿色，肉厚1.1cm，大部分瓜面有绿色点条斑纹，瓜面灰暗，无棱，小瘤，刺瘤稀少，褐色尖角硬刺，蜡粉少。种瓜皮橙色，细网裂纹。种皮淡黄色，披针形，千粒重27.8g。4月上中旬播种，采收期5月下旬至7月上旬，播种至始收约56天，亩产量2490.4kg。田间表现感白粉病，中抗霜霉病。

【优异特性与利用价值】商品瓜品质好，肉质松脆，微甜，可用作黄瓜育种材料。

【濒危状况及保护措施建议】在长兴县各乡镇仅少数农户零星种植。在异位妥善保存的同时，建议提纯复壮，扩大种植面积。

10 庆元白黄瓜-1
2018332222

【学 名】Cucurbitaceae（葫芦科）Cucumis（黄瓜属）Cucumis sativus（黄瓜）。
【采集地】浙江省丽水市庆元县。

【主要特征特性】植株蔓生，中熟，分枝性中等。叶心脏形，深绿色，主/侧蔓结瓜，第一雌花着生在主蔓6.7节，商品瓜长棒形，瓜长31.5cm，横径3.4cm，瓜把瓶颈形，把长4.9cm，单瓜重201.4g，瓜皮黄绿色，瓜肉白绿色，肉厚1.0cm，瓜面较光亮，浅棱，大瘤，刺瘤稀少，黄色软毛刺，蜡粉无。种瓜皮橙色，短纵裂纹。种皮淡黄色，披针形，千粒重28.1g。4月上中旬播种，采收期5月下旬至7月上旬，播种至始收约55天，亩产量3746.0kg。田间表现抗白粉病，中抗霜霉病。

【优异特性与利用价值】抗病性好，产量高，商品瓜肉质脆嫩，可用作黄瓜育种材料。

【濒危状况及保护措施建议】在庆元县各乡镇仅少数农户零星种植。在异位妥善保存的同时，建议提纯复壮，扩大种植面积。

11 庆元白黄瓜-2
2018332257

【学　名】Cucurbitaceae（葫芦科）*Cucumis*（黄瓜属）*Cucumis sativus*（黄瓜）。
【采集地】浙江省丽水市庆元县。

【主要特征特性】植株蔓生，中熟，分枝性强。叶心脏形，绿色，主/侧蔓结瓜，第一雌花着生在主蔓5.7节，商品瓜短圆筒形，瓜长14.8cm，横径4.5cm，瓜把钝圆形，把长3.1cm，单瓜重161.0g，瓜皮白绿色，瓜肉白色，肉厚1.6cm，瓜面灰暗，微棱，大瘤，刺瘤稀少，白色软毛刺，蜡粉无。种瓜皮乳白色，短纵裂纹。种皮黄白色，披针形，千粒重27.9g。4月上中旬播种，采收期5月下旬至7月上旬，播种至始收约55天，亩产量3091.2kg。田间表现感白粉病，中抗霜霉病。

【优异特性与利用价值】商品瓜肉厚，肉质松脆，可用作黄瓜育种材料。

【濒危状况及保护措施建议】在庆元县各乡镇仅少数农户零星种植。在异位妥善保存的同时，建议扩大种植面积。

12 开化黄瓜-1
2018332437

【学 名】Cucurbitaceae（葫芦科）Cucumis（黄瓜属）Cucumis sativus（黄瓜）。
【采集地】浙江省衢州市开化县。

【主要特征特性】植株蔓生，晚熟，分枝性强。叶掌状五角，深绿色，侧蔓结瓜为主，第一雌花着生在主蔓16.3节，商品瓜短棒形，瓜长17.8cm，横径4.4cm，瓜把钝圆形，把长1.4cm，单瓜重178.7g，瓜皮白绿色，瓜肉白色，肉厚1.2cm，大部分瓜面有白色点条斑纹，瓜面灰暗，深棱，大瘤，刺瘤稀少，白色粒刺，蜡粉少。种瓜皮白色，无裂纹。种皮淡黄色，长披针形，千粒重28.6g。4月上中旬播种，采收期6月上旬至7月上旬，播种至始收约66天，亩产量1822.7kg。田间表现高感白粉病，感霜霉病。
【优异特性与利用价值】商品瓜肉质松脆，微甜，可用作黄瓜育种材料。
【濒危状况及保护措施建议】在开化县各乡镇仅少数农户零星种植。在异位妥善保存的同时，建议提纯复壮，扩大种植面积。

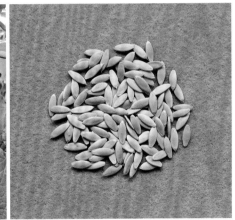

13 开化黄瓜-2
2018332465

【学 名】Cucurbitaceae（葫芦科）Cucumis（黄瓜属）Cucumis sativus（黄瓜）。
【采集地】浙江省衢州市开化县。

【主要特征特性】植株蔓生，晚熟，分枝性弱。叶心脏形，绿色，侧蔓结瓜为主，第一雌花着生在主蔓8.5节，商品瓜短圆筒形，瓜长15.5cm，横径4.4cm，瓜把钝圆形，把长1.1cm，单瓜重135.3g，瓜皮白绿色，瓜肉白色，肉厚1.5cm，瓜面灰暗，微棱，小瘤，刺瘤稀少，白色粒刺，蜡粉无。种瓜皮乳白色，无裂纹。种皮黄白色，披针形，千粒重25.3g。4月上中旬播种，采收期6月上旬至7月上旬，播种至始收约64天，亩产量1745.4kg。田间表现中抗白粉病和霜霉病。
【优异特性与利用价值】商品瓜肉厚，肉质松脆，微甜，可用作黄瓜育种材料。
【濒危状况及保护措施建议】在开化县各乡镇仅少数农户零星种植。在异位妥善保存的同时，建议提纯复壮，扩大种植面积。

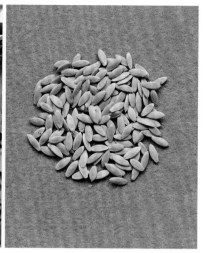

14 衢江白黄瓜
2018333242

【学　名】Cucurbitaceae（葫芦科）Cucumis（黄瓜属）Cucumis sativus（黄瓜）。

【采集地】浙江省衢州市衢江区。

【主要特征特性】植株蔓生，中熟，分枝性中等。叶心脏形，绿色，主/侧蔓结瓜，第一雌花着生在主蔓6.3节，商品瓜短棒形，瓜长20.5cm，横径3.4cm，瓜把溜肩形，把长3.4cm，单瓜重138.9g，瓜皮黄白色，瓜肉白绿色，肉厚1.1cm，瓜面灰暗，微棱，中瘤，刺瘤稀少，棕色软毛刺，蜡粉少。种瓜皮橙色，短纵裂纹。种皮淡黄色，披针形，千粒重26.3g。4月上中旬播种，采收期5月下旬至7月上旬，播种至始收约56天，亩产量2875.2kg。田间表现中抗白粉病，感霜霉病。

【优异特性与利用价值】商品瓜肉厚，肉质松脆，可用作黄瓜育种材料。

【濒危状况及保护措施建议】在衢江区各乡镇仅少数农户小面积种植。在异位妥善保存的同时，建议扩大种植面积。

15 临安白黄瓜-1

2018334423

【学　名】Cucurbitaceae（葫芦科）Cucumis（黄瓜属）Cucumis sativus（黄瓜）。
【采集地】浙江省杭州市临安市。

【主要特征特性】植株蔓生，晚熟，分枝性强。叶心脏形，深绿色，侧蔓结瓜为主，第一雌花着生在主蔓14.8节，商品瓜短棒形，瓜长24.3cm，横径3.8cm，瓜把溜肩形，把长2.5cm，单瓜重147.4.9g，瓜皮黄绿色，瓜肉白绿色，肉厚1.2cm，瓜面灰暗，浅棱，中瘤，刺瘤稀少，褐色粒刺，蜡粉少。种瓜皮橙色，细网裂纹。种皮黄白色，披针形，千粒重24.7g。4月上中旬播种，采收期5月下旬至7月上旬，播种至始收约59天，亩产量1680.4kg。田间表现抗白粉病，中抗霜霉病。

【优异特性与利用价值】商品瓜肉质松脆，微甜，可用作黄瓜育种材料。

【濒危状况及保护措施建议】在临安市各乡镇仅少数农户零星种植。在异位妥善保存的同时，建议提纯复壮，扩大种植面积。

16 临安白黄瓜-2

2018334435

【学　名】Cucurbitaceae（葫芦科）Cucumis（黄瓜属）Cucumis sativus（黄瓜）。
【采集地】浙江省杭州市临安市。

【主要特征特性】植株蔓生，晚熟，分枝性强。叶心脏形，深绿色，侧蔓结瓜为主，第一雌花着生在主蔓12.5节，商品瓜长圆筒形，瓜长22.5cm，横径3.9cm，瓜把钝圆形，把长2.7cm，单瓜重138.6g，瓜皮乳白色，瓜肉白色，肉厚1.1cm，瓜面较光亮，微棱，小瘤，刺瘤稀少，白色粒刺，蜡粉少。种瓜皮乳白色，短纵裂纹。种皮淡黄色，披针形，千粒重26.3g。4月上中旬播种，采收期5月下旬至7月上旬，播种至始收约58天，亩产量1621.6kg。田间表现抗白粉病，中抗霜霉病。

【优异特性与利用价值】商品瓜肉厚，肉质松脆，微甜，可用作黄瓜育种材料。

【濒危状况及保护措施建议】在临安市各乡镇仅少数农户零星种植。在异位妥善保存的同时，建议提纯复壮，扩大种植面积。

17 瑞安白刺瓜

2018335254

【学　名】Cucurbitaceae（葫芦科）*Cucumis*（黄瓜属）*Cucumis sativus*（黄瓜）。

【采集地】浙江省温州市瑞安市。

【主要特征特性】植株蔓生，晚熟，分枝性强。叶心脏形，深绿色，侧蔓结瓜为主，第一雌花着生在主蔓12.9节，商品瓜长圆筒形，瓜长21.3cm，横径4.3cm，瓜把钝圆形，把长2.1cm，单瓜重131.2g，瓜皮白绿色，瓜肉白绿色，肉厚1.4cm，瓜面灰暗，无棱，大瘤，刺瘤稀少，白色软毛刺，蜡粉多。种瓜皮乳白色，无裂纹。种皮黄白色，披针形，千粒重27.2g。4月上中旬播种，采收期5月下旬至7月上旬，播种至始收约59天，亩产量1495.7kg。田间表现高感白粉病，感霜霉病。

【优异特性与利用价值】商品瓜肉质松脆，可用作黄瓜育种材料。

【濒危状况及保护措施建议】在瑞安市各乡镇仅少数农户小面积种植。在异位妥善保存的同时，建议扩大种植面积。

18 临安黄瓜
2019334489

【学　名】Cucurbitaceae（葫芦科）Cucumis（黄瓜属）Cucumis sativus（黄瓜）。
【采集地】浙江省杭州市临安市。

【主要特征特性】植株蔓生，晚熟，分枝性强。叶心脏形，深绿色，侧蔓结瓜为主，第一雌花着生在主蔓18.7节，商品瓜长棒形，瓜长38.3cm，横径4.1cm，瓜把溜肩形，把长5.2cm，单瓜重325.6g，瓜皮乳白色，瓜肉白绿色，肉厚1.3cm，瓜面灰暗，浅棱，小瘤，刺瘤稀少，白色软毛刺，蜡粉少。种瓜皮乳白色，无裂纹。种皮淡黄色，长披针形，千粒重28.8g。4月上中旬播种，采收期5月下旬至7月上旬，播种至始收约60天，亩产量2832.7kg。田间表现感白粉病和霜霉病。

【优异特性与利用价值】商品瓜肉厚，肉质松脆，可用作黄瓜育种材料。

【濒危状况及保护措施建议】在临安市各乡镇仅少数农户零星种植。在异位妥善保存的同时，建议提纯复壮，扩大种植面积。

19 淳安长胡瓜
P330127045

【学　名】Cucurbitaceae（葫芦科）Cucumis（黄瓜属）Cucumis sativus（黄瓜）。
【采集地】浙江省杭州市淳安县。

【主要特征特性】植株蔓生，中熟，分枝性弱。叶心脏形，绿色，主/侧蔓结瓜，第一雌花着生在主蔓6.8节，商品瓜短棒形，瓜长24.7cm，横径3.6cm，瓜把溜肩形，把长3.1cm，单瓜重124.4g，瓜皮乳白色，瓜肉白绿色，肉厚1.1cm，瓜面灰暗，浅棱，中瘤，刺瘤稀少，白色软毛刺，蜡粉少。种瓜皮乳白色，无裂纹。种皮淡黄色，披针形，千粒重22.8g。4月上中旬播种，采收期5月下旬至7月上旬，播种至始收约54天，亩产量2388.5kg。田间表现感白粉病和霜霉病。

【优异特性与利用价值】商品瓜肉质松脆，可用作黄瓜育种材料。

【濒危状况及保护措施建议】在淳安县各乡镇仅少数农户零星种植，已很难收集到。在异位妥善保存的同时，建议扩大种植面积。

20 淳安短胡瓜

P330127046

【学　名】Cucurbitaceae（葫芦科）*Cucumis*（黄瓜属）*Cucumis sativus*（黄瓜）。
【采集地】浙江省杭州市淳安县。

【主要特征特性】植株蔓生，中熟，分枝性中等。叶心脏形，深绿色，主/侧蔓结瓜，第一雌花着生在主蔓7.8节，商品瓜短圆筒形，瓜长13.3cm，横径4.4cm，瓜把钝圆形，把长1.1cm，单瓜重118.9g，瓜皮乳白色，瓜肉白色，肉厚1.4cm，瓜面灰暗，无棱，中瘤，刺瘤稀少，白色软毛刺，蜡粉多。种瓜皮乳白色，无裂纹。种皮淡黄色，披针形，千粒重25.8g。4月上中旬播种，采收期5月下旬至7月上旬，播种至始收约55天，亩产量1854.8kg。田间表现高感白粉病，感霜霉病。

【优异特性与利用价值】商品瓜肉厚，肉质松脆，可用作黄瓜育种材料。

【濒危状况及保护措施建议】在淳安县各乡镇仅少数农户零星种植，已很难收集到。在异位妥善保存的同时，建议扩大种植面积。

21 瓯海青黄瓜

P330304002

【学　名】Cucurbitaceae（葫芦科）Cucumis（黄瓜属）Cucumis sativus（黄瓜）。
【采集地】浙江省温州市瓯海区。

【主要特征特性】植株蔓生，晚熟，分枝性强。叶心脏五角，深绿色，侧蔓结瓜为主，第一雌花着生在主蔓17.2节，商品瓜短圆筒形，瓜长17.8cm，横径4.0cm，瓜把钝圆形，把长1.9cm，单瓜重105.5g，瓜皮深绿色，瓜肉白色，肉厚1.2cm，大部分瓜面有白色条纹，瓜面较光亮，深棱，大瘤，刺瘤稀少，白色软毛刺，蜡粉多。种瓜皮橙色，长纵裂纹。种皮黄白色，披针形，千粒重25.4g。4月上中旬播种，采收期6月上旬至7月，播种至始收约59天，亩产量1645.8kg。田间表现感白粉病和霜霉病。

【优异特性与利用价值】商品瓜肉厚，肉质松脆，可用作黄瓜育种材料。

【濒危状况及保护措施建议】在瓯海区及周边各乡镇仅少数农户零星种植，已很难收集到。在异位妥善保存的同时，建议提纯复壮，扩大种植面积。

22 瓯海青皮黄瓜

P330304004

【学　名】Cucurbitaceae（葫芦科）Cucumis（黄瓜属）Cucumis sativus（黄瓜）。
【采集地】浙江省温州市瓯海区。

【主要特征特性】植株蔓生，晚熟，分枝性强。叶心脏形，深绿色，主/侧蔓结瓜，第一雌花着生在主蔓12.5节，商品瓜长圆筒形，瓜长21.1cm，横径4.1cm，瓜把钝圆形，把长2.2cm，单瓜重147.4g，瓜皮黄绿色，瓜肉白色，肉厚1.4cm，大部分瓜面有黄色条纹，瓜面灰暗，浅棱，中瘤，刺瘤稀少，黑色软毛刺，蜡粉中等。种瓜皮橙色，短纵裂纹。种皮黄白色，披针形，千粒重27.2g。4月上中旬播种，采收期6月上旬至7月，播种至始收约60天，亩产量2962.7kg。田间表现高感白粉病，感霜霉病。

【优异特性与利用价值】商品瓜肉厚，肉质松脆，可用作黄瓜育种材料。

【濒危状况及保护措施建议】在瓯海区及周边各乡镇仅少数农户零星种植，已很难收集到。在异位妥善保存的同时，建议提纯复壮，扩大种植面积。

23 瓯海白皮黄瓜

P330304010

【学　名】Cucurbitaceae（葫芦科）Cucumis（黄瓜属）Cucumis sativus（黄瓜）。

【采集地】浙江省温州市瓯海区。

【主要特征特性】植株蔓生，中熟，分枝性强。叶心脏形，深绿色，主/侧蔓结瓜，第一雌花着生在主蔓7.8节，商品瓜长棒形，瓜长32.7cm，横径4.0cm，瓜把溜肩形，把长3.1cm，单瓜重234.3g，瓜皮乳白色，瓜肉白色，肉厚1.3cm，瓜面较光亮，深棱，大瘤，刺瘤稀少，白色软毛刺，蜡粉少。种瓜皮乳白色，长纵裂纹。种皮淡黄色，披针形，千粒重26.7g。4月上中旬播种，采收期5月下旬至7月上旬，播种至始收约55天，亩产量2881.9kg。田间表现感白粉病和霜霉病。

【优异特性与利用价值】商品瓜肉厚，肉质松脆，可用作黄瓜育种材料。

【濒危状况及保护措施建议】在瓯海区及周边各乡镇仅少数农户零星种植，存在自然混杂现象。在异位妥善保存的同时，建议提纯复壮，扩大种植面积。

24 海宁乳黄瓜
P330481003

【学　名】Cucurbitaceae（葫芦科）Cucumis（黄瓜属）Cucumis sativus（黄瓜）。
【采集地】浙江省嘉兴市海宁市。

【主要特征特性】植株蔓生，晚熟，分枝性强。叶心脏形，绿色，主/侧蔓结瓜，第一雌花着生在主蔓13.8节，商品瓜短圆筒形，瓜长17.8cm，横径4.1cm，瓜把溜肩形，把长2.9cm，单瓜重129.9g，瓜皮黄绿色，瓜肉白色，肉厚1.3cm，瓜面较光亮，浅棱，大瘤，刺瘤稀少，棕色软毛刺，蜡粉少。种瓜皮橙色，短纵裂纹。种皮淡黄色，披针形，千粒重24.9g。4月上中旬播种，采收期5月下旬至7月上旬，播种至始收约59天，亩产量2104.4kg。田间表现感白粉病，高抗霜霉病。

【优异特性与利用价值】商品瓜肉质脆嫩，微甜，可用作黄瓜育种材料。

【濒危状况及保护措施建议】在海宁市各乡镇及周边仅少数农户零星种植，已很难收集到。在异位妥善保存的同时，建议扩大种植面积。

25 新昌八月白
P330624014

【学　名】Cucurbitaceae（葫芦科）Cucumis（黄瓜属）Cucumis sativus（黄瓜）。
【采集地】浙江省绍兴市新昌县。

【主要特征特性】植株蔓生，中熟，分枝性中等。叶心脏五角，绿色，主/侧蔓结瓜，第一雌花着生在主蔓7.5节，商品瓜纺锤形，瓜长16.3cm，横径4.1cm，瓜把溜肩形，把长1.8cm，单瓜重103.9g，瓜皮乳白色，瓜肉白色，肉厚1.4cm，瓜面灰暗，浅棱，大瘤，刺瘤稀少，白色软毛刺，蜡粉少。种瓜皮乳白色，无裂纹。种皮黄白色，披针形，千粒重23.8g。4月上中旬播种，采收期5月下旬至7月上旬，播种至始收约56天，亩产量2026.1kg。田间表现高感白粉病，中抗霜霉病。

【优异特性与利用价值】商品瓜肉厚，肉质脆嫩，可用作黄瓜育种材料。

【濒危状况及保护措施建议】在新昌县各乡镇仅少数农户小面积种植。在异位妥善保存的同时，建议扩大种植面积。

26 武义白皮黄瓜-2

P330723025

【学　名】Cucurbitaceae（葫芦科）Cucumis（黄瓜属）Cucumis sativus（黄瓜）。

【采集地】浙江省金华市武义县。

【主要特征特性】植株蔓生，早熟，分枝性强。叶掌状，深绿色，主/侧蔓结瓜，第一雌花着生在主蔓6.8节，商品瓜短圆筒形，瓜长18.9cm，横径4.1cm，瓜把溜肩形，把长3.1cm，单瓜重111.0g，瓜皮白绿色，瓜肉白绿色，肉厚1.2cm，瓜面灰暗，微棱，中瘤，刺瘤稀少，白色软毛刺，蜡粉少。种瓜皮乳白色，无裂纹。种皮淡黄色，披针形，千粒重26.8g。4月上中旬播种，采收期5月下旬至7月上旬，播种至始收约53天，亩产量2197.8kg。田间表现感白粉病，中抗霜霉病。

【优异特性与利用价值】商品瓜肉厚，肉质松脆，可用作黄瓜育种材料。

【濒危状况及保护措施建议】在武义县各乡镇仅少数农户零星种植。在异位妥善保存的同时，建议扩大种植面积。

27 武义八月黄瓜-2

P330723026

【学　名】Cucurbitaceae（葫芦科）Cucumis（黄瓜属）Cucumis sativus（黄瓜）。
【采集地】浙江省金华市武义县。

【主要特征特性】植株蔓生，早熟，分枝性强。叶掌状五角，深绿色，主/侧蔓结瓜，第一雌花着生在主蔓7.8节，商品瓜短圆筒形，瓜长16.1cm，横径4.2cm，瓜把钝圆形，把长3.1cm，单瓜重105.4g，瓜皮黄绿色，瓜肉白绿色，肉厚1.4cm，瓜面灰暗，微棱，中瘤，刺瘤稀少，白色软毛刺，蜡粉少。种瓜皮橙色，无裂纹。种皮黄白色，披针形，千粒重25.4g。4月上中旬播种，采收期5月下旬至7月上旬，播种至始收约54天，亩产量2308.3kg。田间表现高感白粉病，感霜霉病。

【优异特性与利用价值】商品瓜肉厚，肉质脆嫩，可用作黄瓜育种材料。

【濒危状况及保护措施建议】在武义县各乡镇仅少数农户零星种植。在异位妥善保存的同时，建议提纯复壮，扩大种植面积。

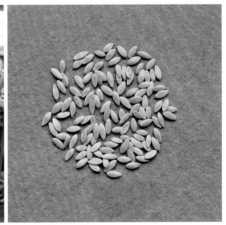

28 浦江土黄瓜

P330726008

【学　名】Cucurbitaceae（葫芦科）Cucumis（黄瓜属）Cucumis sativus（黄瓜）。
【采集地】浙江省金华市浦江县。

【主要特征特性】植株蔓生，晚熟，分枝性中等。叶心脏形，绿色，主/侧蔓结瓜，第一雌花着生在主蔓9.4节，商品瓜短圆筒形，瓜长18.4cm，横径3.8cm，瓜把钝圆形，把长1.5cm，单瓜重114.7g，瓜皮黄绿色，瓜肉白绿色，肉厚1.4cm，瓜面较光亮，深棱，大瘤，刺瘤稀少，褐色软毛刺，蜡粉无。种瓜皮橙色，细网裂纹。种皮黄白色，披针形，千粒重25.8g。4月上中旬播种，采收期5月下旬至7月上旬，播种至始收约58天，亩产量2511.9kg。田间表现高感白粉病，感霜霉病。

【优异特性与利用价值】商品瓜肉厚，肉质松脆，微甜，可用作黄瓜育种材料。

【濒危状况及保护措施建议】在浦江县各乡镇仅少数农户小面积种植。在异位妥善保存的同时，建议扩大种植面积。

29 兰溪白皮黄瓜

P330781001

【学　名】Cucurbitaceae（葫芦科）Cucumis（黄瓜属）Cucumis sativus（黄瓜）。

【采集地】浙江省金华市兰溪市。

【主要特征特性】植株蔓生，中熟，分枝性强。叶心脏形，绿色，主/侧蔓结瓜，第一雌花着生在主蔓9.6节，商品瓜短棒形，瓜长26.5cm，横径3.8cm，瓜把溜肩形，把长3.1cm，单瓜重184.8g，瓜皮乳白色，瓜肉白色，肉厚1.3cm，瓜面较光亮，无棱，小瘤，刺瘤稀少，白色软毛刺，蜡粉无。种瓜皮乳白色，无裂纹。种皮黄白色，披针形，千粒重26.7g。4月上中旬播种，采收期5月下旬至7月上旬，播种至始收约57天，亩产量3371.0kg。田间表现感白粉病和霜霉病。

【优异特性与利用价值】商品瓜肉厚，肉质脆，可用作黄瓜育种材料。

【濒危状况及保护措施建议】在兰溪市各乡镇仅少数农户小面积种植。在异位妥善保存的同时，建议扩大种植面积。

30 永康白皮黄瓜

P330784014

【学 名】Cucurbitaceae（葫芦科）Cucumis（黄瓜属）Cucumis sativus（黄瓜）。
【采集地】浙江省金华市永康市。

【主要特征特性】植株蔓生，中熟，分枝性强。叶掌状五角，绿色，主/侧蔓结瓜，第一雌花着生在主蔓7.5节，商品瓜长棒形，瓜长35.8cm，横径3.6cm，瓜把溜肩形，把长3.6cm，单瓜重224.7g，瓜皮乳白色，瓜肉白绿色，肉厚1.2cm，瓜面灰暗，无棱，小瘤，刺瘤稀少，白色软毛刺，蜡粉少。种瓜皮黄白色，无裂纹。种皮黄白色，披针形，千粒重23.6g。4月上中旬播种，采收期5月下旬至7月上旬，播种至始收约56天，亩产量3640.1kg。田间表现感白粉病，中抗霜霉病。

【优异特性与利用价值】商品瓜肉厚，肉质松脆，微甜，可用作黄瓜育种材料。

【濒危状况及保护措施建议】在永康市各乡镇及周边仅少数农户零星种植。在异位妥善保存的同时，建议扩大种植面积。

31 开化青黄瓜

P330824018

【学 名】Cucurbitaceae（葫芦科）Cucumis（黄瓜属）Cucumis sativus（黄瓜）。
【采集地】浙江省衢州市开化县。

【主要特征特性】植株蔓生，中熟，分枝性中等。叶心脏形，绿色，主/侧蔓结瓜，第一雌花着生在主蔓8.5节，商品瓜短圆筒形，瓜长20.2cm，横径4.1cm，瓜把溜肩形，把长2.8cm，单瓜重153.4g，瓜皮深绿色，瓜肉白绿色，肉厚13cm，大部分瓜面有黄白色点条斑纹，瓜面较光亮，浅棱，中瘤，刺瘤稀少，棕色软毛刺，蜡粉无。种瓜皮橙色，无裂纹。种皮淡黄色，披针形，千粒重24.7g。4月上中旬播种，采收期5月下旬至7月上旬，播种至始收约57天，亩产量3129.4kg。田间表现感白粉病和霜霉病。

【优异特性与利用价值】商品瓜肉厚，肉质松脆，可用作黄瓜育种材料。

【濒危状况及保护措施建议】在开化县各乡镇仅少数农户零星种植。在异位妥善保存的同时，建议提纯复壮，扩大种植面积。

32 开化白黄瓜

P330824031

【学 名】Cucurbitaceae（葫芦科）Cucumis（黄瓜属）Cucumis sativus（黄瓜）。

【采集地】浙江省衢州市开化县。

【主要特征特性】植株蔓生，中熟，分枝性中等。叶心脏形，绿色，主/侧蔓结瓜，第一雌花着生在主蔓8.5节，商品瓜短圆筒形，瓜长18.3cm，横径3.9cm，瓜把溜肩形，把长2.9cm，单瓜重131.8g，瓜皮黄绿色，瓜肉白绿色，肉厚1.2cm，瓜面灰暗，浅棱，中瘤，刺瘤稀少，棕色软毛刺，蜡粉少。种瓜皮橙色，细网裂纹。种皮黄白色，披针形，千粒重25.3g。4月上中旬播种，采收期5月下旬至7月上旬，播种至始收约56天，亩产量2846.9kg。田间表现高感白粉病，感霜霉病。

【优异特性与利用价值】商品瓜肉厚，肉质脆嫩，可用作黄瓜育种材料。

【濒危状况及保护措施建议】在开化县各乡镇仅少数农户零星种植。在异位妥善保存的同时，建议提纯复壮，扩大种植面积。

33 天台土种黄瓜
P331023001

【学 名】Cucurbitaceae（葫芦科）*Cucumis*（黄瓜属）*Cucumis sativus*（黄瓜）。
【采集地】浙江省台州市天台县。

【主要特征特性】植株蔓生，晚熟，分枝性中等。叶近圆形，深绿色，主/侧蔓结瓜，第一雌花着生在主蔓9.4节，商品瓜短圆筒形，瓜长22.3cm，横径3.9cm，瓜把钝圆形，把长2.2cm，单瓜重153.7g，瓜皮深绿色，瓜肉白色，肉厚0.9cm，大部分瓜面有黄白色点条斑纹，瓜面较光亮，深棱，大瘤，刺瘤稀少，棕色软毛刺，蜡粉少。种瓜皮橙色，细网裂纹。种皮淡黄色，披针形，千粒重24.4g。4月上中旬播种，采收期5月下旬至7月上旬，播种至始收约56天，亩产量2628.3kg。田间表现高感白粉病，感霜霉病。

【优异特性与利用价值】商品瓜肉质脆，微甜，可用作黄瓜育种材料。

【濒危状况及保护措施建议】在天台县各乡镇仅少数农户零星种植。在异位妥善保存的同时，建议提纯复壮，扩大种植面积。

34 肖村黄瓜
P331081004

【学 名】Cucurbitaceae（葫芦科）*Cucumis*（黄瓜属）*Cucumis sativus*（黄瓜）。
【采集地】浙江省台州市温岭市。

【主要特征特性】植株蔓生，中熟，分枝性中等。叶心脏五角，绿色，主/侧蔓结瓜，第一雌花着生在主蔓11.3节，商品瓜纺锤形，瓜长23.7cm，横径3.7cm，瓜把溜肩形，把长3.6cm，单瓜重164.2g，瓜皮深绿色，瓜肉白色，肉厚1.1cm，大部分瓜面有黄色点条斑纹，瓜面光亮，微棱，大瘤，刺瘤稀少，褐色软毛刺，蜡粉少。种瓜皮橙色，细网裂纹。种子黄白色，披针形，千粒重23.9g。4月上中旬播种，采收期5月下旬至8月，播种至始收约56天，亩产量2660.0kg。田间表现感白粉病，中抗霜霉病。

【优异特性与利用价值】商品瓜肉质脆甜，可用作黄瓜育种材料。

【濒危状况及保护措施建议】在温岭市各乡镇仅少数农户小面积种植。在异位妥善保存的同时，建议扩大种植面积。

35 莲都白皮黄瓜

P331102022

【学　名】Cucurbitaceae（葫芦科）*Cucumis*（黄瓜属）*Cucumis sativus*（黄瓜）。

【采集地】浙江省丽水市莲都区。

【主要特征特性】植株蔓生，中熟，分枝性强。叶心脏形，绿色，主/侧蔓结瓜，第一雌花着生在主蔓10.4节，商品瓜短圆筒形，瓜长19.4cm，横径4.0cm，瓜把钝圆形，把长2.2cm，单瓜重193.5g，瓜皮黄绿色，瓜肉白绿色，肉厚1.2cm，瓜面灰暗，浅棱，大瘤，刺瘤稀少，棕色软毛刺，蜡粉无。种瓜皮橙色，细网裂纹。种皮黄白色，披针形，千粒重26.8g。4月上中旬播种，采收期5月下旬至7月上旬，播种至始收约57天，亩产量2670.3kg。田间表现感白粉病和霜霉病。

【优异特性与利用价值】商品瓜肉厚，肉质脆嫩，可用作黄瓜育种材料。

【濒危状况及保护措施建议】在丽水市莲都区仅少数农户零星种植，存在混杂现象。在异位妥善保存的同时，建议提纯复壮，扩大种植面积。

36 庆元黄瓜
P331126021

【学　名】Cucurbitaceae（葫芦科）Cucumis（黄瓜属）Cucumis sativus（黄瓜）。

【采集地】浙江省丽水市庆元县。

【主要特征特性】植株蔓生，晚熟，分枝性中等。叶心脏形，深绿色，主/侧蔓结瓜，第一雌花着生在主蔓9.3节，商品瓜长棒形，瓜长30.7cm，横径4.2cm，瓜把钝圆形，把长3.8cm，单瓜重243.3g，瓜皮乳白色，瓜肉白色，肉厚1.4cm，瓜面灰暗，无棱，中瘤，刺瘤稀少，白色软毛刺，蜡粉无。种瓜皮乳白色，无裂纹。种皮淡黄色，披针形，千粒重25.8g。4月上中旬播种，采收期5月下旬至7月上旬，播种至始收约60天，亩产量3138.6kg。田间表现中抗白粉病，感霜霉病。

【优异特性与利用价值】商品瓜肉厚，肉质松脆，可用作黄瓜育种材料。

【濒危状况及保护措施建议】在庆元县各乡镇仅少数农户零星种植，已很难收集到。在异位妥善保存的同时，建议提纯复壮，扩大种植面积。

37 景宁白黄瓜-1
P331127002

【学　名】Cucurbitaceae（葫芦科）Cucumis（黄瓜属）Cucumis sativus（黄瓜）。

【采集地】浙江省丽水市景宁畲族自治县。

【主要特征特性】植株蔓生，晚熟，分枝性强。叶心脏形，深绿色，主/侧蔓结瓜，第一雌花着生在主蔓9.3节，商品瓜长棒形，瓜长23.6cm，横径3.6cm，瓜把钝圆形，把长3.1cm，单瓜重168.2g，瓜皮白绿色，瓜肉白绿色，肉厚1.2cm，瓜面灰暗，浅棱，大瘤，刺瘤稀少，白色粒刺，蜡粉少。种瓜皮乳白色，无裂纹。种皮淡黄色，披针形，千粒重24.5g。4月上中旬播种，采收期5月下旬至7月上旬，播种至始收约61天，亩产量2674.7kg。田间表现抗白粉病，中抗霜霉病。

【优异特性与利用价值】抗病、抗逆性好，商品瓜肉厚，肉质松脆，可用作黄瓜育种材料。

【濒危状况及保护措施建议】在景宁畲族自治县各乡镇仅少数农户零星种植。在异位妥善保存的同时，建议提纯复壮，扩大种植面积。

38 **景宁白黄瓜-2** 【学　名】Cucurbitaceae（葫芦科）*Cucumis*（黄瓜属）*Cucumis sativus*（黄瓜）。
P331127015　　【采集地】浙江省丽水市景宁畲族自治县。

【主要特征特性】植株蔓生，晚熟，分枝性强。叶心脏形，绿色，主/侧蔓结瓜，第一雌花着生在主蔓9.1节，商品瓜短圆筒形，瓜长13.3cm，横径4.8cm，瓜把钝圆形，把长1.9cm，单瓜重148.3g，瓜皮乳白色，瓜肉白色，肉厚1.8cm，瓜面灰暗，微棱，小瘤，刺瘤稀少，白色粒刺，蜡粉无。种瓜皮乳白色，无裂纹。种皮淡黄色，披针形，千粒重25.6g。4月上中旬播种，采收期5月下旬至7月上旬，播种至始收约61天，亩产量2313.5kg。田间表现中抗白粉病，感霜霉病。

【优异特性与利用价值】商品瓜肉厚，肉质松脆，可用作黄瓜育种材料。

【濒危状况及保护措施建议】在景宁畲族自治县各乡镇仅少数农户零星种植。在异位妥善保存的同时，建议扩大种植面积。

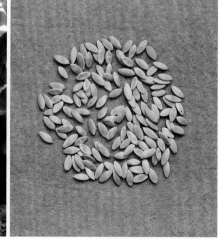

第五节 苦瓜种质资源

1 淳安白苦瓜
2017331042

【学 名】Cucurbitaceae（葫芦科）*Momordica*（苦瓜属）*Momordica charantia*（苦瓜）。
【采集地】浙江省杭州市淳安县。

【主要特征特性】植株蔓生，早熟。叶绿色，心脏形，叶片长和宽分别为19.2cm、21.4cm，叶柄长11.0cm。主蔓第一雌花节位12.9节，商品瓜短纺锤形，白色，瓜面粒瘤为主，有光泽，近瓜蒂端瓜面凸形，瓜顶钝尖，商品瓜纵径22.4cm，横径7.4cm，肉厚0.8cm，单瓜重277.6g。种皮棕色，千粒重185.6g。4月中下旬播种，采收期6月下旬至7月，播种至始收约70天，亩产量2648.3kg。田间表现耐低温性好，中抗白粉病。
【优异特性与利用价值】高产，外形美观，商品性好，苦味轻，口感好，可用作苦瓜育种材料。
【濒危状况及保护措施建议】在淳安县各乡镇仅少数农户小面积种植，农家留种有自然混杂现象。在异位妥善保存的同时，建议提纯复壮，扩大种植面积。

2 苍南白苦瓜
2017335038

【学 名】Cucurbitaceae（葫芦科）*Momordica*（苦瓜属）*Momordica charantia*（苦瓜）。
【采集地】浙江省温州市苍南县。

【主要特征特性】植株蔓生，中熟。叶绿色，掌状，叶片长和宽分别为25.3cm、28.7cm，叶柄长12.1cm。主蔓第一雌花节位14.3节，商品瓜短纺锤形，白色，瓜面粒刺瘤相间，有光泽，近瓜蒂端瓜面凸形，瓜顶钝尖，商品瓜纵径20.2cm，横径8.7cm，肉厚0.5cm，单瓜重235.6g。种皮棕色，千粒重177.4g。4月中下旬播种，采收期6月下旬至7月，播种至始收约73天，亩产量1611.5kg。田间表现感白粉病。

【**优异特性与利用价值**】外形美观，商品性好，苦味轻，口感好，可用作苦瓜育种材料。

【**濒危状况及保护措施建议**】在苍南县及周边地区仅少数农户零星种植，农家留种有自然混杂现象。在异位妥善保存的同时，建议提纯复壮，扩大种植面积。

3 武义苦瓜

2018331081

【**学　名**】Cucurbitaceae（葫芦科）*Momordica*（苦瓜属）*Momordica charantia*（苦瓜）。

【**采集地**】浙江省金华市武义县。

【**主要特征特性**】植株蔓生，晚熟。叶绿色，掌状，叶片长和宽分别为22.9cm、24.6cm，叶柄长14.0cm。主蔓第一雌花节位17.5节，商品瓜短纺锤形，白绿色，瓜面粒瘤为主，有光泽，近瓜蒂端瓜面凸形，瓜顶锐尖，商品瓜纵径26.7cm，横径7.5cm，肉厚0.7cm，单瓜重305.7g。种皮棕色，千粒重184.8g。4月中下旬播种，采收期6月下旬至7月，播种至始收约77天，亩产量1980.9kg。田间表现高感白粉病。

【**优异特性与利用价值**】外形美观，商品性好，肉厚，口感脆，品质优，可用作苦瓜育种材料。

【**濒危状况及保护措施建议**】在武义县仅少数农户小面积种植，已很难收集到。在异位妥善保存的同时，建议扩大种植面积。

4 庆元苦瓜

2018332242

【学　名】Cucurbitaceae（葫芦科）Momordica（苦瓜属）Momordica charantia（苦瓜）。

【采集地】浙江省丽水市庆元县。

【主要特征特性】植株蔓生，晚熟。叶绿色，近圆形，叶片长和宽分别为22.3cm、23.0cm，叶柄长16.3cm。主蔓第一雌花节位16.9节，商品瓜短纺锤形，浅绿色，瓜面粒瘤为主，有光泽，近瓜蒂端瓜面凹形，瓜顶近圆，商品瓜纵径28.0cm，横径6.6cm，肉厚0.6cm，单瓜重217.1g。种皮棕色，千粒重183.5g。4月上中旬播种，采收期6月下旬至7月，播种至始收约78天，亩产量1445.9kg。田间表现抗逆性强，中抗白粉病。

【优异特性与利用价值】商品性好，香气浓郁，不易后熟，可用作苦瓜育种材料。

【濒危状况及保护措施建议】在庆元县及周边地区仅少数农户小面积种植。在异位妥善保存的同时，建议提纯复壮，扩大种植面积。

5 开化白苦瓜

2018332418

【学　名】Cucurbitaceae（葫芦科）Momordica（苦瓜属）Momordica charantia（苦瓜）。

【采集地】浙江省衢州市开化县。

【主要特征特性】植株蔓生，早熟。叶绿色，掌状，叶片长和宽分别为21.3cm、20.9cm，叶柄长10.5cm。主蔓第一雌花节位11.2节，商品瓜短纺锤形，白色，瓜面粒刺瘤相间，有光泽，近瓜蒂端瓜面凸形，瓜顶锐尖，商品瓜纵径20.5cm，横径7.3cm，肉厚0.6cm，单瓜重173.5g。种皮棕色，千粒重179.8g。4月上中旬播种，采收期6月中旬至7月，播种至始收约73天，亩产量1936.3kg。田间表现抗逆性强，中抗白粉病。

【优异特性与利用价值】商品性好，苦味轻，口感好，可用作苦瓜育种材料。

【濒危状况及保护措施建议】在开化县及周边地区均有少数农户小面积种植，农家留种有自然混杂现象。在异位妥善保存的同时，建议提纯复壮，扩大种植面积。

 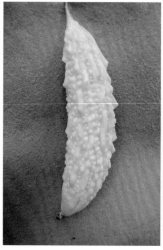 

6 临安苦瓜

2018334469

【学　名】Cucurbitaceae（葫芦科）Momordica（苦瓜属）Momordica charantia（苦瓜）。
【采集地】浙江省杭州市临安市。

【主要特征特性】植株蔓生，早熟。叶绿色，掌状，叶片长和宽分别为20.4cm、20.7cm，叶柄长10.2cm。主蔓第一雌花节位12.9节，商品瓜短纺锤形，白绿色，瓜面粒条瘤相间，有光泽，近瓜蒂端瓜面凸形，瓜顶钝尖，商品瓜纵径23.1cm，横径7.5cm，肉厚0.7cm，单瓜重287.4g。种皮棕色，千粒重187.1g。4月中下旬播种，采收期6月下旬至7月，播种至始收约71天，亩产量2379.7kg。田间表现感白粉病。

【优异特性与利用价值】外形美观，商品性好，苦味重，口感好，可用作苦瓜育种材料。

【濒危状况及保护措施建议】在临安市各乡镇仅少数农户零星种植。在异位妥善保存的同时，扩大种植面积。

7 柯城白苦瓜

P330802009

【学　名】Cucurbitaceae（葫芦科）*Momordica*（苦瓜属）*Momordica charantia*（苦瓜）。

【采集地】浙江省衢州市柯城区。

【主要特征特性】植株蔓生，中熟。叶绿色，心脏形，叶片长和宽分别为24.5cm、26.8cm，叶柄长12.8cm。主蔓第一雌花节位14.9节，商品瓜短纺锤形，白色，瓜面粒条瘤相间，有光泽，近瓜蒂端瓜面凸形，瓜顶钝尖，商品瓜纵径21.4cm，横径6.3cm，肉厚0.6cm，单瓜重262.2g。种皮棕色，千粒重188.7g。4月中下旬播种，采收期6月下旬至7月，播种至始收约70天，亩产量2454.2kg。田间表现抗逆性强，中抗白粉病。

【优异特性与利用价值】外形美观，商品性好，苦味轻，口感好，可用作苦瓜育种材料。

【濒危状况及保护措施建议】在衢州市各县区均有少数农户小面积种植，农家留种有自然混杂现象。在异位妥善保存的同时，建议提纯复壮，扩大种植面积。

8 建德白玉苦瓜

P330182019

【学　名】Cucurbitaceae（葫芦科）*Momordica*（苦瓜属）*Momordica charantia*（苦瓜）。

【采集地】浙江省杭州市建德市。

【主要特征特性】植株蔓生，中熟。叶绿色，心脏形，叶片长和宽分别为22.8cm、24.5cm，叶柄长13.5cm。主蔓第一雌花节位14.4节，商品瓜长纺锤形，白色，瓜面粒瘤为主，有光泽，近瓜蒂端瓜面凸形，瓜顶钝尖，商品瓜纵径33.7cm，横径5.5cm，肉厚0.5cm，单瓜重284.5g。种皮棕色，千粒重192.4g。4月中下旬播种，采收期6月下旬至7月，播种至始收约72天，亩产量2074.9kg。田间表现抗逆性强，中抗白粉病。

【优异特性与利用价值】外形美观，商品性好，苦味轻，口感好，可用作苦瓜育种材料。

【濒危状况及保护措施建议】在建德市及周边地区均有少数农户小面积种植，农家留种有自然混杂现象。在异位妥善保存的同时，建议提纯复壮，扩大种植面积。

第六节　冬瓜种质资源

1 桐乡冬瓜
2018331453

【学　名】Cucurbitaceae（葫芦科）Benincasa（冬瓜属）Benincasa hispida（冬瓜）。
【采集地】浙江省嘉兴市桐乡市。

【主要特征特性】一年生攀援草本。茎秆绿色，粗壮呈方圆形，密被黄褐色刺毛，每个结节处长绿色卷须与分枝。叶片绿色，单叶互生，叶柄长约12cm，叶片长约19cm，叶片宽与长几乎相等。叶掌状，先端尖，具5棱角，边缘具小锯齿。露地种植，6～9月开花结果。花单性，雌雄同株，生于叶腋。雄花和雌花的花瓣、雄蕊及柱头均为黄色，花冠圆盘状，直径约9cm；花梗绿色，长4～5cm；花瓣5裂，长、宽分别约3cm。雌花子房下位，长椭圆形，绿色，密被白色柔毛。主蔓结瓜，一般首雌花节位20。果实长圆筒形，长约70cm，直径约26cm，果皮墨绿色，果面稍带浅棱沟，果肉白色，肉厚约4cm。种子繁殖。

【优异特性与利用价值】地方品种。果实可作蔬菜食用。

【濒危状况及保护措施建议】常见。异位妥善保存。

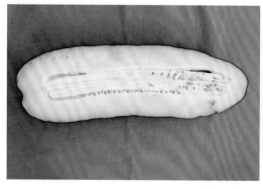

2 文成小冬瓜

P330328011

【学　名】Cucurbitaceae（葫芦科）Benincasa（冬瓜属）Benincasa hispida var. chieh-qua（节瓜）。

【采集地】浙江省温州市文成县。

【主要特征特性】一年生攀援草本。茎秆绿色，粗壮呈方圆形，密被黄褐色刺毛，每个结节处长绿色卷须与分枝。叶片绿色，单叶互生，叶柄长约10cm，叶片长约20cm，叶片宽与长几乎相等。叶掌状，先端尖，具5棱角，边缘具小锯齿。露地种植，6～9月开花结果。花单性，雌雄同株，生于叶腋。雄花和雌花的花瓣、雄蕊及柱头均为黄色，花冠圆盘状，直径约8cm；花梗绿色，长4～5cm；花瓣5裂，长、宽分别约3cm。雌花子房下位，长椭圆形，绿色，密被白色柔毛。主/侧蔓结瓜，一般首雌花节位15。果实长圆筒形，长约60cm，直径约12cm，果皮绿色兼有白绿色小斑点花纹，果面稍带浅棱沟，老熟瓜表面有一层白色蜡质粉末，果肉白色，肉厚约2.5cm。种子繁殖。

【优异特性与利用价值】地方品种。果实可作蔬菜食用。

【濒危状况及保护措施建议】常见。异位妥善保存。

3 开化冬瓜

2018332416

【学　名】Cucurbitaceae（葫芦科）Benincasa（冬瓜属）Benincasa hispida（冬瓜）。

【采集地】浙江省衢州市开化县。

【主要特征特性】一年生攀援草本。茎秆绿色，粗壮呈方圆形，密被黄褐色刺毛，每个结节处长绿色卷须与分枝。叶片绿色，单叶互生，叶柄长约13cm，叶片长约20cm，叶片宽与长几乎相等。叶掌状，先端尖，具5棱角，边缘具小锯齿。露地种植，6～9月开花结果。花单性，雌雄同株，生于叶腋。雄花和雌花的花瓣、雄蕊及柱头均为黄色，花冠圆盘状，直径约8cm；花梗绿色，长4～5cm；花瓣5裂，长、宽分别约3cm。雌花子房下位，长椭圆形，绿色，密被白色柔毛。主蔓结瓜，一般首雌花节位20。果实长圆筒形，长约65cm，直径约23cm，果皮绿色兼有白黄色斑点花纹，果面稍带浅棱沟，果肉白色，肉厚约4cm。种子繁殖。

【优异特性与利用价值】地方品种。果实可作蔬菜食用。

【濒危状况及保护措施建议】常见。异位妥善保存。

4 三门冬瓜

P331022015

【学　名】Cucurbitaceae（葫芦科）*Benincasa*（冬瓜属）*Benincasa hispida*（冬瓜）。

【采集地】浙江省台州市三门县。

【主要特征特性】一年生攀援草本。茎秆绿色，粗壮呈方圆形，密被黄褐色刺毛，每个结节处长绿色卷须与分枝。叶片绿色，单叶互生，叶柄长约13cm，叶片长约20cm，叶片宽与长几乎相等。叶掌状，先端尖，具5棱角，边缘具小锯齿。露地种植，6～9月开花结果。花单性，雌雄同株，生于叶腋。雄花和雌花的花瓣、雄蕊及柱头均为黄色，花冠圆盘状，直径约8cm；花梗绿色，长4～5cm；花瓣5裂，长、宽分别约3cm。雌花子房下位，长椭圆形，绿色，密被白色柔毛。主蔓结瓜，一般首雌花节位21。果实长圆筒形，瓜长65cm以上，直径约22cm，果皮绿色兼有白黄色斑点花纹，果面稍带浅棱沟，果肉白色，肉厚约3.5cm。种子繁殖。

【优异特性与利用价值】地方品种。果实可作蔬菜食用。

【濒危状况及保护措施建议】常见。异位妥善保存。

 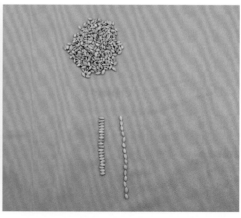

5 瓯海冬瓜

P330304008

【学　名】Cucurbitaceae（葫芦科）Benincasa（冬瓜属）Benincasa hispida（冬瓜）。

【采集地】浙江省温州市瓯海区。

【主要特征特性】一年生攀援草本。茎秆绿色，粗壮呈方圆形，密被黄褐色刺毛，每个结节处长绿色卷须与分枝。叶片绿色，单叶互生，叶柄长约13cm，叶片长约20cm，叶片宽与长几乎相等。叶掌状，先端尖，具5棱角，边缘具小锯齿。露地种植，6～9月开花结果。花单性，雌雄同株，生于叶腋。雄花和雌花的花瓣、雄蕊及柱头均为黄色，花冠圆盘状，直径约8cm；花梗绿色，长4～5cm；花瓣5裂，长、宽分别约3cm。雌花子房下位，长椭圆形，绿色，密被白色柔毛。主蔓结瓜，一般首雌花节位20。果实长圆筒形，瓜长约50cm，直径约22cm，果皮绿色兼有白黄色斑点花纹，果面稍带浅棱沟，果肉白色，肉厚约3.8cm。种子繁殖。

【优异特性与利用价值】地方品种。果实可作蔬菜食用。

【濒危状况及保护措施建议】常见。异位妥善保存。

第七节 丝瓜种质资源

1 建德糯米丝瓜

P330182018

【学　名】Cucurbitaceae（葫芦科）*Luffa*（丝瓜属）*Luffa cylindrica*（普通丝瓜）。

【采集地】浙江省杭州市建德市。

【主要特征特性】叶深绿色，叶掌状深裂，叶片长29.0cm，叶片宽24.0cm，叶柄长6.0cm。主/侧蔓结瓜。瓜短圆筒形，瓜长28.0cm，瓜横径4.9cm。近瓜蒂端瓶颈形，瓜顶短钝尖，瓜皮黄绿色，近瓜蒂端黄绿色，瓜面微皱、瓜瘤稀、有光泽、无蜡粉。单瓜重358.0g，距瓜顶1/3处横切面的果肉厚4.3cm，瓜肉白绿色。

【优异特性与利用价值】一般取嫩瓜食用，也可取老瓜络用，可用作丝瓜育种材料。

【濒危状况及保护措施建议】少数农户零星种植，收集困难。建议异位妥善保存，扩大种植面积。

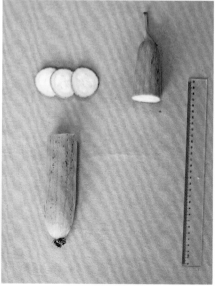

2 建德丝瓜

P330182011

【学　名】Cucurbitaceae（葫芦科）*Luffa*（丝瓜属）*Luffa cylindrica*（普通丝瓜）。

【采集地】浙江省杭州市建德市。

【主要特征特性】叶深绿色，叶掌状深裂，叶片长30.0cm，叶片宽27.0cm，叶柄长6.5cm。主/侧蔓结瓜。瓜长棍棒形，瓜长36.0cm，瓜横径3.5cm。近瓜蒂端溜肩形，瓜顶钝圆，瓜皮绿色，近瓜蒂端深绿色，瓜面微皱、瓜瘤稀、无光泽、无蜡粉。单瓜重174.0g，距瓜顶1/3处横切面的果肉厚2.4cm，瓜肉白绿色。

【优异特性与利用价值】一般取嫩瓜食用，也可取老瓜络用，可用作丝瓜育种材料。

【濒危状况及保护措施建议】少数农户零星种植，收集困难。建议异位妥善保存，扩大种植面积。

3 淳安丝瓜

P330127038

【学 名】Cucurbitaceae（葫芦科）*Luffa*（丝瓜属）*Luffa cylindrica*（普通丝瓜）。
【采集地】浙江省杭州市淳安县。

【主要特征特性】叶深绿色，叶掌状浅裂，叶片长30.0cm，叶片宽25.0cm，叶柄长6.0cm。主/侧蔓结瓜。瓜长棍棒形，瓜长32.5cm，瓜横径5.5cm。近瓜蒂端溜肩形，瓜顶短钝尖，瓜皮绿色，近瓜蒂端深绿色，瓜面微皱、瓜瘤稀、无光泽、无蜡粉。单瓜重372.0g，距瓜顶1/3处横切面的果肉厚4.5cm，瓜肉白绿色。

【优异特性与利用价值】一般取嫩瓜食用，也可取老瓜络用，可用作丝瓜育种材料。

【濒危状况及保护措施建议】少数农户零星种植，收集困难。建议异位妥善保存，扩大种植面积。

4 常山土丝瓜

P330822010

【学 名】Cucurbitaceae（葫芦科）*Luffa*（丝瓜属）*Luffa cylindrica*（普通丝瓜）。

【采集地】浙江省衢州市常山县。

【主要特征特性】叶深绿色，叶掌状深裂，叶片长30.0cm，叶片宽26.0cm，叶柄长5.0cm。主/侧蔓结瓜。瓜短圆筒形，瓜长27.0cm，瓜横径5.0cm。近瓜蒂端钝圆形，瓜顶钝圆，瓜皮黄绿色，近瓜蒂端黄绿色，瓜面微皱、瓜瘤稀、有光泽、无蜡粉。单瓜重236.0g，距瓜顶1/3处横切面的果肉厚3.8cm，瓜肉白色。

【优异特性与利用价值】一般取嫩瓜食用，也可取老瓜络用，可用作丝瓜育种材料。

【濒危状况及保护措施建议】少数农户零星种植，收集困难。建议异位妥善保存，扩大种植面积。

5 泰顺天罗瓜

P330329015

【学　名】Cucurbitaceae（葫芦科）*Luffa*（丝瓜属）*Luffa cylindrica*（普通丝瓜）。
【采集地】浙江省温州市泰顺县。

【主要特征特性】 叶深绿色，叶掌状浅裂，叶片长23.0cm，叶片宽22.0cm，叶柄长5.0cm。主/侧蔓结瓜。瓜短圆筒形，瓜长21.5cm，瓜横径5.4cm。近瓜蒂端瓶颈形，瓜顶钝圆，瓜皮深绿色，近瓜蒂端深绿色，瓜面微皱、瓜瘤稀、有光泽、无蜡粉。单瓜重278.0g，距瓜顶1/3处横切面的果肉厚4.7cm，瓜肉白绿色。

【优异特性与利用价值】 一般取嫩瓜食用，也可取老瓜络用，可用作丝瓜育种材料。

【濒危状况及保护措施建议】 少数农户零星种植，收集困难。建议异位妥善保存，扩大种植面积。

6 温岭白丝瓜

P331081008

【学　名】Cucurbitaceae（葫芦科）*Luffa*（丝瓜属）*Luffa cylindrica*（普通丝瓜）。

【采集地】浙江省台州市温岭市。

【主要特征特性】叶深绿色，叶掌状深裂，叶片长30.0cm，叶片宽28.0cm，叶柄长6.0cm。主/侧蔓结瓜。瓜短圆筒形，瓜长16.2cm，瓜横径4.6cm。近瓜蒂端瓶颈形，瓜顶钝圆，瓜皮黄白色，近瓜蒂端绿色，瓜面微皱、瓜瘤稀、有光泽、无蜡粉。单瓜重188.0g，距瓜顶1/3处横切面的果肉厚3.8cm，瓜肉白绿色。

【优异特性与利用价值】一般取嫩瓜食用，也可取老瓜络用，可用作丝瓜育种材料。

【濒危状况及保护措施建议】少数农户零星种植，收集困难。建议异位妥善保存，扩大种植面积。

7 奉化蛇天罗
2017334042

【学 名】Cucurbitaceae（葫芦科）*Luffa*（丝瓜属）*Luffa cylindrica*（普通丝瓜）。
【采集地】浙江省宁波市奉化市。

【主要特征特性】叶深绿色，叶掌状浅裂，叶片长28.0cm，叶片宽26.0cm，叶柄长8.5cm。主/侧蔓结瓜。瓜长圆筒形，瓜长45.5cm，瓜横径5.1cm。近瓜蒂端溜肩形，瓜顶短钝尖，瓜皮绿色，近瓜蒂端深绿色，瓜面微皱、瓜瘤稀、有光泽、无蜡粉。单瓜重575.0g，距瓜顶1/3处横切面的果肉厚4.0cm，瓜肉白绿色。

【优异特性与利用价值】一般取嫩瓜食用，也可取老瓜络用，可用作丝瓜育种材料。

【濒危状况及保护措施建议】少数农户零星种植，收集困难。建议异位妥善保存，扩大种植面积。

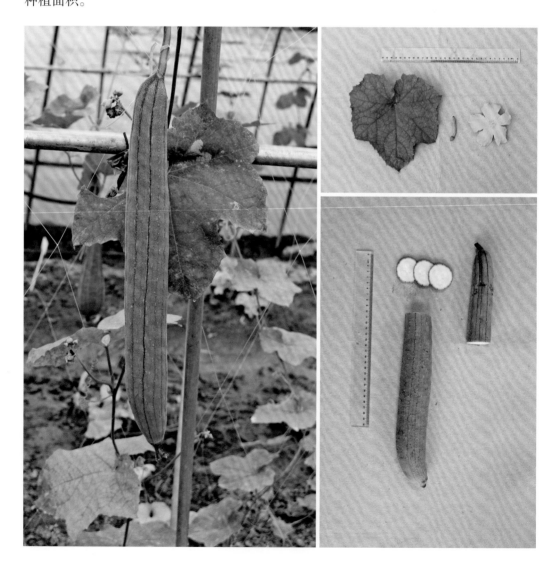

8 嘉善本地丝瓜

2018335409

【学　名】Cucurbitaceae（葫芦科）*Luffa*（丝瓜属）*Luffa cylindrica*（普通丝瓜）。

【采集地】浙江省嘉兴市嘉善县。

【主要特征特性】叶深绿色，叶掌状深裂，叶片长24.0cm，叶片宽27.0cm，叶柄长5.5cm。主/侧蔓结瓜。瓜短圆筒形，瓜长17.5cm，瓜横径5.8cm。近瓜蒂端钝圆形，瓜顶钝圆，瓜皮深绿色，近瓜蒂端深绿色，瓜面微皱、瓜瘤稀、有光泽、无蜡粉。单瓜重342.0g，距瓜顶1/3处横切面的果肉厚5.4cm，瓜肉白绿色。

【优异特性与利用价值】一般取嫩瓜食用，也可取老瓜络用，可用作丝瓜育种材料。

【濒危状况及保护措施建议】少数农户零星种植，收集困难。建议异位妥善保存，扩大种植面积。

9 开化丝瓜

2018332457

【学　名】Cucurbitaceae（葫芦科）*Luffa*（丝瓜属）*Luffa cylindrica*（普通丝瓜）。
【采集地】浙江省衢州市开化县。

【主要特征特性】叶深绿色，叶掌状浅裂，叶片长24.0cm，叶片宽23.0cm，叶柄长7.0cm。主/侧蔓结瓜。瓜长棍棒形，瓜长36.5cm，瓜横径4.2cm。近瓜蒂端溜肩形，瓜顶渐尖，瓜皮绿色，近瓜蒂端深绿色，瓜面微皱、瓜瘤稀、无光泽、无蜡粉。单瓜重233.0g，距瓜顶1/3处横切面的果肉厚3.2cm，瓜肉白绿色。

【优异特性与利用价值】一般取嫩瓜食用，也可取老瓜络用，可用作丝瓜育种材料。

【濒危状况及保护措施建议】少数农户零星种植，收集困难。建议异位妥善保存，扩大种植面积。

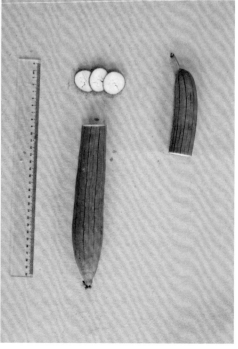

10 诸暨丝瓜

2018334206

【学　名】Cucurbitaceae（葫芦科）*Luffa*（丝瓜属）*Luffa cylindrica*（普通丝瓜）。

【采集地】浙江省绍兴市诸暨市。

【主要特征特性】叶深绿色，叶掌状浅裂，叶片长22.0cm，叶片宽20.0cm，叶柄长5.0cm。主/侧蔓结瓜。瓜长棍棒形，瓜长41.0cm，瓜横径3.2cm。近瓜蒂端溜肩形，瓜顶渐尖，瓜皮绿色，近瓜蒂端绿色，瓜面微皱、瓜瘤稀、有光泽、有蜡粉。单瓜重238.0g，距瓜顶1/3处横切面的果肉厚2.7cm，瓜肉白绿色。

【优异特性与利用价值】一般取嫩瓜食用，也可取老瓜络用，可用作丝瓜育种材料。

【濒危状况及保护措施建议】少数农户零星种植，收集困难。建议异位妥善保存，扩大种植面积。

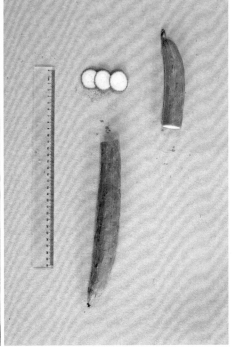

11 平阳丝瓜

P330326028

【学　名】Cucurbitaceae（葫芦科）*Luffa*（丝瓜属）*Luffa cylindrica*（普通丝瓜）。

【采集地】浙江省温州市平阳县。

【主要特征特性】叶深绿色，叶掌状深裂，叶片长24.0cm，叶片宽27.0cm，叶柄长8.5cm。主/侧蔓结瓜。瓜椭圆形，瓜长19.0cm，瓜横径5.5cm。近瓜蒂端钝圆形，瓜顶钝圆，瓜皮深绿色，近瓜蒂端深绿色，瓜面微皱、瓜瘤稀、有光泽、无蜡粉。单瓜重252.0g，距瓜顶1/3处横切面的果肉厚4.7cm，瓜肉白绿色。

【优异特性与利用价值】一般取嫩瓜食用，也可取老瓜络用，可用作丝瓜育种材料。

【濒危状况及保护措施建议】少数农户零星种植，收集困难。建议异位妥善保存，扩大种植面积。

12 洞头本地丝瓜

P330305019

【学　名】Cucurbitaceae（葫芦科）*Luffa*（丝瓜属）*Luffa cylindrica*（普通丝瓜）。
【采集地】浙江省温州市洞头县。

【主要特征特性】叶深绿色，叶掌状浅裂，叶片长26.0cm，叶片宽25.0cm，叶柄长8.0cm。主/侧蔓结瓜。瓜短圆筒形，瓜长21.7cm，瓜横径4.1cm。近瓜蒂端瓶颈形，瓜顶钝圆，瓜皮白色，近瓜蒂端深绿色，瓜面平滑、无瓜瘤、有光泽、无蜡粉。单瓜重166.0g，距瓜顶1/3处横切面的果肉厚3.1cm，瓜肉白绿色。

【优异特性与利用价值】一般取嫩瓜食用，也可取老瓜络用，可用作丝瓜育种材料。

【濒危状况及保护措施建议】少数农户零星种植，收集困难。建议异位妥善保存，扩大种植面积。

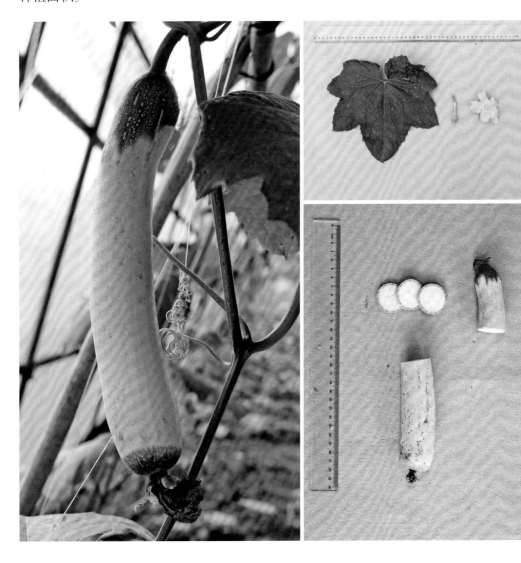

13 温岭白皮丝瓜

P331081011

【学 名】Cucurbitaceae（葫芦科）*Luffa*（丝瓜属）*Luffa cylindrica*（普通丝瓜）。

【采集地】浙江省台州市温岭市。

【主要特征特性】叶深绿色，叶掌状深裂，叶片长27.0cm，叶片宽23.0cm，叶柄长6.0cm。主/侧蔓结瓜。瓜纺锤形，瓜长29.8cm，瓜横径4.9cm。近瓜蒂端溜肩形，瓜顶钝圆，瓜皮白色，近瓜蒂端深绿色，瓜面平滑、无瓜瘤、有光泽、无蜡粉。单瓜重342.0g，距瓜顶1/3处横切面的果肉厚3.7cm，瓜肉白绿色。

【优异特性与利用价值】一般取嫩瓜食用，也可取老瓜络用，可用作丝瓜育种材料。

【濒危状况及保护措施建议】少数农户零星种植，收集困难。建议异位妥善保存，扩大种植面积。

14 路桥白丝瓜

P331004001

【学 名】Cucurbitaceae（葫芦科）*Luffa*（丝瓜属）*Luffa cylindrica*（普通丝瓜）。

【采集地】浙江省台州市路桥区。

【主要特征特性】叶深绿色，叶掌状深裂，叶片长28.0cm，叶片宽24.0cm，叶柄长5.5cm。主/侧蔓结瓜。瓜纺锤形，瓜长28.5cm，瓜横径4.6cm。近瓜蒂端溜肩形，瓜顶钝圆，瓜皮白色，近瓜蒂端深绿色，瓜面平滑、无瓜瘤、有光泽、无蜡粉。单瓜重348.0g，距瓜顶1/3处横切面的果肉厚3.9cm，瓜肉白绿色。

【优异特性与利用价值】一般取嫩瓜食用，也可取老瓜络用，可用作丝瓜育种材料。

【濒危状况及保护措施建议】少数农户零星种植，收集困难。建议异位妥善保存，扩大种植面积。

15 桐乡白美人
2018331473

【学 名】Cucurbitaceae（葫芦科）*Luffa*（丝瓜属）*Luffa cylindrica*（普通丝瓜）。
【采集地】浙江省嘉兴市桐乡市。

【主要特征特性】叶深绿色，叶掌状浅裂，叶片长20.0cm，叶片宽20.0cm，叶柄长5.0cm。主/侧蔓结瓜。瓜短圆筒形，瓜长18.5cm，瓜横径5.0cm。近瓜蒂端瓶颈形，瓜顶钝圆，瓜皮白色，近瓜蒂端深绿色，瓜面平滑、无瓜瘤、有光泽、无蜡粉。单瓜重218.0g，距瓜顶1/3处横切面的果肉厚3.8cm，瓜肉白绿色。

【优异特性与利用价值】一般取嫩瓜食用，也可取老瓜络用，可用作丝瓜育种材料。

【濒危状况及保护措施建议】少数农户零星种植，收集困难。建议异位妥善保存，扩大种植面积。

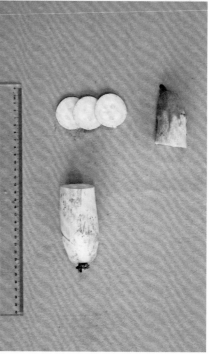

16 黄岩白丝瓜

2018333629

【学　名】Cucurbitaceae（葫芦科）*Luffa*（丝瓜属）*Luffa cylindrica*（普通丝瓜）。
【采集地】浙江省台州市黄岩区。

【主要特征特性】叶深绿色，叶掌状浅裂，叶片长17.0cm，叶片宽18.0cm，叶柄长5.0cm。主/侧蔓结瓜。瓜短圆筒形，瓜长18.9cm，瓜横径4.2cm。近瓜蒂端溜肩形，瓜顶钝圆，瓜皮白色，近瓜蒂端深绿色，瓜面平滑、无瓜瘤、有光泽、无蜡粉。单瓜重179.0g，距瓜顶1/3处横切面的果肉厚3.4cm，瓜肉白绿色。

【优异特性与利用价值】一般取嫩瓜食用，也可取老瓜络用，可用作丝瓜育种材料。

【濒危状况及保护措施建议】少数农户零星种植，收集困难。建议异位妥善保存，扩大种植面积。

17 黄岩八角丝瓜
2018333602

【学 名】Cucurbitaceae（葫芦科）Luffa（丝瓜属）Luffa acutangula（有棱丝瓜）。

【采集地】浙江省台州市黄岩区。

【主要特征特性】叶绿色，叶心脏形，叶片长21.0cm，叶片宽22.0cm，叶柄长4.0cm。主/侧蔓结瓜。瓜纺锤形，瓜长31.2cm，瓜横径5.1cm。近瓜蒂端溜肩形，瓜顶短钝尖，瓜皮绿色，近瓜蒂端绿色，瓜面有光泽、无蜡粉，瓜棱深，瓜棱数10条。单瓜重303.0g，距瓜顶1/3处横切面的果肉厚3.3cm，瓜肉白色。

【优异特性与利用价值】一般取嫩瓜食用，也可取老瓜络用，可用作丝瓜育种材料。

【濒危状况及保护措施建议】少数农户零星种植，收集困难。建议异位妥善保存，扩大种植面积。

18 平阳坑十棱丝瓜

2018335215

【学　名】Cucurbitaceae（葫芦科）*Luffa*（丝瓜属）*Luffa acutangula*（有棱丝瓜）。

【采集地】浙江省温州市瑞安市平阳县。

【主要特征特性】叶绿色，叶心脏形，叶片长16.0cm，叶片宽18.0cm，叶柄长4.0cm。主/侧蔓结瓜。瓜纺锤形，瓜长23.0cm，瓜横径5.4cm。近瓜蒂端溜肩形，瓜顶钝圆，瓜皮绿色，近瓜蒂端绿色，瓜面有光泽、无蜡粉，瓜棱深，瓜棱数10条。单瓜重283.0g，距瓜顶1/3处横切面的果肉厚3.2cm，瓜肉白色。

【优异特性与利用价值】一般取嫩瓜食用，也可取老瓜络用，可用作丝瓜育种材料。

【濒危状况及保护措施建议】少数农户零星种植，收集困难。建议异位妥善保存，扩大种植面积。

19 宁海八角天罗
2017333064

【学　名】Cucurbitaceae（葫芦科）Luffa（丝瓜属）Luffa acutangula（有棱丝瓜）。
【采集地】浙江省宁波市宁海县。

【主要特征特性】叶绿色，叶心脏形，叶片长20.0cm，叶片宽21.0cm，叶柄长5.0cm。主/侧蔓结瓜。瓜纺锤形，瓜长27.7cm，瓜横径5.6cm。近瓜蒂端溜肩形，瓜顶钝圆，瓜皮深绿色，近瓜蒂端深绿色，瓜面有光泽、无蜡粉，瓜棱深，瓜棱数10条。单瓜重257.0g，距瓜顶1/3处横切面的果肉厚3.0cm，瓜肉白色。

【优异特性与利用价值】一般取嫩瓜食用，也可取老瓜络用，可用作丝瓜育种材料。

【濒危状况及保护措施建议】少数农户零星种植，收集困难。建议异位妥善保存，扩大种植面积。

20 衢江有棱丝瓜

2018333251

【学 名】Cucurbitaceae（葫芦科）Luffa（丝瓜属）Luffa acutangula（有棱丝瓜）。
【采集地】浙江省衢州市衢江区。

【主要特征特性】叶绿色，叶心脏形，叶片长19.0cm，叶片宽18.0cm，叶柄长4.0cm。主/侧蔓结瓜。瓜纺锤形，瓜长18.0cm，瓜横径5.5cm。近瓜蒂端溜肩形，瓜顶钝圆，瓜皮深绿色，近瓜蒂端深绿色，瓜面有光泽、无蜡粉，瓜棱深，瓜棱数8条。单瓜重242.0g，距瓜顶1/3处横切面的果肉厚4.8cm，瓜肉白色。

【优异特性与利用价值】一般取嫩瓜食用，也可取老瓜络用，可用作丝瓜育种材料。

【濒危状况及保护措施建议】少数农户零星种植，收集困难。建议异位妥善保存，扩大种植面积。

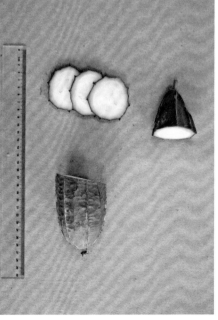

21 玉环丝瓜

P331021016

【学 名】Cucurbitaceae（葫芦科）*Luffa*（丝瓜属）*Luffa cylindrica*（普通丝瓜）。

【采集地】浙江省台州市玉环县。

【主要特征特性】叶深绿色，叶掌状深裂，叶片长28.0cm，叶片宽24.0cm，叶柄长6.0cm。主/侧蔓结瓜。瓜长棍棒形，瓜长48.0cm，瓜横径3.2cm。近瓜蒂端溜肩形，瓜顶渐尖，瓜皮深绿色，近瓜蒂端深绿色，瓜面微皱、瓜瘤稀、无光泽、无蜡粉。单瓜重220.0g，距瓜顶1/3处横切面的果肉厚2.9cm，瓜肉白色。

【优异特性与利用价值】一般取嫩瓜食用，也可取老瓜络用，可用作丝瓜育种材料。

【濒危状况及保护措施建议】少数农户零星种植，收集困难。建议异位妥善保存，扩大种植面积。

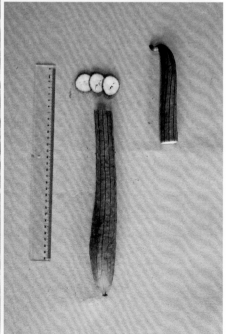

22 棒天萝

P331022025

【学　名】Cucurbitaceae（葫芦科）*Luffa*（丝瓜属）*Luffa cylindrica*（普通丝瓜）。
【采集地】浙江省台州市三门县。

【主要特征特性】叶深绿色，叶掌状深裂，叶片长24.0cm，叶片宽23.0cm，叶柄长6.0cm。主/侧蔓结瓜。瓜短圆筒形，瓜长18.0cm，瓜横径6.0cm。近瓜蒂端钝圆形，瓜顶短钝尖，瓜皮绿色，近瓜蒂端绿色，瓜面微皱、瓜瘤稀、有光泽、无蜡粉。单瓜重348.0g，距瓜顶1/3处横切面的果肉厚5.9cm，瓜肉白绿色。

【优异特性与利用价值】一般取嫩瓜食用，也可取老瓜络用，可用作丝瓜育种材料。

【濒危状况及保护措施建议】少数农户零星种植，收集困难。建议异位妥善保存，扩大种植面积。

23 天台天罗
P331023020

【学　名】Cucurbitaceae（葫芦科）*Luffa*（丝瓜属）*Luffa cylindrica*（普通丝瓜）。
【采集地】浙江省台州市天台县。

【主要特征特性】叶深绿色，叶掌状浅裂，叶片长22.0cm，叶片宽21.0cm，叶柄长10.0cm。主/侧蔓结瓜，瓜短圆筒形，瓜长24.5cm，瓜横径5.9cm。近瓜蒂端瓶颈形，瓜顶钝圆，瓜皮绿色，近瓜蒂端深绿色，瓜面微皱、瓜瘤稀、无光泽、有蜡粉。单瓜重444.0g，距瓜顶1/3处横切面的果肉厚4.9cm，瓜肉白绿色。

【优异特性与利用价值】一般取嫩瓜食用，也可取老瓜络用，可用作丝瓜育种材料。

【濒危状况及保护措施建议】少数农户零星种植，收集困难。建议异位妥善保存，扩大种植面积。

24 淳安长丝瓜

P330127037

【学　名】Cucurbitaceae（葫芦科）*Luffa*（丝瓜属）*Luffa cylindrica*（普通丝瓜）。

【采集地】浙江省杭州市淳安县。

【主要特征特性】叶绿色，叶掌状浅裂，叶片长28.0cm，叶片宽25.0cm，叶柄长6.0cm。主/侧蔓结瓜。瓜长圆筒形，瓜长34.5cm，瓜横径4.7cm。近瓜蒂端溜肩形，瓜顶短钝尖，瓜皮绿色，近瓜蒂端绿色，瓜面微皱、瓜瘤稀、无光泽、无蜡粉。单瓜重325.0g，距瓜顶1/3处横切面的果肉厚4.2cm，瓜肉白绿色。

【优异特性与利用价值】一般取嫩瓜食用，也可取老瓜络用，可用作丝瓜育种材料。

【濒危状况及保护措施建议】少数农户零星种植，收集困难。建议异位妥善保存，扩大种植面积。

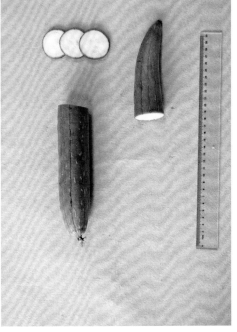

25 宋村丝瓜

P330824028

【学　名】Cucurbitaceae（葫芦科）Luffa（丝瓜属）Luffa cylindrica（普通丝瓜）。

【采集地】浙江省衢州市开化县。

【主要特征特性】叶深绿色，叶掌状深裂，叶片长26.0cm，叶片宽24.0cm，叶柄长7.0cm。主/侧蔓结瓜。瓜长圆筒形，瓜长32.5cm，瓜横径4.7cm。近瓜蒂端溜肩形，瓜顶钝圆，瓜皮黄绿色，近瓜蒂端黄绿色，瓜面微皱、瓜瘤稀、有光泽、无蜡粉。单瓜重354.0g，距瓜顶1/3处横切面的果肉厚4.2cm，瓜肉白绿色。

【优异特性与利用价值】一般取嫩瓜食用，也可取老瓜络用，可用作丝瓜育种材料。

【濒危状况及保护措施建议】少数农户零星种植，收集困难。建议异位妥善保存，扩大种植面积。

26 嘉善丝瓜

2018335419

【学　名】Cucurbitaceae（葫芦科）*Luffa*（丝瓜属）*Luffa cylindrica*（普通丝瓜）。

【采集地】浙江省嘉兴市嘉善县。

【主要特征特性】叶深绿色，叶掌状浅裂，叶片长23.0cm，叶片宽25.0cm，叶柄长8.5cm。主/侧蔓结瓜。瓜长圆筒形，瓜长35.0cm，瓜横径5.8cm。近瓜蒂端溜肩形，瓜顶短钝尖，瓜皮绿色，近瓜蒂端深绿色，瓜面微皱、瓜瘤稀、无光泽、无蜡粉。单瓜重427.0g，距瓜顶1/3处横切面的果肉厚5.0cm，瓜肉白绿色。

【优异特性与利用价值】一般取嫩瓜食用，也可取老瓜络用，可用作丝瓜育种材料。

【濒危状况及保护措施建议】少数农户零星种植，收集困难。建议异位妥善保存，扩大种植面积。

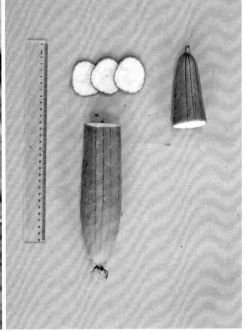

27 建德有棱丝瓜

2017332026

【学 名】Cucurbitaceae（葫芦科）*Luffa*（丝瓜属）*Luffa acutangula*（有棱丝瓜）。

【采集地】浙江省杭州市建德市。

【主要特征特性】叶深绿色，叶心脏形，叶片长20cm，叶片宽21cm，叶柄长5cm。主/侧蔓结瓜。瓜纺锤形，瓜长33cm，瓜横径6.4cm。近瓜蒂端溜肩形，瓜顶短钝尖，瓜皮绿色，近瓜蒂端绿色，瓜面平滑、无瓜瘤、有光泽、无蜡粉，瓜棱深，瓜棱数10条。单瓜重440.0g，距瓜顶1/3处横切面的果肉厚3.8cm，瓜肉白色。

【优异特性与利用价值】一般取嫩瓜食用，也可取老瓜络用，可用作丝瓜育种材料。

【濒危状况及保护措施建议】少数农户零星种植，收集困难。建议异位妥善保存，扩大种植面积。

28 长兴丝瓜

2018331285

【学　名】Cucurbitaceae（葫芦科）*Luffa*（丝瓜属）*Luffa cylindrica*（普通丝瓜）。

【采集地】浙江省湖州市长兴县。

【主要特征特性】叶深绿色，叶掌状深裂，叶片长25.0cm，叶片宽24.0cm，叶柄长7.0cm。主/侧蔓结瓜。瓜长棍棒形，瓜长44.0cm，瓜横径4.6cm。近瓜蒂端溜肩形，瓜顶短钝尖，瓜皮深绿色，近瓜蒂端深绿色，瓜面微皱、瓜瘤稀、有光泽、有蜡粉。单瓜重330.0g，距瓜顶1/3处横切面的果肉厚3.2cm，瓜肉白绿色。

【优异特性与利用价值】一般取嫩瓜食用，也可取老瓜络用，可用作丝瓜育种材料。

【濒危状况及保护措施建议】少数农户零星种植，收集困难。建议异位妥善保存，扩大种植面积。

29 罗星丝瓜

2018335494

【学　名】Cucurbitaceae（葫芦科）*Luffa*（丝瓜属）*Luffa cylindrica*（普通丝瓜）。

【采集地】浙江省嘉兴市嘉善县。

【主要特征特性】叶深绿色，叶掌状浅裂，叶片长20.0cm，叶片宽20.0cm，叶柄长5.0cm。主/侧蔓结瓜。瓜短圆筒形，瓜长23.0cm，瓜横径4.5cm。近瓜蒂端溜肩形，瓜顶钝圆，瓜皮绿色，近瓜蒂端绿色，瓜面微皱、无瓜瘤、有光泽、无蜡粉。单瓜重245.0g，距瓜顶1/3处横切面的果肉厚3.9cm，瓜肉白绿色。

【优异特性与利用价值】一般取嫩瓜食用，也可取老瓜络用，可用作丝瓜育种材料。

【濒危状况及保护措施建议】少数农户零星种植，收集困难。建议异位妥善保存，扩大种植面积。

30 香丝瓜

2018331447

【学　名】Cucurbitaceae（葫芦科）Luffa（丝瓜属）Luffa cylindrica（普通丝瓜）。

【采集地】浙江省嘉兴市桐乡市。

【主要特征特性】叶深绿色，叶掌状浅裂，叶片长21.0cm，叶片宽25.0cm，叶柄长5.0cm。主/侧蔓结瓜。瓜短圆筒形，瓜长16.2cm，瓜横径4.6cm。近瓜蒂端瓶颈形，瓜顶短钝尖，瓜皮绿色，近瓜蒂端绿色，瓜面微皱、瓜瘤中等、无光泽、有蜡粉。单瓜重139.0g，距瓜顶1/3处横切面的果肉厚3.7cm，瓜肉白绿色。

【优异特性与利用价值】一般取嫩瓜食用，也可取老瓜络用，可用作丝瓜育种材料。

【濒危状况及保护措施建议】少数农户零星种植，收集困难。建议异位妥善保存，扩大种植面积。

第三章

浙江省茄果类蔬菜种质资源

第一节　茄子种质资源

1 和龚白茄

P331181025

【学　名】Solanaceae（茄科）*Solanum*（茄属）*Solanum melongena*（茄子）。

【采集地】浙江省丽水市龙泉市。

【主要特征特性】株型半直立，中熟；株高80.0cm，开展度94.0cm；叶片长37.2cm、宽17.5cm，叶柄长9.4cm；叶深绿色，叶脉浅绿色，叶脉无刺，萼片绿色；花浅紫色；果面白色，果肉白色，果实长条形，果长30.0cm，果实横径3.6cm，单果重190.0g；田间表现耐绵疫病。当地农民认为该品种综合抗性较好，果条长，商品性好，耐储运。

【优异特性与利用价值】果条长，耐储运，可用作白长茄类型育种材料。

【濒危状况及保护措施建议】在龙泉市仅少数农户种植。在异位妥善保存的同时，建议扩大种植面积。

2 绿茄
P331181022

【学　名】Solanaceae（茄科）*Solanum*（茄属）*Solanum melongena*（茄子）。
【采集地】浙江省丽水市龙泉市。

【主要特征特性】株型半直立，中熟；株高74.0cm，开展度81.0cm，叶片长33.5cm、宽17.7cm，叶柄长9.1cm；叶深绿色，叶脉浅绿色，萼片绿色；花浅紫色；果实长筒形，果长26.0cm，果实横径4.7cm，果面有光泽，果实浅绿色，果肉浅绿色，单果重200.0g。当地农民认为果实商品性好，果条亮，耐储运。
【优异特性与利用价值】果条商品性好，耐储运，可用作绿长茄类型育种材料。
【濒危状况及保护措施建议】在龙泉市仅少数农户零星种植，在本地较难收集到。在异位妥善保存的同时，建议扩大种植面积。

3 小茄子
P330424009

【学　名】Solanaceae（茄科）*Solanum*（茄属）*Solanum melongena*（茄子）。
【采集地】浙江省嘉兴市海盐县。

【主要特征特性】株型半直立，中熟；株高82.0cm，开展度90.0cm，叶片长32.1cm、宽14.5cm，叶柄长9.2cm；茎紫色；叶深绿色，叶脉紫色，萼片紫色，叶面有刺；花紫色；果面紫红色，果肉白色，果实短筒形，果长12.6cm，果实横径5.1cm，果面无光泽，单果重110.0g。田间表现对灰霉病和绵疫病抗性强。当地农民认为该品种综合抗性较好。
【优异特性与利用价值】对灰霉病和绵疫病抗性强，可用作短筒紫色小茄子类型育种材料。
【濒危状况及保护措施建议】在海盐县各乡镇仅少数农户种植。在异位妥善保存的同时，建议扩大种植面积。

4 紫茄子　【学　名】Solanaceae（茄科）*Solanum*（茄属）*Solanum melongena*（茄子）。
2017331055　【采集地】浙江省杭州市淳安县。

【主要特征特性】株型半直立，中熟；株高84.0cm，开展度86.0cm；叶片长41.9cm、宽20.3cm，叶柄长11.6cm；茎紫色；叶深绿色，叶脉紫色，萼片紫色，萼片刺多；花紫色；果面紫红色，果面有棱，果肉白色，果实卵圆形，果长14.1cm，果实横径8.5cm，单果重310.0g。田间表现对绵疫病抗性强。

【优异特性与利用价值】对绵疫病抗性强，可用作短筒紫色小茄子类型育种材料。

【濒危状况及保护措施建议】在淳安县各乡镇仅少数农户零星种植，在本地较难收集到。在异位妥善保存的同时，建议扩大种植面积。

5 花斑茄子（竹丝茄）
2018335259

【学　名】Solanaceae（茄科）Solanum（茄属）Solanum melongena（茄子）。
【采集地】浙江省温州市瑞安市。

【主要特征特性】株型半直立，生长势中等，中熟；株高70.0cm，开展度81.0cm；叶片长34.2cm、宽15.6cm，叶柄长9.5cm；茎绿色；叶深绿色，叶脉浅绿色，萼片绿色；花紫色；果面绿白花斑状，果面光滑，果肉嫩，果实短筒形，果条微弯曲，果长24.5cm，果实横径5.5cm，单果重225.0g。当地农民认为该品种综合抗性较好，果实品质软糯。
【优异特性与利用价值】果实品质好，果肉软糯，可用作竹丝茄类型特色育种材料。
【濒危状况及保护措施建议】在瑞安市个别村有少数农户种植。在异位妥善保存的同时，建议扩大种植面积。

6 白圆茄
P330824027

【学　名】Solanaceae（茄科）Solanum（茄属）Solanum melongena（茄子）。
【采集地】浙江省衢州市开化县。

【主要特征特性】株型半直立，中熟；株高83.0cm，开展度90.0cm；叶片长40.5cm、宽16.1cm，叶柄长11.4cm；茎绿色；叶深绿色，叶脉浅绿色，叶脉有刺，萼片绿色，萼片有刺；花紫色；果面白色，果面有棱，果肉白色，果实卵圆形，果长15.5cm，果实横径9.6cm，单果重400.0g。田间表现对灰霉病和绵疫病抗性强。当地农民认为田间表现综合抗性好，耐储运。

【优异特性与利用价值】对灰霉病和绵疫病抗性强，果实商品性好，可用作白圆茄类型育种材料。

【濒危状况及保护措施建议】在开化县个别村有少数农户零星种植，在本地较难收集到。在异位妥善保存的同时，建议扩大种植面积。

第二节　辣椒种质资源

1 柯城白辣椒

P330802016

【学　名】Solanaceae（茄科）Capsicum（辣椒属）Capsicum annuum（辣椒）。

【采集地】浙江省衢州市柯城区。

【主要特征特性】地方品种，在当地种植30年以上，主要为露地栽培。果实品质优，抗病，抗虫，耐热；果实辣味浓，青熟果特别白，喜阴凉，不抗旱，主要用来做鲜食。经浙江省农业科学院蔬菜研究所种植鉴定，该品种青熟果黄白色，果面光滑无皱，单果重22.0g左右，果实长羊角形，品相佳。

【优异特性与利用价值】青熟果黄白色，果实表面光滑，无棱沟，果面光泽特别亮，果实口感好、品质优，深受当地市场欢迎。可作为辣椒育种材料。

【濒危状况及保护措施建议】在柯城区各乡镇有农户种植，建议扩大种植面积。

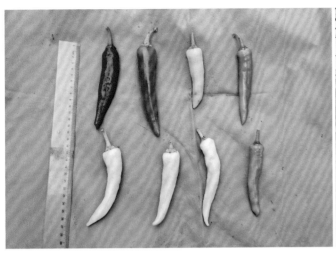

2 游埠白辣椒

P330781025

【学　名】Solanaceae（茄科）*Capsicum*（辣椒属）*Capsicum annuum*（辣椒）。
【采集地】浙江省金华市兰溪市。

【主要特征特性】地方品种，在当地种植25年以上，主要为露地栽培。该品种具有优质、抗病、耐热、耐寒、耐贫瘠的特点。青熟果的果色白中带青，果实辣味中等，适合用来加工，制成辣椒酱，或者用来腌制，腌制后风味佳。经浙江省农业科学院蔬菜研究所种植鉴定，该品种青熟果黄白色，果面微皱，有浅棱沟，单果重27.0g左右，果实为长指形。

【优异特性与利用价值】青熟果黄白色，果实表面微皱，棱沟浅，果面有光泽，果实辣，适合制成辣椒酱，或者腌制后出售，是辣椒深加工的优良原材料。可用作加工辣椒的育种材料。

【濒危状况及保护措施建议】在兰溪市各乡镇有农户种植，建议扩大种植面积。

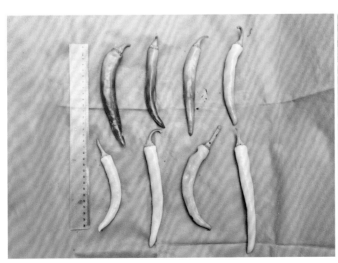

3 景宁灯笼椒
2018332058

【学　名】Solanaceae（茄科）Capsicum（辣椒属）Capsicum annuum（辣椒）。
【采集地】浙江省丽水市景宁畲族自治县。

【主要特征特性】地方品种，在当地种植30年以上，主要为高山栽培。该品种果形较为独特，短锥形灯笼果，果实微辣，品质优，高产，耐冷凉。经浙江省农业科学院蔬菜研究所种植鉴定，该品种果实为短锥形，中下部有明显的凹陷，果形较独特，单果重约40.0g，果实产量高。

【优异特性与利用价值】果实为短锥形灯笼果，果实表面皱缩，果面棱沟深，果面有光泽，果实微辣，主要用来做鲜食。该品种的果实中等大小，产量高，耐冷凉，特别适合高山栽培。

【濒危状况及保护措施建议】在景宁畲族自治县各乡镇有农户种植，建议扩大种植面积。

4 岭洋紫辣椒
2018333290

【学　名】Solanaceae（茄科）Capsicum（辣椒属）Capsicum annuum（辣椒）。
【采集地】浙江省衢州市衢江区。

【主要特征特性】地方品种，在当地种植历史较长，在50年以上，主要为露地栽培。果实长羊角形，青熟果亮紫色，微辣，有淡淡甜味，品质好，主要用来做鲜食。经浙江省农业科学院蔬菜研究所种植鉴定，该品种青熟果为亮紫色，长羊角形，果色较为亮眼、独特，单果重约26.0g，辣味淡。

【优异特性与利用价值】果实亮紫色，较为独特，且果实微辣，口感好，品质优，深受当地市场欢迎。

【濒危状况及保护措施建议】在衢州市衢江区各乡镇有农户种植，建议扩大种植面积。

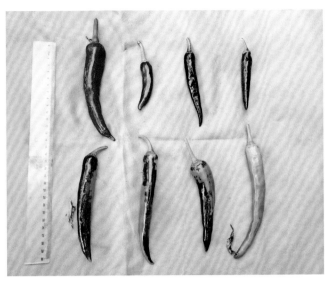 

5 昌化黄朝天椒

2019334499

【学　名】Solanaceae（茄科）*Capsicum*（辣椒属）*Capsicum annuum*（辣椒）。

【采集地】浙江省杭州市临安市。

【主要特征特性】地方品种，在当地种植30年以上，主要为露地栽培。该品种为簇生朝天椒，青熟果亮黄色，果实辣味浓，味道鲜美，外形漂亮。经浙江省农业科学院蔬菜研究所种植鉴定，该品种青熟果亮黄色，果面光泽好，花梗直立，果实为短指形，单果重约10.0g，辣味极浓。

【优异特性与利用价值】果实亮黄色，为簇生朝天椒，果实鲜香，辣味浓，口感好，品质优，鲜食和加工兼用。

【濒危状况及保护措施建议】在杭州市临安市各乡镇有农户种植，建议扩大种植面积。

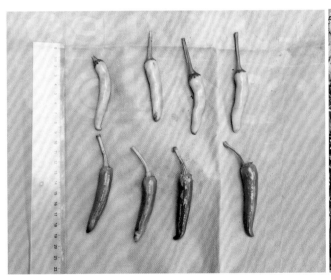 

第四章

浙江省豆类蔬菜种质资源

第一节 豇豆种质资源

1 淳安八月节
2017331097
【学 名】Leguminosae（豆科）Vigna（豇豆属）Vigna unguiculata（豇豆）。
【采集地】浙江省杭州市淳安县。

【主要特征特性】植株蔓生，迟衰。花紫色，每花序花朵数1.0朵，花序柄绿色，长15.7cm；叶片长11.3cm、宽7.2cm，叶绿色，长卵菱形，叶柄长6.7cm；节间长12.2cm，茎绿色；单株分枝数3.0个；初荚节位9.3节，嫩荚绿色，喙黄绿色，硬荚，荚面凸，嫩荚长19.5cm，嫩荚宽0.9cm，嫩荚厚0.8cm，单荚重8.2g，荚面纤维多，背缝线浅绿色，腹缝线浅绿色，单荚粒数14.0粒，单花梗荚数1.0个，单株结荚数21.3个，成熟荚黄白色，圆筒形；种子肾形，种皮橙色，脐环黑色；百粒重14.1g。对日照敏感，生育期96天。中抗锈病和病毒病，感白粉病。
【优异特性与利用价值】一般性种质。
【濒危状况及保护措施建议】少数农户零星种植，收集困难。建议异位妥善保存，扩大种植面积。

2 建德红豇豆
2017332062
【学 名】Leguminosae（豆科）Vigna（豇豆属）Vigna unguiculata（豇豆）。
【采集地】浙江省杭州市建德市。

【主要特征特性】植株蔓生，早衰。花紫色，每花序花朵数2.0朵，花序柄紫色，长14.2cm；叶片长12.2cm、宽6.7cm，叶绿色，长卵菱形，叶柄长7.2cm；节间长10.8cm，茎紫色；单株分枝数2.7个；初荚节位6.3节，嫩荚紫红色，喙黄绿色，软荚，荚面凸，嫩荚长41.3cm，嫩荚宽0.6cm，嫩荚厚0.5cm，单荚重15.5g，荚面纤维少，背缝线紫红色，腹缝线紫红色，单荚粒数16.3粒，单花梗荚数2.7个，单株结荚数29.7个，成熟荚紫红色，长圆条形，种子肾形，种皮红色，脐环黑色；百粒重9.2g。对日照不敏感，生育期83天。中抗锈病，抗病毒病和白粉病。

【优异特性与利用价值】嫩荚紫红色，颜色比较亮、艳，对白粉病抗性强，可作为育种材料。

【濒危状况及保护措施建议】少数农户零星种植，收集困难。建议异位妥善保存，扩大种植面积。

3 宁海八月豇
2017333005

【学　名】Leguminosae（豆科）Vigna（豇豆属）Vigna unguiculata（豇豆）。
【采集地】浙江省宁波市宁海县。

【主要特征特性】植株蔓生，迟衰。花紫色，每花序花朵数2.0朵，花序柄绿色，长8.2cm；叶片长10.8cm、宽8.0cm，叶浅绿色，长卵菱形，叶柄长6.3cm；节间长15.2cm，茎绿色；单株分枝数5.0个；初荚节位4.3节，嫩荚绿色，喙红色，硬荚，荚面凸，嫩荚长21.2cm，嫩荚宽0.7cm，嫩荚厚0.6cm，单荚重9.6g，荚面纤维少，背缝线绿色，腹缝线浅绿色，单荚粒数14.7粒，单花梗荚数1.7个，单株结荚数17.4个，成熟荚黄白色，圆筒形，种子肾形，种皮黑色，脐环黑色；百粒重12.1g。对日照敏感，生育期83天。抗锈病、病毒病和白粉病。

【优异特性与利用价值】对锈病、病毒病和白粉病抗性强，可作为育种材料。

【濒危状况及保护措施建议】少数农户零星种植，收集困难。建议异位妥善保存，扩大种植面积。

4 宁海八月更

【学 名】 Leguminosae（豆科）Vigna（豇豆属）Vigna unguiculata（豇豆）。

2017333077

【采集地】 浙江省宁波市宁海县。

【主要特征特性】 植株蔓生，迟衰。花紫色，每花序花朵数2.3朵，花序柄绿色，长12.0cm；叶片长14.5cm、宽7.3cm，叶深绿色，长卵菱形，叶柄长7.7cm；节间长16.7cm，茎绿色；单株分枝数2.7个；初荚节位5.3节，嫩荚紫红色，喙绿色，软荚，荚面凸，嫩荚长38.7cm，嫩荚宽0.7cm，嫩荚厚0.8cm，单荚重11.0g，荚面纤维极少，背缝线紫红色，腹缝线绿色，单荚粒数9.7粒，单花梗荚数2.3个，单株结荚数30.3个，成熟荚紫红色，长圆条形，种子肾形，种皮红色，脐环黑色；百粒重17.5g。对日照不敏感，生育期83天。抗锈病和病毒病，中抗白粉病。

【优异特性与利用价值】 对锈病和病毒病抗性强，可作为育种材料。

【濒危状况及保护措施建议】 少数农户零星种植，收集困难。建议异位妥善保存，扩大种植面积。

5 奉化摘豇豆-1

【学 名】 Leguminosae（豆科）Vigna（豇豆属）Vigna unguiculata（豇豆）。

2017334040

【采集地】 浙江省宁波市奉化市。

【主要特征特性】 植株蔓生，迟衰。花白色，每花序花朵数2.0朵，花序柄绿色，长2.3cm；叶片长10.7cm、宽7.2cm，叶深绿色，长卵菱形，叶柄长8.5cm；节间长12.0cm，茎绿色；单株分枝数4.0个；初荚节位6.3节，嫩荚深绿色，喙绿色，硬荚，荚面凸，嫩荚长13.5cm，嫩荚宽0.8cm，嫩荚厚0.7cm，单荚重9.0g，荚面纤维多，背缝线绿色，腹缝线绿色，单荚粒数11.3粒，单花梗荚数1.0个，单株结荚数23.5个，成熟荚褐色，圆筒形，种子矩圆形，种皮白色，脐环黑色；百粒重17.1g。对日照敏感，生育期86天。抗锈病和白粉病，中抗病毒病。

【优异特性与利用价值】 对锈病和白粉病抗性强，可作为育种材料。

【濒危状况及保护措施建议】 少数农户零星种植，收集困难。建议异位妥善保存，扩大种植面积。

6 迟羹豆

2017334041

【学　名】Leguminosae（豆科）*Vigna*（豇豆属）*Vigna unguiculata*（豇豆）。

【采集地】浙江省宁波市奉化市。

【主要特征特性】植株蔓生，中衰。花紫色，每花序花朵数1.7朵，花序柄绿色，长28.2cm；叶片长12.2cm、宽8.3cm，叶深绿色，长卵菱形，叶柄长8.7cm；节间长11.5cm，茎紫色；单株分枝数2.7个；初荚节位5.0节，嫩荚浅绿色，喙绿色，软荚，荚面凸，嫩荚长22.0cm，嫩荚宽0.8cm，嫩荚厚0.9cm，单荚重9.6g，荚面纤维多，背缝线浅绿色，腹缝线浅绿色，单荚粒数14.3粒，单花梗荚数1.0个，单株结荚数15.2个，成熟荚黄白色，圆筒形，种子肾形，种皮红色，脐环黑色；百粒重14.0g。对日照敏感，生育期87天。抗锈病和病毒病，中抗白粉病。

【优异特性与利用价值】对锈病和病毒病抗性强，可作为育种材料。

【濒危状况及保护措施建议】少数农户零星种植，收集困难。建议异位妥善保存，扩大种植面积。

7 迟粳豆

2017334055

【学　名】Leguminosae（豆科）*Vigna*（豇豆属）*Vigna unguiculata*（豇豆）。

【采集地】浙江省宁波市奉化市。

【主要特征特性】植株蔓生，早衰。花白色，每花序花朵数3.3朵，花序柄绿色，长16.5cm；叶片长14.5cm、宽7.3cm，叶深绿色，长卵菱形，叶柄长7.0cm；节间长18.0cm，茎绿色；单株分枝数2.0个；初荚节位5.0节，嫩荚浅红色，喙黄绿色，软荚，荚面较平，嫩荚长29.7cm，嫩荚宽0.7cm，嫩荚厚0.7cm，单荚重9.2g，荚面纤维无，背缝线绿色，腹缝线绿色，单荚粒数20.0粒，单花梗荚数2.0个，单株结荚数29.7个，成熟荚褐色，长圆条形，种子肾形，种皮橙色，脐环褐色；百粒重22.1g。对日照敏感，生育期80天。抗锈病和白粉病，感病毒病。

【优异特性与利用价值】对锈病和白粉病抗性强，可作为育种材料。

【濒危状况及保护措施建议】少数农户零星种植，收集困难。建议异位妥善保存，扩大种植面积。

  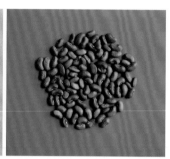

8 红摘豇
2017334065

【学　名】Leguminosae（豆科）Vigna（豇豆属）Vigna unguiculata（豇豆）。
【采集地】浙江省宁波市奉化市。

【主要特征特性】植株蔓生，迟衰。花紫色，每花序花朵数1.3朵，花序柄绿色，长46.0cm；叶片长9.8cm、宽7.8cm，叶绿色，卵圆形，叶柄长10.5cm；节间长12.0cm，茎绿色；单株分枝数6.3个；初荚节位4.0节，嫩荚深绿色，喙黄绿色，硬荚，荚面凸，嫩荚长12.7cm，嫩荚宽0.8cm，嫩荚厚0.7cm，单荚重7.6g，荚面纤维多，背缝线深绿色，腹缝线深绿色，单荚粒数13.3粒，单花梗荚数1.3个，单株结荚数15.7个，成熟荚黄白色，圆筒形，种子球形，种皮红色，脐环红色；百粒重22.5g。对日照敏感，生育期90天。抗锈病和白粉病，中抗病毒病。

【优异特性与利用价值】对锈病和白粉病抗性强，可作为育种材料。

【濒危状况及保护措施建议】少数农户零星种植，收集困难。建议异位妥善保存，扩大种植面积。

9 奉化摘豇豆-2
2017334094

【学　名】Leguminosae（豆科）Vigna（豇豆属）Vigna unguiculata（豇豆）。

【采集地】浙江省宁波市奉化市。

【主要特征特性】植株蔓生，迟衰。花白色，每花序花朵数2.0朵，花序柄绿色，长22.3cm；叶片长10.0cm、宽7.0cm，叶绿色，长卵菱形，叶柄长7.7cm；节间长8.2cm，茎绿色；单株分枝数5.0个；初荚节位3.0节，嫩荚深绿色，喙红色，硬荚，荚面凸，嫩荚长15.8cm，嫩荚宽0.8cm，嫩荚厚0.7cm，单荚重7.8g，荚面纤维多，背缝线深绿色，腹缝线深绿色，单荚粒数15.3粒，单花梗荚数1.7个，单株结荚数11.1个，成熟荚褐色，圆筒形，种子椭圆形，种皮白色，脐环黑色；百粒重15.1g。对日照敏感，生育期87天。抗锈病，中抗病毒病和白粉病。

【优异特性与利用价值】对锈病抗性强，可作为育种材料。

【濒危状况及保护措施建议】少数农户零星种植，收集困难。建议异位妥善保存，扩大种植面积。

10 苍南八月豇-1
2017335037

【学　名】Leguminosae（豆科）Vigna（豇豆属）Vigna unguiculata（豇豆）。

【采集地】浙江省温州市苍南县。

【主要特征特性】植株蔓生，早衰。花紫色，每花序花朵数3.3朵，花序柄绿色，长20.3cm，叶片长14.8cm、宽9.7cm，叶绿色，长卵菱形；叶柄长11.2cm，节间长13.5cm；茎绿色，单株分枝数4.0个；初荚节位5.0节，嫩荚浅红色，喙绿色，软荚，荚面微凸，嫩荚长46.0cm，嫩荚宽0.8cm，嫩荚厚0.9cm，单荚重18.8g，荚面纤维多，背缝线浅绿色，腹缝线浅绿色，单荚粒数21.3粒，单花梗荚数1.7个，单株结荚数18.3个，成熟荚黄白色，圆筒形，种子肾形，种皮红色，脐环黑色；百粒重17.1g。对日照敏感，生育期83天。抗锈病，中抗病毒病，感白粉病。

【优异特性与利用价值】对锈病抗性强，可作为育种材料。

【濒危状况及保护措施建议】少数农户零星种植，收集困难。建议异位妥善保存，扩大种植面积。

11 苍南八月豇-2
2017335076

【学　名】Leguminosae（豆科）*Vigna*（豇豆属）*Vigna unguiculata*（豇豆）。
【采集地】浙江省温州市苍南县。

【主要特征特性】植株蔓生，迟衰。花紫色，每花序花朵数2.3朵，花序柄紫色，长30.0cm；叶片长10.8cm、宽6.2cm，叶深绿色，长卵菱形，叶柄长9.2cm；节间长14.8cm，茎绿色；单株分枝数5.0个；初荚节位3.3节，嫩荚紫红色，喙绿色，软荚，荚面凸，嫩荚长19.3cm，嫩荚宽0.6cm，嫩荚厚0.5cm，单荚重7.6g，荚面纤维少，背缝线绿色，腹缝线绿色，单荚粒数13.3粒，单花梗荚数1.0个，单株结荚数17.8个，成熟荚褐色，圆筒形，种子肾形，种皮红色，脐环黑色；百粒重11.3g。对日照敏感，生育期85天。中抗锈病和白粉病，感病毒病。

【优异特性与利用价值】一般性种质。

【濒危状况及保护措施建议】少数农户零星种植，收集困难。建议异位妥善保存，扩大种植面积。

12 武义八月豇豆
2018331017

【学　名】Leguminosae（豆科）*Vigna*（豇豆属）*Vigna unguiculata*（豇豆）。
【采集地】浙江省金华市武义县。

【主要特征特性】植株蔓生，中衰。花紫色，每花序花朵数2.0朵，花序柄紫色，长9.7cm；叶片长9.7cm、宽6.0cm，叶绿色，长卵菱形，叶柄长8.2cm；节间长13.3cm，茎紫红色；单株分枝数4.3个；初荚节位3.3节，嫩荚紫红色，喙黄绿色，软荚，荚面

凸，嫩荚长 21.7cm，嫩荚宽 0.7cm，嫩荚厚 0.7cm，单荚重 8.2g，荚面纤维多，背缝线
紫红色，腹缝线绿色，单荚粒数 16.0 粒，单花梗荚数 1.7 个，单株结荚数 17.5 个，成熟
荚紫红色，圆筒形，种子椭圆形，种皮橙底褐花，脐环红色；百粒重 16.5g。对日照敏
感，生育期 84 天。抗锈病，中抗病毒病，感白粉病。

【优异特性与利用价值】对锈病抗性强，可作为育种材料。

【濒危状况及保护措施建议】少数农户零星种植，收集困难。建议异位妥善保存，扩大
种植面积。

13 万豇
2018331030
【学　名】Leguminosae（豆科）*Vigna*（豇豆属）*Vigna unguiculata*（豇豆）。
【采集地】浙江省金华市武义县。

【主要特征特性】植株蔓生，中衰。花紫色，每花序花朵数 2.3 朵，花序柄绿色，长
11.7cm，叶片长 11.3cm、宽 7.2cm，叶绿色，卵菱形，叶柄长 8.7cm；节间长 10.3cm，
茎绿色；单株分枝数 5.0 个；初荚节位 3.3 节，嫩荚深绿色，喙绿色，硬荚，荚面微凸，
嫩荚长 13.3cm，嫩荚宽 0.8cm，嫩荚厚 0.7cm，单荚重 7.4g，荚面纤维多，背缝线深绿
色，腹缝线深绿色，单荚粒数 10.3 粒，单花梗荚数 1.7 个，单株结荚数 15.5 个，成熟荚
黄白色，圆筒形，种子近三角形，种皮橙色，脐环褐色；百粒重 27.5g。对日照敏感，
生育期 92 天。抗锈病和白粉病，中抗病毒病。

【优异特性与利用价值】对锈病和白粉病抗性强，可作为育种材料。

【濒危状况及保护措施建议】少数农户零星种植，收集困难。建议异位妥善保存，扩大
种植面积。

14 武义豇豆
2018331054

【学 名】Leguminosae（豆科）Vigna（豇豆属）Vigna unguiculata（豇豆）。
【采集地】浙江省金华市武义县。

【主要特征特性】植株蔓生，早衰。花紫色，每花序花朵数3.7朵，花序柄绿色，长19.5cm；叶片长12.2cm、宽7.5cm，叶深绿色，长卵菱形，叶柄长6.8cm；节间长13.2cm，茎绿色；单株分枝数2.0个；初荚节位2.3节，嫩荚白绿色，喙绿色，软荚，荚面微凸，嫩荚长63.8cm，嫩荚宽0.8cm，嫩荚厚0.8cm，单荚重31.4g，荚面纤维中等，背缝线绿色，腹缝线浅绿色，单荚粒数20.7粒，单花梗荚数2.7个，单株结荚数19.8个，成熟荚黄白色，长圆条形，种子肾形，种皮红色，脐环黑色；百粒重15.5g。对日照不敏感，生育期79天。中抗锈病和病毒病，感白粉病。

【优异特性与利用价值】嫩荚长63.8cm，可作为育种亲本。

【濒危状况及保护措施建议】少数农户零星种植，收集困难。建议异位妥善保存，扩大种植面积。

15 寒露豇
2018331089

【学 名】Leguminosae（豆科）Vigna（豇豆属）Vigna unguiculata（豇豆）。
【采集地】浙江省金华市武义县。

【主要特征特性】植株蔓生，中衰。花紫色，每花序花朵数3.7朵，花序柄紫色，长25.3cm；叶片长11.2cm、宽8.3cm，叶深绿色，长卵菱形，叶柄长9.8cm；节间长8.7cm，茎绿色；单株分枝数4.3个；初荚节位4.0节，嫩荚深红色，喙绿色，软荚，荚面凸，嫩荚长25.8cm，嫩荚宽0.9cm，嫩荚厚0.8cm，单荚重13.2g，荚面纤维多，背缝线深红色，腹缝线深红色，单荚粒数15.3粒，单花梗荚数1.7个，单株结荚数21.0个，成熟荚紫红色，圆筒形，种子肾形，种皮红色，脐环黑色；百粒重15.5g。对日照敏感，生育期103天。抗锈病，中抗病毒病，感白粉病。

【优异特性与利用价值】对锈病抗性强，可作为育种材料。

【濒危状况及保护措施建议】少数农户零星种植，收集困难。建议异位妥善保存，扩大种植面积。

16 武义白豇豆-1
2018331090

【学 名】Leguminosae（豆科）*Vigna*（豇豆属）*Vigna unguiculata*（豇豆）。
【采集地】浙江省金华市武义县。

【主要特征特性】植株蔓生，迟衰。花紫色，每花序花朵数2.3朵，花序柄绿色，长17.0cm；叶片长10.3cm、宽6.8cm，叶绿色，长卵菱形，叶柄长7.3cm；节间长9.5cm，茎绿色；单株分枝数5.0个；初荚节位3.7节，嫩荚深绿色，喙深绿色，硬荚，荚面凸，嫩荚长15.3cm，嫩荚宽1.1cm，嫩荚厚1.0cm，单荚重9.0g，荚面纤维极多，背缝线深绿色，腹缝线深绿色，单荚粒数15.7粒，单花梗荚数1.7个，单株结荚数7.8个，成熟荚黄橙色，圆筒形，种子近三角形，种皮橙色，脐环褐色；百粒重29.3g。对日照敏感，生育期90天。抗锈病，中抗病毒病和白粉病。

【优异特性与利用价值】对锈病抗性强，可作为育种材料。

【濒危状况及保护措施建议】少数农户零星种植，收集困难。建议异位妥善保存，扩大种植面积。

17 武义红豇豆
2018331091

【学 名】Leguminosae（豆科）*Vigna*（豇豆属）*Vigna unguiculata*（豇豆）。
【采集地】浙江省金华市武义县。

【主要特征特性】植株蔓生，迟衰。花紫色，每花序花朵数2.0朵，花序柄绿色，长15.0cm；叶片长13.7cm、宽8.7cm，叶深绿色，长卵菱形，叶柄长10.3cm；节间长10.5cm，茎绿色；单株分枝数4.7个；初荚节位4.0节，嫩荚绿色，喙绿色，硬荚，荚面凸，嫩荚长19.7cm，嫩荚宽1.0cm，嫩荚厚0.8cm，单荚重9.0g，荚面纤维多，背缝线绿色，腹缝线绿色，单荚粒数14.0粒，单花梗荚数2.0个，单株结荚数9.5个，成熟荚黄橙色，圆筒形，种子矩圆形，种皮紫红色，脐环黑色；百粒重23.1g。对日照敏感，生育期87天。抗锈病和病毒病，感白粉病。

【优异特性与利用价值】对锈病和病毒病抗性强，可作为育种材料。

【濒危状况及保护措施建议】少数农户零星种植，收集困难。建议异位妥善保存，扩大种植面积。

18 武义黑豇豆

2018331100

【学　名】Leguminosae（豆科）Vigna（豇豆属）Vigna unguiculata（豇豆）。

【采集地】浙江省金华市武义县。

【主要特征特性】植株蔓生，早衰。花紫色，每花序花朵数4.0朵，花序柄绿色，长11.0cm；叶片长13.5cm、宽9.0cm，叶深绿色，长卵菱形，叶柄长8.2cm；节间长14.0cm，茎绿色；单株分枝数2.0个；初荚节位3.0节，嫩荚浅绿色，喙红色，软荚，荚面较平，嫩荚长58.3cm，嫩荚宽0.9cm，嫩荚厚0.8cm，单荚重23.0g，荚面纤维无，背缝线浅绿色，腹缝线浅绿色，单荚粒数17.7粒，单花梗荚数2.7个，单株结荚数20.0个，成熟荚黄白色，长圆条形，种子肾形，种皮黑色，脐环黑色；百粒重19.5g。对日照不敏感，生育期79天。抗锈病、病毒病和白粉病。

【优异特性与利用价值】嫩荚长58.3cm，对锈病和病毒病抗性强，可作为育种亲本。

【濒危状况及保护措施建议】少数农户零星种植，收集困难。建议异位妥善保存，扩大种植面积。

19 武义八月豇

2018331102

【学　名】Leguminosae（豆科）Vigna（豇豆属）Vigna unguiculata（豇豆）。

【采集地】浙江省金华市武义县。

【主要特征特性】植株蔓生，迟衰。花紫色，每花序花朵数2.3朵，花序柄绿色，长15.5cm；叶片长15.5cm、宽10.5cm，叶深绿色，长卵菱形，叶柄长10.3cm；节间长12.3cm，茎绿色；单株分枝数5.7个；初荚节位2.3节，嫩荚浅红色，喙红色，软荚，荚面凸，嫩荚长31.0cm，嫩荚宽0.8cm，嫩荚厚0.9cm，单荚重14.0g，荚面纤维无，背缝线浅红色，腹缝线绿色，单荚粒数15.7粒，单花梗荚数2.7个，单株结荚数13.3个，成熟荚浅红色，圆筒形，种子肾形，种皮黑色，脐环黑色；百粒重18.0g。对日照敏感，生育期84天。中抗锈病，抗病毒病，感白粉病。

【优异特性与利用价值】一般性种质。

【濒危状况及保护措施建议】少数农户零星种植，收集困难。建议异位妥善保存，扩大种植面积。

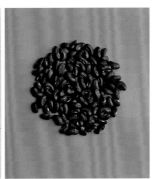

20 武义白豇豆-2

2018331108

【学　名】Leguminosae（豆科）Vigna（豇豆属）Vigna unguiculata（豇豆）。

【采集地】浙江省金华市武义县。

【主要特征特性】植株蔓生，早衰。花紫色，每花序花朵数3.3朵，花序柄绿色，长12.7cm；叶片长12.8cm、宽7.8cm，叶绿色，披针形，叶柄长9.0cm；节间长10.2cm，茎紫色；单株分枝数3.7个；初荚节位3.7节，嫩荚红斑纹色，喙黄绿色，软荚，荚面凸，嫩荚长38.7cm，嫩荚宽0.8cm，嫩荚厚0.8cm，单荚重12.4g，荚面纤维无，背缝线深红色，腹缝线绿色，单荚粒数18.0粒，单花梗荚数2.0个，单株结荚数10.8个，成熟荚浅红色，圆筒形，种子肾形，种皮红色，脐环黑色；百粒重13.2g。对日照不敏感，生育期87天。抗锈病、病毒病和白粉病。

【优异特性与利用价值】对锈病和病毒病抗性强，可作为育种材料。

【濒危状况及保护措施建议】少数农户零星种植，收集困难。建议异位妥善保存，扩大种植面积。

21 武义红八月豇
2018331111

【学　名】Leguminosae（豆科）Vigna（豇豆属）Vigna unguiculata（豇豆）。
【采集地】浙江省金华市武义县。

【主要特征特性】植株蔓生，中衰。花紫色，每花序花朵数4.0朵，花序柄紫色，长18.7cm；叶片长10.7cm、宽6.7cm，叶绿色，长卵菱形，叶柄长8.2cm；节间长10.8cm，茎绿色；单株分枝数5.7个；初荚节位3.7节，嫩荚深红色，喙黄绿色，软荚，荚面凸，嫩荚长17.0cm，嫩荚宽0.8cm，嫩荚厚0.7cm，单荚重11.0g，荚面纤维少，背缝线深红色，腹缝线绿色，单荚粒数12.0粒，单花梗荚数2.3个，单株结荚数10.8个，成熟荚紫红色，圆筒形，种子肾形，种皮橙底褐花，脐环褐色；百粒重15.2g。对日照敏感，生育期85天。抗锈病，中抗病毒病，感白粉病。

【优异特性与利用价值】对锈病抗性强，可作为育种材料。

【濒危状况及保护措施建议】少数农户零星种植，收集困难。建议异位妥善保存，扩大种植面积。

22 景宁八月豇-1
2018332091

【学　名】Leguminosae（豆科）Vigna（豇豆属）Vigna unguiculata（豇豆）。
【采集地】浙江省丽水市景宁畲族自治县。

【主要特征特性】植株蔓生，迟衰。花紫色，每花序花朵数2.0朵，花序柄绿色，长14.7cm；叶片长11.7cm、宽7.2cm，叶深绿色，卵圆形，叶柄长6.8cm；节间长12.0cm，茎绿色；单株分枝数5.0个；初荚节位3.3节，嫩荚深绿色，喙红色，软荚，荚面凸，嫩荚长 19.2cm，嫩荚宽 0.6cm，嫩荚厚 0.5cm，单荚重 7.2g，荚面纤维多，背缝线深绿色，腹缝线深绿色，单荚粒数 12.0 粒，单花梗荚数 1.7 个，单株结荚数 11.2个，成熟荚黄橙色，圆筒形，种子肾形，种皮红色，脐环黑色；百粒重 14.5g。对日照敏感，生育期 87 天。抗锈病，感病毒病和白粉病。

【优异特性与利用价值】对锈病抗性强，可作为育种材料。

【濒危状况及保护措施建议】少数农户零星种植，收集困难。建议异位妥善保存，扩大种植面积。

23 景宁豇豆 -1

2018332108

【学　名】Leguminosae（豆科）Vigna（豇豆属）Vigna unguiculata（豇豆）。
【采集地】浙江省丽水市景宁畲族自治县。

【主要特征特性】植株蔓生，中衰。花紫色，每花序花朵数 2.0 朵，花序柄绿色，长7.5cm；叶片长 14.2cm、宽 10.8cm，叶绿色，卵圆形，叶柄长 12.3cm；节间长 11.2cm，茎绿色；单株分枝数 3.3 个；初荚节位 6.0 节，嫩荚红斑纹色，喙绿色，软荚，荚面凸，嫩荚长 31.2cm，嫩荚宽 0.7cm，嫩荚厚 0.7cm，单荚重 17.0g，荚面纤维少，背缝线红色，腹缝线绿色，单荚粒数 14.7 粒，单花梗荚数 1.7 个，单株结荚数 10.8 个，成熟荚浅红色，长圆条形，种子肾形，种皮红色，脐环黑色；百粒重 17.1g。对日照敏感，生育期 88 天。中抗锈病和病毒病，感白粉病。

【优异特性与利用价值】一般性种质。

【濒危状况及保护措施建议】少数农户零星种植，收集困难。建议异位妥善保存，扩大种植面积。

24 景宁长豇豆
2018332110

【学 名】Leguminosae（豆科）Vigna（豇豆属）Vigna unguiculata（豇豆）。
【采集地】浙江省丽水市景宁畲族自治县。

【主要特征特性】植株蔓生，中衰。花紫色，每花序花朵数2.0朵，花序柄绿色，长14.3cm；叶片长11.7cm、宽8.0cm，叶浅绿色，卵圆形，叶柄长7.7cm；节间长12.5cm，茎绿色；单株分枝数3.3个；初荚节位7.0节，嫩荚白绿色，喙黄绿色，软荚，荚面凸，嫩荚长23.5cm，嫩荚宽0.6cm，嫩荚厚0.6cm，单荚重14.2g，荚面纤维中等，背缝线浅绿色，腹缝线浅绿色，单荚粒数11.3粒，单花梗荚数2.0个，单株结荚数14.7个，成熟荚黄白色，长圆条形，种子肾形，种皮黑色，脐环黑色；百粒重16.2g。对日照敏感，生育期87天。抗锈病，中抗病毒病，感白粉病。

【优异特性与利用价值】对锈病抗性强，可作为育种材料。

【濒危状况及保护措施建议】少数农户零星种植，收集困难。建议异位妥善保存，扩大种植面积。

25 景宁八月豇-2
2018332116

【学 名】Leguminosae（豆科）Vigna（豇豆属）Vigna unguiculata（豇豆）。
【采集地】浙江省丽水市景宁畲族自治县。

【主要特征特性】植株蔓生，迟衰。花紫色，每花序花朵数2.3朵，花序柄绿色，长22.0cm；叶片长11.0cm、宽7.5cm，叶深绿色，长卵菱形，叶柄长8.3cm；节间长10.7cm，茎绿紫色；单株分枝数4.0个；初荚节位5.7节，嫩荚浅红色，喙黄绿色，软荚，荚面凸，嫩荚长23.5cm，嫩荚宽0.9cm，嫩荚厚0.8cm，单荚重12.8g，荚面纤维少，背缝线浅红色，腹缝线浅红色，单荚粒数11.0粒，单花梗荚数1.3个，单株结荚数28.0个，成熟荚浅红色，圆筒形，种子肾形，种皮红色，脐环黑色；百粒重15.5g。对日照敏感，生育期84天。抗锈病，中抗病毒病和白粉病。

【优异特性与利用价值】对锈病抗性强，可作为育种材料。

【濒危状况及保护措施建议】少数农户零星种植，收集困难。建议异位妥善保存，扩大种植面积。

26 景宁豇豆-2

2018332177

【学 名】Leguminosae（豆科）*Vigna*（豇豆属）*Vigna unguiculata*（豇豆）。
【采集地】浙江省丽水市景宁畲族自治县。

【主要特征特性】植株蔓生，迟衰。花紫色，每花序花朵数2.0朵，花序柄绿色，长17.3cm；叶片长11.8cm、宽8.8cm，叶深绿色，长卵菱形，叶柄长8.0cm；节间长5.5cm，茎紫色；单株分枝数2.3个；初荚节位4.3节，嫩荚紫红色，喙黄绿色，软荚，荚面凸，嫩荚长25.0cm，嫩荚宽1.0cm，嫩荚厚0.8cm，单荚重10.8g，荚面纤维多，背缝线紫红色，腹缝线白绿色，单荚粒数17.0粒，单花梗荚数2.0个，单株结荚数23.0个，成熟荚紫红色，圆筒形，种子椭圆形，种皮红色，脐环黑色；百粒重15.5g。对日照敏感，生育期89天。抗锈病、病毒病和白粉病。

【优异特性与利用价值】对锈病和病毒病抗性强，可作为育种材料。

【濒危状况及保护措施建议】少数农户零星种植，收集困难。建议异位妥善保存，扩大种植面积。

27 庆元八月豇-1

2018332201

【学 名】Leguminosae（豆科）*Vigna*（豇豆属）*Vigna unguiculata*（豇豆）。
【采集地】浙江省丽水市庆元县。

【主要特征特性】植株蔓生，迟衰。花紫色，每花序花朵数2.0朵，花序柄紫色，长28.0cm；叶片长11.3cm、宽7.2cm，叶深绿色，卵菱形，叶柄长5.3cm；节间长14.3cm，茎紫色；单株分枝数2.7个；初荚节位5.7节，嫩荚紫红色，喙绿色，软荚，荚面凸，嫩荚长22.2cm，嫩荚宽0.6cm，嫩荚厚0.7cm，单荚重14.6g，荚面纤维少，背缝线深紫色，腹缝线绿色，单荚粒数13.0粒，单花梗荚数1.0个，单株结荚数19.3个，成熟荚紫红色，圆筒形，种子肾形，种皮橙色，脐环褐色；百粒重14.5g。对日照敏感，生育期85天。抗锈病、病毒病和白粉病。

【优异特性与利用价值】对锈病、病毒病和白粉病抗性强，可作为育种材料。

【濒危状况及保护措施建议】少数农户零星种植，收集困难。建议异位妥善保存，扩大种植面积。

28 庆元八月豇-2
2018332214

【学　名】Leguminosae（豆科）Vigna（豇豆属）Vigna unguiculata（豇豆）。
【采集地】浙江省丽水市庆元县。

【主要特征特性】植株蔓生，早衰。花紫色，每花序花朵数2.0朵，花序柄绿色，长12.0cm；叶片长15.0cm、宽8.3cm，叶深绿色，长卵菱形，叶柄长7.3cm；节间长19.3cm，茎绿色；单株分枝数2.3个；初荚节位4.0节，嫩荚紫斑纹色，喙黄绿色，软荚，荚面凸，嫩荚长25.3cm，嫩荚宽0.7cm，嫩荚厚0.7cm，单荚重11.2g，荚面纤维多，背缝线绿色，腹缝线绿色，单荚粒数14.7粒，单花梗荚数2.3个，单株结荚数12.3个，成熟荚黄色，长圆条形，种子肾形，种皮红色，脐环黑色；百粒重15.5g。对日照敏感，生育期81天。中抗锈病和病毒病，感白粉病。

【优异特性与利用价值】嫩荚紫斑纹色，可作为特色种质材料。

【濒危状况及保护措施建议】少数农户零星种植，收集困难。建议异位妥善保存，扩大种植面积。

29 庆元长豇豆

2018332241

【学　名】Leguminosae（豆科）*Vigna*（豇豆属）*Vigna unguiculata*（豇豆）。

【采集地】浙江省丽水市庆元县。

【主要特征特性】植株蔓生，早衰。花紫色，每花序花朵数3.3朵，花序柄绿色，长9.7cm；叶片长15.0cm、宽8.8cm，叶深绿色，长卵菱形，叶柄长7.5cm；节间长20.3cm，茎绿色；单株分枝数2.3个；初荚节位3.0节，嫩荚绿色，喙绿色，软荚，荚面微凸，嫩荚长58.2cm，嫩荚宽0.9cm，嫩荚厚0.9cm，单荚重19.5g，荚面纤维无，背缝线绿色，腹缝线绿色，单荚粒数17.0粒，单花梗荚数2.3个，单株结荚数31.0个，成熟荚黄橙色，长圆条形，种子肾形，种皮黑色，脐环黑色；百粒重13.3g。对日照不敏感，生育期98天。抗锈病、病毒病和白粉病。

【优异特性与利用价值】嫩荚绿色，长58.2cm，单株结荚数多，对锈病、病毒病和白粉病抗性强，可作为育种亲本。

【濒危状况及保护措施建议】少数农户零星种植，收集困难。建议异位妥善保存，扩大种植面积。

30 开化八月豇

2018332406

【学　名】Leguminosae（豆科）*Vigna*（豇豆属）*Vigna unguiculata*（豇豆）。

【采集地】浙江省衢州市开化县。

【主要特征特性】植株蔓生，中衰。花白色，每花序花朵数4.0朵，花序柄绿色，长16.2cm；叶片长15.3cm、宽7.7cm，叶深绿色，卵菱形，叶柄长8.0cm；节间长15.8cm，茎绿色；单株分枝数2.0个；初荚节位4.0节，嫩荚浅红色，喙黄绿色，软荚，荚面凸，嫩荚长36.2cm，嫩荚宽0.7cm，嫩荚厚0.8cm，单荚重17.4g，荚面纤维多，背缝线绿色，腹缝线绿色，单荚粒数19.7粒，单花梗荚数1.7个，单株结荚数16.3个，成熟荚褐色，长圆条形，种子肾形，种皮橙色，脐环褐色；百粒重22.1g。对日照敏感，生育期81天。抗锈病和病毒病，感白粉病。

【优异特性与利用价值】对锈病和病毒病抗性强，可作为育种材料。

【濒危状况及保护措施建议】少数农户零星种植，收集困难。建议异位妥善保存，扩大种植面积。

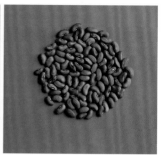

31 开化豇豆-1
2018332420

【学　名】Leguminosae（豆科）*Vigna*（豇豆属）*Vigna unguiculata*（豇豆）。
【采集地】浙江省衢州市开化县。

【主要特征特性】植株蔓生，早衰。花紫色，每花序花朵数2.0朵，花序柄紫色，长21.7cm；叶片长15.8cm、宽8.8cm，叶深绿色，卵菱形，叶柄长12.7cm；节间长14.8cm，茎绿色；单株分枝数2.0个；初荚节位3.3节，嫩荚红斑纹色，喙绿色，软荚，荚面凸，嫩荚长35.5cm，嫩荚宽0.6cm，嫩荚厚0.6cm，单荚重11.4g，荚面纤维极多，背缝线紫红色，腹缝线浅绿色，单荚粒数15.0粒，单花梗荚数2.3个，单株结荚数38.0个，成熟荚褐色，长圆条形，种子肾形，种皮红色，脐环黑色；百粒重13.2g。对日照不敏感，生育期82天。抗锈病，中抗病毒病，感白粉病。

【优异特性与利用价值】对锈病抗性强，可作为育种材料。

【濒危状况及保护措施建议】少数农户零星种植，收集困难。建议异位妥善保存，扩大种植面积。

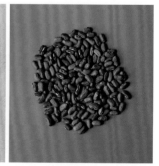

32 开化豇豆-2
2018332458

【学　名】Leguminosae（豆科）*Vigna*（豇豆属）*Vigna unguiculata*（豇豆）。
【采集地】浙江省衢州市开化县。

【主要特征特性】植株蔓生，迟衰。花紫色，每花序花朵数2.0朵，花序柄绿色，长15.0cm；叶片长13.3cm、宽9.2cm，叶浅绿色，卵菱形，叶柄长10.3cm；节间长17.8cm，茎绿色；单株分枝数2.0个；初荚节位3.0节，嫩荚深绿色，喙绿色，软荚，荚面微凸，嫩荚长 32.2m，嫩荚宽 0.6cm，嫩荚厚 0.5cm，单荚重 15.6g，荚面纤维无，背缝线绿色，腹缝线绿色，单荚粒数 17.0 粒，单花梗荚数 2.0 个，单株结荚数 23.5 个，成熟荚黄橙色，长圆条形，种子肾形，种皮红色，脐环黑色；百粒重 12.3g。对日照不敏感，生育期 85 天。抗锈病，感病毒病，中抗白粉病。

【优异特性与利用价值】对锈病抗性强，可作为育种材料。

【濒危状况及保护措施建议】少数农户零星种植，收集困难。建议异位妥善保存，扩大种植面积。

33 磐安豇豆
2018333405

【学　名】Leguminosae（豆科）Vigna（豇豆属）Vigna unguiculata（豇豆）。
【采集地】浙江省金华市磐安县。

【主要特征特性】植株蔓生，迟衰。花紫色，每花序花朵数 2.0 朵，花序柄绿色，长 35.3cm；叶片长 13.2cm、宽 8.0cm，叶绿色，卵菱形，叶柄长 15.3cm；节间长 11.5cm，茎绿色；单株分枝数 4.7 个；初荚节位 3.7 节，嫩荚深绿色，喙绿色，硬荚，荚面凸，嫩荚长 16.0cm，嫩荚宽 0.8cm，嫩荚厚 0.7cm，单荚重 7.4g，荚面纤维少，背缝线绿色，腹缝线绿色，单荚粒数 14.3 粒，单花梗荚数 2.0 个，单株结荚数 24.0 个，成熟荚黄白色，圆筒形，种子球形，种皮红色，脐环红色；百粒重 19.5g。对日照敏感，生育期 87 天。抗锈病和白粉病，感病毒病。

【优异特性与利用价值】对锈病和白粉病抗性强，可作为育种材料。

【濒危状况及保护措施建议】少数农户零星种植，收集困难。建议异位妥善保存，扩大种植面积。

  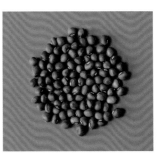

34 八月豇（黑）
2018333413
【学　名】Leguminosae（豆科）*Vigna*（豇豆属）*Vigna unguiculata*（豇豆）。
【采集地】浙江省衢州市开化县。

【主要特征特性】植株蔓生，迟衰。花白色，每花序花朵数3.0朵，花序柄绿色，长11.2cm；叶片长12.8cm、宽8.3cm，叶绿色，卵菱形，叶柄长8.5cm；节间长19.5cm，茎绿色；单株分枝数3.3个；初荚节位5.0节，嫩荚紫红色，喙绿色，软荚，荚面凸，嫩荚长24.8cm，嫩荚宽0.9cm，嫩荚厚0.8cm，单荚重17.8g，荚面纤维少，背缝线紫红色，腹缝线紫红色，单荚粒数15.0粒，单花梗荚数1.0个，单株结荚数11.2个，成熟荚紫红色，长圆条形，种子肾形，种皮紫红色，脐环黑色；百粒重14.5g。对日照敏感，生育期85天。抗锈病，感病毒病和白粉病。

【优异特性与利用价值】对锈病抗性强，可作为育种材料。

【濒危状况及保护措施建议】少数农户零星种植，收集困难。建议异位妥善保存，扩大种植面积。

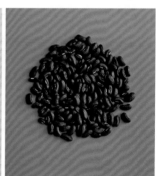

35 八月豇（红）
2018333414
【学　名】Leguminosae（豆科）*Vigna*（豇豆属）*Vigna unguiculata*（豇豆）。
【采集地】浙江省衢州市开化县。

【主要特征特性】植株蔓生，迟衰。花紫色，每花序花朵数1.7朵，花序柄紫色，长7.7cm；叶片长10.7cm、宽6.8cm，叶深绿色，卵菱形，叶柄长10.0m；节间长11.7cm，茎绿色；单株分枝数4.7个；初荚节位3.7节，嫩荚紫红色，喙绿色，硬荚，荚面凸，嫩荚长21.7cm，嫩荚宽0.6cm，嫩荚厚0.6cm，单荚重8.0g，荚面纤维多，背缝线紫红色，腹缝线绿色，单荚粒数14.3粒，单花梗荚数1.0个，单株结荚数26.8个，成熟荚褐色，圆筒形，种子椭圆形，种皮橙底褐花，脐环黑色；百粒重16.2g。对日照敏感，生育期83天。抗锈病，感病毒病和白粉病。

【优异特性与利用价值】对锈病抗性强，可作为育种材料。

【濒危状况及保护措施建议】少数农户零星种植，收集困难。建议异位妥善保存，扩大种植面积。

36 奉化红豇豆

2018334118

【学 名】Leguminosae（豆科）Vigna（豇豆属）Vigna unguiculata（豇豆）。
【采集地】浙江省宁波市奉化市。

【主要特征特性】植株蔓生，早衰。花紫色，每花序花朵数2.3朵，花序柄绿色，长23.0cm；叶片长15.0cm、宽9.8cm，叶绿色，长卵菱形，叶柄长8.8cm；节间长11.5cm，茎紫色；单株分枝数4.0个；初荚节位4.0节，嫩荚红斑纹色，喙黄绿色，软荚，荚面凸，嫩荚长39.7cm，嫩荚宽0.9cm，嫩荚厚0.7cm，单荚重10.8g，荚面纤维极少，背缝线深红色，腹缝线红色，单荚粒数19.0粒，单花梗荚数1.3个，单株结荚数28.5个，成熟荚紫红色，长圆条形，种子肾形，种皮红色，脐环黑色；百粒重13.3g。对日照不敏感，生育期83天。抗锈病和病毒病，中抗白粉病。

【优异特性与利用价值】嫩荚红斑纹色，对锈病和病毒病抗性强，可作为特色种质。

【濒危状况及保护措施建议】少数农户零星种植，收集困难。建议异位妥善保存，扩大种植面积。

37 八月更（白皮）

2018334318

【学 名】Leguminosae（豆科）Vigna（豇豆属）Vigna unguiculata（豇豆）。
【采集地】浙江省台州市仙居县。

【主要特征特性】植株蔓生，早衰。花紫色，每花序花朵数2.7朵，花序柄绿色，长20.7cm；叶片长14.7cm、宽11.5cm，叶深绿色，卵菱形，叶柄长11.5cm；节间长11.2cm，茎紫色；单株分枝数4.0个；初荚节位6.3节，嫩荚白绿色，喙黄绿色，软荚，荚面凸，嫩荚长25.0cm，嫩荚宽0.9cm，嫩荚厚0.9cm，单荚重10.8g，荚面纤维少，背缝线浅绿色，腹缝线浅绿色，单荚粒数14.3粒，单花梗荚数1.7个，单株结荚数15.3个，成熟荚浅红色，圆筒形，种子肾形，种皮黑色，脐环黑色；百粒重15.5g。对日照敏感，生育期84天。抗锈病，中抗病毒病和白粉病。

【优异特性与利用价值】对锈病抗性强，可作为育种材料。

【濒危状况及保护措施建议】少数农户零星种植，收集困难。建议异位妥善保存，扩大种植面积。

38 八月更（花皮）

2018334319

【学　名】Leguminosae（豆科）Vigna（豇豆属）Vigna unguiculata（豇豆）。

【采集地】浙江省台州市仙居县。

【主要特征特性】植株蔓生，迟衰。花紫色，每花序花朵数2.0朵，花序柄绿色，长26.3cm；叶片长14.0cm、宽9.8cm，叶绿色，卵圆形，叶柄长10.5cm；节间长10.3cm，茎绿色；单株分枝数4.3个；初荚节位3.7节，嫩荚紫红色，喙黄绿色，软荚，荚面微凸，嫩荚长31.3cm，嫩荚宽0.9cm，嫩荚厚0.9cm，单荚重12.8g，荚面纤维极少，背缝线紫红色，腹缝线紫红色，单荚粒数18.3粒，单花梗荚数2.0个，单株结荚数12.0个，成熟荚浅红色，长圆条形，种子肾形，种皮红色，脐环黑色；百粒重11.5g。对日照敏感，生育期90天。抗锈病，中抗病毒病，感白粉病。

【优异特性与利用价值】对锈病抗性强，可作为育种材料。

【濒危状况及保护措施建议】少数农户零星种植，收集困难。建议异位妥善保存，扩大种植面积。

39 八月更（红皮）
2018334320

【学　名】Leguminosae（豆科）Vigna（豇豆属）Vigna unguiculata（豇豆）。
【采集地】浙江省台州市仙居县。

【主要特征特性】植株蔓生，早衰。花紫色，每花序花朵数2.3朵，花序柄绿色，长35.7cm；叶片长14.3cm、宽10.5cm，叶深绿色，卵菱形，叶柄长9.0cm；节间长13.8cm，茎绿色；单株分枝数4.3个；初荚节位5.0节，嫩荚斑纹色，喙黄绿色，软荚，荚面凸，嫩荚长31.3cm，嫩荚宽1.0cm，嫩荚厚0.8cm，单荚重16.4g，荚面纤维多，背缝线绿色，腹缝线绿色，单荚粒数18.3粒，单花梗荚数2.7个，单株结荚数20.0个，成熟荚紫红色，圆筒形，种子肾形，种皮红色，脐环黑色；百粒重15.5g。对日照敏感，生育期86天。抗锈病、病毒病和白粉病。

【优异特性与利用价值】对锈病、病毒病和白粉病抗性强，可作为育种材料。

【濒危状况及保护措施建议】少数农户零星种植，收集困难。建议异位妥善保存，扩大种植面积。

  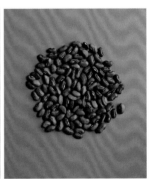

40 泥鳅豇
2018334424

【学　名】Leguminosae（豆科）Vigna（豇豆属）Vigna unguiculata（豇豆）。
【采集地】浙江省杭州市临安市。

【主要特征特性】植株蔓生，迟衰。花紫色，每花序花朵数3.0朵，花序柄绿色，长22.8cm；叶片长12.2cm、宽8.5cm，叶深绿色，卵菱形，叶柄长8.8cm；节间长13.3cm，茎绿色；单株分枝数2.3个；初荚节位7.7节，嫩荚紫红色，喙绿色，软荚，荚面凸，嫩荚长16.8cm，嫩荚宽0.5cm，嫩荚厚0.5cm，单荚重8.6g，荚面纤维少，背缝线紫红色，腹缝线紫红色，单荚粒数15.0粒，单花梗荚数1.3个，单株结荚数42.5个，成熟荚紫红色，圆筒形，种子椭圆形，种皮红色，脐环黑色；百粒重15.5g。对日照敏感，生育期87天。中抗锈病和病毒病，感白粉病。

【优异特性与利用价值】一般性种质。

【濒危状况及保护措施建议】少数农户零星种植，收集困难。建议异位妥善保存，扩大种植面积。

41 临安长豇豆
2018334468

【学　名】Leguminosae（豆科）*Vigna*（豇豆属）*Vigna unguiculata*（豇豆）。

【采集地】浙江省杭州市临安市。

【主要特征特性】植株蔓生，早衰。花紫色，每花序花朵数3.0朵，花序柄绿色，长14.5cm；叶片长13.3cm、宽9.2cm，叶绿色，卵菱形，叶柄长9.3cm；节间长16.3cm，茎绿色；单株分枝数3.3个；初荚节位3.3节，嫩荚浅绿色，喙红色，软荚，荚面凸，嫩荚长51.8cm，嫩荚宽0.6cm，嫩荚厚0.7cm，单荚重13.8g，荚面纤维少，背缝线绿色，腹缝线绿色，单荚粒数17.7粒，单花梗荚数2.7个，单株结荚数14.0个，成熟荚黄白色，长圆条形，种子肾形，种皮黑色，脐环黑色；百粒重15.0g。对日照不敏感，生育期81天。抗锈病，中抗病毒病和白粉病。

【优异特性与利用价值】对锈病抗性强，可作为育种材料。

【濒危状况及保护措施建议】少数农户零星种植，收集困难。建议异位妥善保存，扩大种植面积。

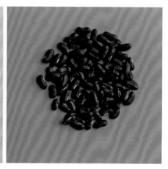

42 瑞安花豇豆
2018335213

【学　名】Leguminosae（豆科）*Vigna*（豇豆属）*Vigna unguiculata*（豇豆）。

【采集地】浙江省温州市瑞安市。

【主要特征特性】植株蔓生，早衰。花紫色，每花序花朵数2.7朵，花序柄绿色，长21.7cm；叶片长12.3cm、宽8.8cm，叶绿色，卵菱形，叶柄长8.8cm；节间长13.7cm，茎绿色；单株分枝数3.7个；初荚节位4.3节，嫩荚斑纹色，喙黄绿色，软荚，荚面微凸，嫩荚长41.2cm，嫩荚宽0.6cm，嫩荚厚0.5cm，单荚重12.2g，荚面纤维少，背缝线浅绿色，腹缝线浅绿色，单荚粒数17.7粒，单花梗荚数3.3个，单株结荚数18.3个，成熟荚浅红色，长圆条形，种子肾形，种皮紫红色，脐环黑色；百粒重11.5g。对日照不敏感，生育期86天。抗锈病和白粉病，感病毒病。

【优异特性与利用价值】嫩荚红斑纹色，对锈病和白粉病抗性强，可作为特色种质。

【濒危状况及保护措施建议】少数农户零星种植，收集困难。建议异位妥善保存，扩大种植面积。

  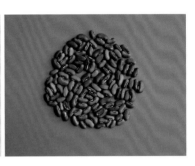

43 瑞安八月豇
2018335271

【学　名】Leguminosae（豆科）Vigna（豇豆属）Vigna unguiculata（豇豆）。
【采集地】浙江省温州市瑞安市。

【主要特征特性】植株蔓生，迟衰。花紫色，每花序花朵数2.0朵，花序柄紫色，长16.0cm；叶片长12.3cm、宽7.0cm，叶深绿色，卵菱形，叶柄长9.0cm；节间长5.0cm，茎绿色；单株分枝数6.0个；初荚节位3.7节，嫩荚深红色，喙黄绿色，软荚，荚面凸，嫩荚长20.7cm，嫩荚宽0.9cm，嫩荚厚0.8cm，单荚重6.8g，荚面纤维少，背缝线深红色，腹缝线深红色，单荚粒数14.3粒，单花梗荚数1.7个，单株结荚数23个，成熟荚紫红色，圆筒形，种子肾形，种皮红色，脐环黑色；百粒重15.2g。对日照敏感，生育期87天。抗锈病和白粉病，感病毒病。

【优异特性与利用价值】对锈病和白粉病抗性强，可作为育种材料。

【濒危状况及保护措施建议】少数农户零星种植，收集困难。建议异位妥善保存，扩大种植面积。

44 嘉善紫豇豆
2018335423

【学　名】Leguminosae（豆科）Vigna（豇豆属）Vigna unguiculata（豇豆）。
【采集地】浙江省嘉兴市嘉善县。

【主要特征特性】植株蔓生，迟衰。花紫色，每花序花朵数2.0朵，花序柄绿色，长11.8cm；叶片长11.3cm、宽8.5cm，叶绿色，卵菱形，叶柄长8.5cm；节间长9.8cm，茎紫色；单株分枝数2.6个；初荚节位5.7节，嫩荚紫红色，喙绿色，软荚，荚面凸，嫩荚长20.3cm，嫩荚宽0.9cm，嫩荚厚0.9cm，单荚重10.6g，荚面纤维多，背缝线紫红色，腹缝线紫红色，单荚粒数14.7粒，单花梗荚数2.0个，单株结荚数22.5个，成熟荚浅红色，圆筒形，种子肾形，种皮红色，脐环黑色；百粒重14.5g。对日照敏感，生育期90天。抗锈病和白粉病，中抗病毒病。

【优异特性与利用价值】对锈病和白粉病抗性强，可作为育种材料。

【濒危状况及保护措施建议】少数农户零星种植，收集困难。建议异位妥善保存，扩大种植面积。

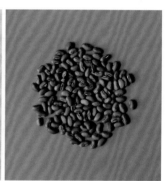

45 嘉善绿豇豆
2018335424

【学　名】Leguminosae（豆科）Vigna（豇豆属）Vigna unguiculata（豇豆）。
【采集地】浙江省嘉兴市嘉善县。

【主要特征特性】植株蔓生，早衰。花紫色，每花序花朵数2.3朵，花序柄绿色，长21.0cm；叶片长13.8cm、宽9.7cm，叶深绿色，长卵菱形，叶柄长8.7cm；节间长13.8cm，茎绿色；单株分枝数5.0个；初荚节位4.4节，嫩荚浅绿色，喙黄绿色，软荚，荚面微凸，嫩荚长56.2cm，嫩荚宽0.9cm，嫩荚厚0.8cm，单荚重20.4g，荚面纤维多，背缝线浅绿色，腹缝线浅绿色，单荚粒数20.0粒，单花梗荚数2.0个，单株结荚数19.3个，成熟荚黄白色，长圆条形，种子肾形，种皮红色，脐环黑色；百粒重18.5g。对日照不敏感，生育期81天。中抗锈病，抗病毒病和白粉病。

【优异特性与利用价值】嫩荚长56.2cm，可作为育种亲本。

【濒危状况及保护措施建议】少数农户零星种植，收集困难。建议异位妥善保存，扩大种植面积。

46 嘉善八月豇-1
2018335427
【学　名】Leguminosae（豆科）Vigna（豇豆属）Vigna unguiculata（豇豆）。
【采集地】浙江省嘉兴市嘉善县。

【主要特征特性】植株蔓生，中衰。花紫色，每花序花朵数2.0朵，花序柄紫色，长
10.7cm；叶片长12.8cm、宽8.2cm，叶绿色，卵菱形，叶柄长8.0cm；节间长8.8cm，
茎绿色；单株分枝数3.7个；初荚节位6.3节，嫩荚红色，喙绿色，硬荚，荚面凸，嫩
荚长22.8cm，嫩荚宽0.9cm，嫩荚厚0.9cm，单荚重12.2g，荚面纤维少，背缝线红色，
腹缝线红色，单荚粒数18.3粒，单花梗荚数1.3个，单株结荚数18.8个，成熟荚浅红
色，圆筒形，种子肾形，种皮红色，脐环黑色；百粒重16.5g。对日照敏感，生育期89
天。感锈病和白粉病，中抗病毒病。

【优异特性与利用价值】一般性种质。

【濒危状况及保护措施建议】少数农户零星种植，收集困难。建议异位妥善保存，扩大
种植面积。

47 嘉善八月豇-2
2018335503
【学　名】Leguminosae（豆科）Vigna（豇豆属）Vigna unguiculata（豇豆）。
【采集地】浙江省嘉兴市嘉善县。

【主要特征特性】植株蔓生，早衰。花紫色，每花序花朵数3.7朵，花序柄绿色，长
19.7cm，叶片长16.8cm、宽10.7cm，叶绿色，长卵菱形，叶柄长8.7cm；节间长
18.7cm，茎绿色；单株分枝数2.3个；初荚节位3.7节，嫩荚浅绿色，喙绿色，软荚，
荚面微凸，嫩荚长67.3cm，嫩荚宽0.7cm，嫩荚厚0.8cm，单荚重28.6g，荚面纤维极

少，背缝线绿色，腹缝线绿色，单荚粒数18.3粒，单花梗荚数2.3个，单株结荚数17.3个，成熟荚黄橙色，长圆条形，种子肾形，种皮红色，脐环黑色；百粒重13.5g。对日照不敏感，生育期79天。中抗锈病和白粉病，抗病毒病。

【优异特性与利用价值】嫩荚长67.3cm，对病毒病抗性强，可作为育种亲本。

【濒危状况及保护措施建议】少数农户零星种植，收集困难。建议异位妥善保存，扩大种植面积。

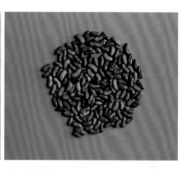

48 黄岩八月豇
2019333679

【学　名】Leguminosae（豆科）Vigna（豇豆属）Vigna unguiculata（豇豆）。
【采集地】浙江省台州市黄岩区。

【主要特征特性】植株蔓生，迟衰。花紫色，每花序花朵数2.7朵，花序柄绿色，长37.3cm；叶片长16.0cm、宽8.5cm，叶绿色，卵菱形，叶柄长12.7cm；节间长22.0cm，茎绿色；单株分枝数3.3个；初荚节位3.0节，嫩荚浅红色，喙黄绿色，软荚，荚面微凸，嫩荚长25.7cm，嫩荚宽0.9cm，嫩荚厚0.9cm，单荚重14.2g，荚面纤维少，背缝线浅红色，腹缝线浅红色，单荚粒数16.3粒，单花梗荚数2.0个，单株结荚数11.8个，成熟荚黄白色，圆筒形，种子肾形，种皮橙色，脐环褐色；百粒重15.0g。对日照敏感，生育期88天。抗锈病、病毒病和白粉病。

【优异特性与利用价值】对锈病、病毒病和白粉病抗性强，可作为育种材料。

【濒危状况及保护措施建议】少数农户零星种植，收集困难。建议异位妥善保存，扩大种植面积。

49 建德乌豇豆

P330182003

【学　名】Leguminosae（豆科）*Vigna*（豇豆属）*Vigna unguiculata*（豇豆）。
【采集地】浙江省杭州市建德市。

【主要特征特性】植株蔓生，迟衰。花紫色，每花序花朵数1.0朵，花序柄绿色，长45.5cm；叶片长12.3cm、宽8.2cm，叶绿色，卵菱形，叶柄长12.2cm；节间长9.2cm，茎绿色；单株分枝数3.3个；初荚节位1.3节，嫩荚深绿色，喙绿色，硬荚，荚面凸，嫩荚长11.2cm，嫩荚宽0.8cm，嫩荚厚0.7cm，单荚重6.8g，荚面纤维无，背缝线深绿色，腹缝线深绿色，单荚粒数10.5粒，单花梗荚数1.0个，单株结荚数22.0个，成熟荚褐色，圆筒形，种子球形，种皮红色，脐环橙色；百粒重22.3g。对日照敏感，生育期87天。抗锈病、病毒病和白粉病。

【优异特性与利用价值】对锈病、病毒病和白粉病抗性强，可作为育种材料。

【濒危状况及保护措施建议】少数农户零星种植，收集困难。建议异位妥善保存，扩大种植面积。

50 建德八月豇

P330182013

【学　名】Leguminosae（豆科）*Vigna*（豇豆属）*Vigna unguiculata*（豇豆）。
【采集地】浙江省杭州市建德市。

【主要特征特性】植株蔓生，迟衰。花紫色，每花序花朵数2.3朵，花序柄绿色，长23.7cm；叶片长11.0cm、宽5.7cm，叶绿色，卵菱形，叶柄长7.3cm；节间长13.7cm，茎绿色；单株分枝数4.3个；初荚节位3.7节，嫩荚紫红色，喙绿色，软荚，荚面凸，嫩荚长23.8cm，嫩荚宽0.6cm，嫩荚厚0.6cm，单荚重6.4g，荚面纤维中等，背缝线紫红色，腹缝线绿色，单荚粒数13.0粒，单花梗荚数2.0个，单株结荚数32.3个，成熟荚浅红色，圆筒形，种子肾形，种皮橙色，脐环褐色；百粒重11.5g。对日照敏感，生育期87天。感锈病，抗病毒病和白粉病。

【优异特性与利用价值】对病毒病和白粉病抗性强，可作为育种材料。

【濒危状况及保护措施建议】少数农户零星种植，收集困难。建议异位妥善保存，扩大种植面积。

51 瓯海八月豆

P330304009

【学　名】Leguminosae（豆科）*Vigna*（豇豆属）*Vigna unguiculata*（豇豆）。
【采集地】浙江省温州市瓯海区。

【主要特征特性】植株蔓生，早衰。花紫色，每花序花朵数2.0朵，花序柄紫色，长27.3cm；叶片长10.7cm、宽6.8cm，叶绿色，卵圆形，叶柄长7.3cm；节间长10.2cm，茎紫色；单株分枝数2.7个；初荚节位3.7节，嫩荚紫红色，喙绿色，软荚，荚面凸，嫩荚长17.3cm，嫩荚宽0.8cm，嫩荚厚0.7cm，单荚重14.0g，荚面纤维少，背缝线紫红色，腹缝线紫红色，单荚粒数12.3粒，单花梗荚数1.3个，单株结荚数13.2个，成熟荚紫红色，圆筒形，种子肾形，种皮黑色，脐环黑色；百粒重14.1g。对日照敏感，生育期87天。抗锈病，感病毒病和白粉病。

【优异特性与利用价值】对锈病抗性强，可作为育种材料。

【濒危状况及保护措施建议】少数农户零星种植，收集困难。建议异位妥善保存，扩大种植面积。

52 永嘉八月豇

P330324008

【学　名】Leguminosae（豆科）*Vigna*（豇豆属）*Vigna unguiculata*（豇豆）。
【采集地】浙江省温州市永嘉县。

【主要特征特性】植株蔓生，中衰。花紫色，每花序花朵数1.0朵，花序柄绿色，长19.3cm；叶片长9.5cm、宽6.8cm，叶深绿色，卵菱形，叶柄长6.5cm；节间长10.5cm，茎绿色；单株分枝数4.3个；初荚节位6.7节，嫩荚浅绿色，喙绿色，软荚，荚面凸，嫩荚长21.5cm，嫩荚宽0.8cm，嫩荚厚0.8cm，单荚重10.4g，荚面纤维少，背缝线绿色，腹缝线绿色，单荚粒数13.7粒，单花梗荚数1.0个，单株结荚数25.3个，成熟荚黄白色，圆筒形，种子肾形，种皮红色，脐环褐色；百粒重14.5g。对日照敏感，生育期90天。抗锈病，感病毒病和白粉病。

【优异特性与利用价值】对锈病抗性强，可作为育种材料。

【濒危状况及保护措施建议】少数农户零星种植，收集困难。建议异位妥善保存，扩大种植面积。

53 平阳豇豆-1
P330326008

【学　名】Leguminosae（豆科）Vigna（豇豆属）Vigna unguiculata（豇豆）。
【采集地】浙江省温州市平阳县。

【主要特征特性】植株蔓生，迟衰。花紫色，每花序花朵数3.3朵，花序柄绿色，长21.0cm；叶片长11.0cm、宽7.3cm，叶绿色，卵菱形，叶柄长8.2cm；节间长9.8cm，茎紫色；单株分枝数4.7个；初荚节位5.0节，嫩荚紫红色，喙绿色，软荚，荚面凸，嫩荚长18.5cm，嫩荚宽0.8cm，嫩荚厚0.8cm，单荚重9.4g，荚面纤维多，背缝线深紫色，腹缝线绿色，单荚粒数14.3粒，单花梗荚数1.3个，单株结荚数20.5个，成熟荚紫红色，圆筒形，种子肾形，种皮红色，脐环黑色；百粒重13.0g。对日照敏感，生育期84天。抗锈病，感病毒病和白粉病。

【优异特性与利用价值】对锈病抗性强，可作为育种材料。

【濒危状况及保护措施建议】少数农户零星种植，收集困难。建议异位妥善保存，扩大种植面积。

54 平阳豇豆-2

P330326009

【学　名】Leguminosae（豆科）*Vigna*（豇豆属）*Vigna unguiculata*（豇豆）。
【采集地】浙江省温州市平阳县。

【主要特征特性】植株蔓生，迟衰。花紫色，每花序花朵数1.7朵，花序柄绿色，长18.0cm；叶片长9.8cm、宽7.3cm，叶深绿色，卵菱形，叶柄长7.7cm；节间长11.3cm，茎绿色；单株分枝数5.0个；初荚节位5.3节，嫩荚暗红色，喙绿色，软荚，荚面凸，嫩荚长19.8cm，嫩荚宽0.9cm，嫩荚厚0.8cm，单荚重11.8g，荚面纤维少，背缝线绿色，腹缝线绿色，单荚粒数12.0粒，单花梗荚数1.3个，单株结荚数15.3个，成熟荚黄橙色，圆筒形，种子肾形，种皮红色，脐环黑色；百粒重12.2g。对日照敏感，生育期85天。感锈病和病毒病，抗白粉病。

【优异特性与利用价值】对白粉病抗性强，可作为育种材料。

【濒危状况及保护措施建议】少数农户零星种植，收集困难。建议异位妥善保存，扩大种植面积。

55 八月花豇

P330328010

【学　名】Leguminosae（豆科）*Vigna*（豇豆属）*Vigna unguiculata*（豇豆）。
【采集地】浙江省温州市文成县。

【主要特征特性】植株蔓生，迟衰。花紫色，每花序花朵数3.0朵，花序柄绿色，长20.0cm；叶片长18.2cm、宽10.3cm，叶绿色，卵菱形，叶柄长10.3cm；节间长22.3cm，茎绿色；单株分枝数2.3个；初荚节位5.0节，嫩荚紫斑纹色，喙绿色，软荚，荚面凸，嫩荚长26.5cm，嫩荚宽0.7cm，嫩荚厚0.8cm，单荚重11.8g，荚面纤维少，背缝线绿色，腹缝线绿色，单荚粒数12.7粒，单花梗荚数1.7个，单株结荚数12.4个，成熟荚黄白色，圆筒形，种子肾形，种皮红色，脐环黑色；百粒重22.3g。对日照敏感，生育期86天。感锈病，抗病毒病和白粉病。

【优异特性与利用价值】嫩荚紫斑纹色，对病毒病和白粉病抗性强，可作为特色种质。

【濒危状况及保护措施建议】少数农户零星种植，收集困难。建议异位妥善保存，扩大种植面积。

56 泰顺八月豇

P330329002

【学　名】Leguminosae（豆科）*Vigna*（豇豆属）*Vigna unguiculata*（豇豆）。

【采集地】浙江省温州市泰顺县。

【主要特征特性】植株蔓生，迟衰。花紫色，每花序花朵数3.3朵，花序柄绿色，长18.3cm；叶片长11.8cm、宽6.8cm，叶深绿色，卵菱形，叶柄长10.5cm；节间长20.7cm，茎绿色；单株分枝数3.0个；初荚节位3.7节，嫩荚紫红色，喙绿色，软荚，荚面较平，嫩荚长28.7cm，嫩荚宽0.8cm，嫩荚厚0.7cm，单荚重8.8g，荚面纤维少，背缝线紫红色，腹缝线紫红色，单荚粒数14.7粒，单花梗荚数1.3个，单株结荚数15.8个，成熟荚紫红色，圆筒形，种子肾形，种皮橙色，脐环褐色；百粒重15.1g。对日照敏感，生育期83天。中抗锈病和白粉病，抗病毒病。

【优异特性与利用价值】对病毒病抗性强，可作为育种材料。

【濒危状况及保护措施建议】少数农户零星种植，收集困难。建议异位妥善保存，扩大种植面积。

57 瑞安八月豇豆

P330381018

【学　名】Leguminosae（豆科）*Vigna*（豇豆属）*Vigna unguiculata*（豇豆）。

【采集地】浙江省温州市瑞安市。

【主要特征特性】植株蔓生，迟衰。花紫色，每花序花朵数2.0朵，花序柄绿色，长9.5cm；叶片长15.2cm、宽10.0cm，叶深绿色，长卵菱形，叶柄长12.2cm；节间长13.3cm，茎绿色；单株分枝数2.7个；初荚节位4.7节，嫩荚白绿色，喙绿色，软荚，荚面微凸，嫩荚长26.8cm，嫩荚宽0.7cm，嫩荚厚0.7cm，单荚重8.3g，荚面纤维极少，背缝线绿色，腹缝线绿色，单荚粒数17.7粒，单花梗荚数1.7个，单株结荚数15.3个，成熟荚黄白色，圆筒形，种子肾形，种皮红色，脐环黑色；百粒重15.2g。对日照敏感，生育期84天。抗锈病，感病毒病和白粉病。

【优异特性与利用价值】对锈病抗性强，可作为育种材料。

【濒危状况及保护措施建议】少数农户零星种植，收集困难。建议异位妥善保存，扩大种植面积。

58 吴兴豇豆
P330502012
【学 名】Leguminosae（豆科）Vigna（豇豆属）Vigna unguiculata（豇豆）。
【采集地】浙江省湖州市吴兴区。

【主要特征特性】植株蔓生，中衰。花紫色，每花序花朵数2.0朵，花序柄绿色，长10.8cm；叶片长13.3cm、宽10.8cm，叶深绿色，卵圆形，叶柄长11.0cm；节间长8.5cm，茎绿色；单株分枝数3.7个；初荚节位3.7节，嫩荚白绿色，喙红色，软荚，荚面凸，嫩荚长47.3cm，嫩荚宽1.1cm，嫩荚厚1.1cm，单荚重29.0g，荚面纤维无，背缝线白绿色，腹缝线绿色，单荚粒数20.0粒，单花梗荚数2.7个，单株结荚数15.3个，成熟荚黄白色，长圆条形，种子肾形，种皮红色，脐环黑色；百粒重16.1g。对日照不敏感，生育期85天。抗锈病和白粉病，中抗病毒病。

【优异特性与利用价值】对锈病和白粉病抗性强，可作为育种材料。

【濒危状况及保护措施建议】少数农户零星种植，收集困难。建议异位妥善保存，扩大种植面积。

59 新昌迟豇豆

P330624010

【学　名】Leguminosae（豆科）Vigna（豇豆属）Vigna unguiculata（豇豆）。
【采集地】浙江省绍兴市新昌县。

【主要特征特性】植株蔓生，迟衰。花紫色，每花序花朵数2.0朵，花序柄绿色，长32.5cm；叶片长12.5cm、宽7.5cm，叶绿色，卵菱形，叶柄长9.8cm；节间长17.2cm，茎绿色；单株分枝数3.3个；初荚节位8.0节，嫩荚浅绿色，喙黄绿色，软荚，荚面微凸，嫩荚长27.5cm，嫩荚宽0.6cm，嫩荚厚0.6cm，单荚重18.0g，荚面纤维无，背缝线浅绿色，腹缝线浅绿色，单荚粒数19.3粒，单花梗荚数2.0个，单株结荚数7.0个，成熟荚黄白色，长圆条形，种子肾形，种皮双色，脐环褐色；百粒重15.5g。对日照敏感，生育期96天。抗锈病，中抗病毒病和白粉病。

【优异特性与利用价值】对锈病抗性强，可作为育种材料。

【濒危状况及保护措施建议】少数农户零星种植，收集困难。建议异位妥善保存，扩大种植面积。

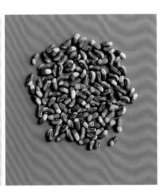

60 土乌豇

P330726007

【学　名】Leguminosae（豆科）Vigna（豇豆属）Vigna unguiculata（豇豆）。
【采集地】浙江省金华市浦江县。

【主要特征特性】植株半蔓生，迟衰。花紫色，每花序花朵数2.7朵，花序柄绿色，长20.5cm；叶片长13.5cm、宽8.7cm，叶深绿色，卵圆形，叶柄长11.3cm；节间长10.0cm，茎绿色；单株分枝数4.7个；初荚节位5.0节，嫩荚深绿色，喙紫红色，硬荚，荚面微凸，嫩荚长18.0cm，嫩荚宽0.8cm，嫩荚厚0.7cm，单荚重5.2g，荚面纤维少，背缝线深绿色，腹缝线深绿色，单荚粒数12.0粒，单花梗荚数2.0个，单株结荚数14.8个，成熟荚黄橙色，弓形，种子肾形，种皮黑色，脐环黑色；百粒重17.2g。对日照敏感，生育期83天。抗锈病，中抗病毒病，感白粉病。

【优异特性与利用价值】对锈病抗性强，可作为育种材料。

【濒危状况及保护措施建议】少数农户零星种植，收集困难。建议异位妥善保存，扩大种植面积。

61 青八月荚
P330726025

【学　名】Leguminosae（豆科）Vigna（豇豆属）Vigna unguiculata（豇豆）。
【采集地】浙江省金华市浦江县。

【主要特征特性】植株蔓生，中衰。花紫色，每花序花朵数1.7朵，花序柄绿色，长35.0cm；叶片长11.0cm、宽6.0cm，叶绿色，卵菱形，叶柄长6.8cm；节间长7.3cm，茎绿色；单株分枝数4.3个；初荚节位4.0节，嫩荚浅红色，喙绿色，软荚，荚面微凸，嫩荚长22.7cm，嫩荚宽1.0cm，嫩荚厚0.8cm，单荚重11.6g，荚面纤维多，背缝线浅红色，腹缝线浅红色，单荚粒数17.7粒，单花梗荚数2.3个，单株结荚数18.5个，成熟荚黄橙色，圆筒形，种子肾形，种皮红色，脐环褐色；百粒重12.5g。对日照敏感，生育期85天。抗锈病和白粉病，感病毒病。

【优异特性与利用价值】对锈病和白粉病抗性强，可作为育种材料。

【濒危状况及保护措施建议】少数农户零星种植，收集困难。建议异位妥善保存，扩大种植面积。

62 红八月荚
P330726026

【学　名】Leguminosae（豆科）Vigna（豇豆属）Vigna unguiculata（豇豆）。
【采集地】浙江省金华市浦江县。

【主要特征特性】植株蔓生，迟衰。花紫色，每花序花朵数2.3朵，花序柄紫色，长13.5cm；叶片长11.3cm、宽6.3cm，叶绿色，卵菱形，叶柄长8.7cm；节间长11.2cm，茎绿色；单株分枝数4.3个；初荚节位3.7节，嫩荚紫红色，喙黄绿色，软荚，荚面凸，嫩荚长21.3cm，嫩荚宽0.9cm，嫩荚厚0.9cm，单荚重10.7g，荚面纤维极少，背缝线紫红色，腹缝线绿色，单荚粒数14.3粒，单花梗荚数1.3个，单株结荚数18.3个，成熟荚紫红色，圆筒形，种子椭圆形，种皮橙底褐花，脐环红色；百粒重15.2g。对日照敏感，生育期85天。抗锈病，感病毒病和白粉病。

【优异特性与利用价值】对锈病抗性强，可作为育种材料。

【濒危状况及保护措施建议】少数农户零星种植，收集困难。建议异位妥善保存，扩大种植面积。

63 野豇豆
P330782019

【学　名】Leguminosae（豆科）Vigna（豇豆属）Vigna unguiculata（豇豆）。
【采集地】浙江省金华市义乌市。

【主要特征特性】植株蔓生，迟衰。花紫色，每花序花朵数1.0朵，花序柄绿色，长6.8cm；叶片长9.8cm、宽5.3cm，叶绿色，卵菱形，叶柄长10.7cm；节间长10.3cm，茎绿色；单株分枝数4.3个；初荚节位4.0节，嫩荚浅绿色，喙紫色，软荚，荚面微凸，嫩荚长9.8cm，嫩荚宽0.3cm，嫩荚厚0.3cm，单荚重3.3g，荚面纤维极少，背缝线浅绿色，腹缝线浅绿色，单荚粒数12.0粒，单花梗荚数2.0个，单株结荚数23.0个，成熟荚褐色，圆筒形，种子椭圆形，种皮黑色，脐环黑色；百粒重5.5g。对日照敏感，生育期84天。抗锈病，感病毒病和白粉病。

【优异特性与利用价值】对锈病抗性强，可作为育种材料。

【濒危状况及保护措施建议】少数农户零星种植，收集困难。建议异位妥善保存，扩大种植面积。

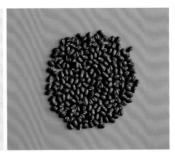

64 东阳乌豇豆
P330783004

【学　名】Leguminosae（豆科）*Vigna*（豇豆属）*Vigna unguiculata*（豇豆）。
【采集地】浙江省金华市东阳市。

【主要特征特性】植株蔓生，早衰。花紫色，每花序花朵数3.0朵，花序柄绿色，长20.7cm；叶片长10.8cm、宽9.0cm，叶深绿色，长卵菱形，叶柄长12.2cm；节间长7.7cm，茎绿色；单株分枝数5.7个；初荚节位5.7节，嫩荚浅绿色，喙红色，软荚，荚面凸，嫩荚长18.0cm，嫩荚宽0.9cm，嫩荚厚0.7cm，单荚重6.6g，荚面纤维多，背缝线浅白绿色，腹缝线浅绿色，单荚粒数14.3粒，单花梗荚数2.0个，单株结荚数31.3个，成熟荚黄白色，弓形，种子椭圆形，种皮黑色，脐环黑色；百粒重15.2g。对日照敏感，生育期79天。感锈病，抗病毒病和白粉病。

【优异特性与利用价值】对病毒病和白粉病抗性强，可作为育种材料。

【濒危状况及保护措施建议】少数农户零星种植，收集困难。建议异位妥善保存，扩大种植面积。

65 常山八月豇
P330822018

【学　名】Leguminosae（豆科）*Vigna*（豇豆属）*Vigna unguiculata*（豇豆）。
【采集地】浙江省衢州市常山县。

【主要特征特性】植株蔓生，迟衰。花紫色，每花序花朵数2.3朵，花序柄紫色，长18.5cm；叶片长10.2cm、宽6.7cm，叶深绿色，长卵菱形，叶柄长8.3cm；节间长16.3cm，茎绿色；单株分枝数2.3个；初荚节位3.0节，嫩荚紫红色，喙绿色，软荚，荚面凸，嫩荚长19.8cm，嫩荚宽0.7cm，嫩荚厚0.6cm，单荚重7.8g，荚面纤维极少，背缝线深紫色，腹缝线深紫色，单荚粒数15.7粒，单花梗荚数2.0个，单株结荚数19.5个，成熟荚紫红色，圆筒形，种子肾形，种皮红色，脐环红色；百粒重14.3g。对日照敏感，生育期84天。中抗锈病和白粉病，感病毒病。

【优异特性与利用价值】一般性种质。

【濒危状况及保护措施建议】少数农户零星种植，收集困难。建议异位妥善保存，扩大种植面积。

66 红饭干豆　【学　名】Leguminosae（豆科）Vigna（豇豆属）Vigna unguiculata（豇豆）。
P330881001　【采集地】浙江省衢州市江山市。

【主要特征特性】植株蔓生，早衰。花紫色，每花序花朵数3.3朵，花序柄绿色，长16.0cm，叶片长13.5cm、宽8.0cm，叶浅绿色，卵菱形，叶柄长9.3cm；节间长15.7cm，茎绿色；单株分枝数4.0个；初荚节位4.0节，嫩荚浅绿色，喙黄绿色，软荚，荚面较平，嫩荚长26.7cm，嫩荚宽0.9cm，嫩荚厚0.7cm，单荚重9.6g，荚面纤维少，背缝线浅绿色，腹缝线浅绿色，单荚粒数19.0粒，单花梗荚数2.7个，单株结荚数30.3个，成熟荚黄白色，圆筒形，种子椭圆形，种皮红色，脐环红色；百粒重20.5g。对日照敏感，生育期81天。中抗锈病，抗病毒病，感白粉病。

【优异特性与利用价值】一般性种质。

【濒危状况及保护措施建议】少数农户零星种植，收集困难。建议异位妥善保存，扩大种植面积。

  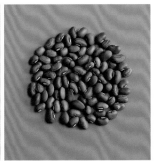

67 冷豇豆　【学　名】Leguminosae（豆科）Vigna（豇豆属）Vigna unguiculata（豇豆）。
P330881019　【采集地】浙江省衢州市江山市。

【主要特征特性】植株蔓生，迟衰。花紫色，每花序花朵数2.0朵，花序柄绿色，长18.3cm；叶片长10.3cm、宽6.8cm，叶绿色，卵菱形，叶柄长8.8cm；节间长14.7cm，茎绿色；单株分枝数5.0个；初荚节位4.3节，嫩荚绿色，喙绿色，软荚，荚面凸，嫩荚长19.7cm，嫩荚宽0.7cm，嫩荚厚0.6cm，单荚重10.2g，荚面纤维少，背缝线绿色，腹缝线绿色，单荚粒数10.7粒，单花梗荚数1.7个，单株结荚数7.3个，成熟荚黄橙色，弓形，种子肾形，种皮红色，脐环红色；百粒重14.5g。对日照敏感，生育期87天。中抗锈病，抗病毒病，感白粉病。

【优异特性与利用价值】对病毒病抗性强，可作为育种材料。

【濒危状况及保护措施建议】少数农户零星种植，收集困难。建议异位妥善保存，扩大种植面积。

68 黄岩八月梗

P331003018

【学　名】Leguminosae（豆科）Vigna（豇豆属）Vigna unguiculata（豇豆）。
【采集地】浙江省台州市黄岩区。

【主要特征特性】植株蔓生，迟衰。花紫色，每花序花朵数3.0朵，花序柄紫色，长17.2cm；叶片长9.0cm、宽6.8cm，叶绿色，卵菱形，叶柄长7.5cm；节间长8.5cm，茎紫色；单株分枝数5.7个；初荚节位5.0节，嫩荚浅红色，喙绿色，软荚，荚面凸，嫩荚长17.2cm，嫩荚宽0.8cm，嫩荚厚0.8cm，单荚重10.6g，荚面纤维少，背缝线浅红色，腹缝线浅红色，单荚粒数13.3粒，单花梗荚数2.7个，单株结荚数20.5个，成熟荚浅红色，圆筒形，种子肾形，种皮红色，脐环黑色；百粒重15.1g。对日照敏感，生育期87天。抗锈病，感病毒病和白粉病。

【优异特性与利用价值】对锈病抗性强，可作为育种材料。

【濒危状况及保护措施建议】少数农户零星种植，收集困难。建议异位妥善保存，扩大种植面积。

  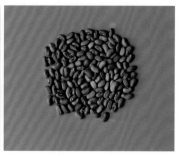

69 秋豇豆（白玉）

P331022003

【学　名】Leguminosae（豆科）Vigna（豇豆属）Vigna unguiculata（豇豆）。

【采集地】浙江省台州市三门县。

【主要特征特性】植株蔓生，迟衰。花紫色，每花序花朵数3.3朵，花序柄绿色，长26.8cm；叶片长13.5cm、宽8.5cm，叶绿色，卵菱形，叶柄长10.7cm；节间长11.2cm，茎绿色；单株分枝数4.0个；初荚节位3.0节，嫩荚浅绿色，喙黄绿色，软荚，荚面凸，嫩荚长27.2cm，嫩荚宽0.6cm，嫩荚厚0.6cm，单荚重11.6g，荚面纤维多，背缝线浅绿色，腹缝线浅绿色，单荚粒数16.0粒，单花梗荚数2.0个，单株结荚数11.6个，成熟荚浅红色，圆筒形，种子肾形，种皮黑色，脐环黑色；百粒重14.1g。对日照敏感，生育期103天。中抗锈病，感病毒病，抗白粉病。

【优异特性与利用价值】对白粉病抗性强，可作为育种材料。

【濒危状况及保护措施建议】少数农户零星种植，收集困难。建议异位妥善保存，扩大种植面积。

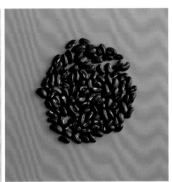

70 秋红豇

P331022004

【学　名】Leguminosae（豆科）Vigna（豇豆属）Vigna unguiculata（豇豆）。

【采集地】浙江省台州市三门县。

【主要特征特性】植株蔓生，迟衰。花紫色，每花序花朵数3.3朵，花序柄紫色，长44.0cm；叶片长12.5cm、宽8.3cm，叶绿色，卵菱形，叶柄长11.8cm；节间长13.8cm，茎紫色；单株分枝数3.7个；初荚节位4.3节，嫩荚紫红色，喙黄绿色，软荚，荚面凸，嫩荚长27.3cm，嫩荚宽0.9cm，嫩荚厚0.9cm，单荚重15.4g，荚面纤维多，背缝线紫红色，腹缝线紫红色，单荚粒数15.7粒，单花梗荚数2.3个，单株结荚数19.6个，成熟荚紫红色，圆筒形，种子肾形，种皮红色，脐环褐色；百粒重16.3g。对日照敏感，生育期85天。抗锈病，感病毒病，中抗白粉病。

【优异特性与利用价值】对锈病抗性强，可作为育种材料。

【濒危状况及保护措施建议】少数农户零星种植，收集困难。建议异位妥善保存，扩大种植面积。

71 秋青豇

P331022005

【学　名】Leguminosae（豆科）Vigna（豇豆属）Vigna unguiculata（豇豆）。

【采集地】浙江省台州市三门县。

【主要特征特性】植株蔓生，迟衰。花紫色，每花序花朵数2.0朵，花序柄绿色，长25.0cm；叶片长12.0cm、宽8.5cm，叶绿色，卵菱形，叶柄长9.0cm；节间长11.3cm，茎绿色；单株分枝数5.0个；初荚节位3.0节，嫩荚浅红色，喙绿色，软荚，荚面凸，嫩荚长19.7cm，嫩荚宽0.8cm，嫩荚厚0.8cm，单荚重10.4g，荚面纤维极少，背缝线浅红色，腹缝线浅红色，单荚粒数15.3粒，单花梗荚数1.7个，单株结荚数14.0个，成熟荚黄橙色，圆筒形，种子肾形，种皮橙色，脐环褐色；百粒重12.5g。对日照敏感，生育期87天。抗锈病，感病毒病和白粉病。

【优异特性与利用价值】对锈病抗性强，可作为育种材料。

【濒危状况及保护措施建议】少数农户零星种植，收集困难。建议异位妥善保存，扩大种植面积。

  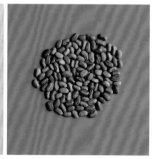

72 红细豆

P331022012

【学　名】Leguminosae（豆科）Vigna（豇豆属）Vigna unguiculata（豇豆）。

【采集地】浙江省台州市三门县。

【主要特征特性】植株蔓生，迟衰。花紫色，每花序花朵数3.0朵，花序柄绿色，长42.3cm；叶片长14.3cm、宽7.5cm，叶深绿色，长卵菱形，叶柄长10.7cm；节间长18.5cm，茎绿色；单株分枝数5.3个；初荚节位5.3节，嫩荚浅绿色，喙绿色，硬荚，荚面微凸，嫩荚长19.7cm，嫩荚宽1.0cm，嫩荚厚0.7cm，单荚重9.2g，荚面纤维多，背缝线浅绿色，腹缝线绿色，单荚粒数14.7粒，单花梗荚数1.3个，单株结荚数15.8个，成熟荚浅褐色，圆筒形，种子矩圆形，种皮紫红色，脐环黑色；百粒重23.5g。对日照敏感，生育期85天。抗锈病和白粉病，感病毒病。

【优异特性与利用价值】对锈病和白粉病抗性强，可作为育种材料。

【濒危状况及保护措施建议】少数农户零星种植，收集困难。建议异位妥善保存，扩大种植面积。

73 天台八月豇
P331023008

【学　名】Leguminosae（豆科）Vigna（豇豆属）Vigna unguiculata（豇豆）。
【采集地】浙江省台州市天台县。

【主要特征特性】植株蔓生，迟衰。花紫色，每花序花朵数1.7朵，花序柄绿色，长29.8cm；叶片长12.3cm、宽8.2cm，叶深绿色，卵菱形，叶柄长7.8cm；节间长14.5cm，茎绿色；单株分枝数3.7个；初荚节位3.7节，嫩荚浅红色，喙红色，软荚，荚面凸，嫩荚长24.5cm，嫩荚宽0.9cm，嫩荚厚0.5cm，单荚重11.0g，荚面纤维少，背缝线浅红色，腹缝线浅红色，单荚粒数16.7粒，单花梗荚数2.0个，单株结荚数10.0个，成熟荚浅红色，圆筒形，种子肾形，种皮黑色，脐环黑色；百粒重17.0g。对日照敏感，生育期103天。抗锈病，中抗病毒病，感白粉病。

【优异特性与利用价值】对锈病抗性强，可作为育种材料。

【濒危状况及保护措施建议】少数农户零星种植，收集困难。建议异位妥善保存，扩大种植面积。

74 莲都八月豇

P331102023

【学　名】Leguminosae（豆科）*Vigna*（豇豆属）*Vigna unguiculata*（豇豆）。
【采集地】浙江省丽水市莲都区。

【主要特征特性】植株蔓生，早衰。花紫色，每花序花朵数3.0朵，花序柄紫色，长20.7cm；叶片长13.0cm、宽8.3cm，叶深绿色，卵菱形，叶柄长6.8cm；节间长15.3cm，茎紫色；单株分枝数3.3个；初荚节位6.3节，嫩荚浅绿色，喙黄绿色，软荚，荚面凸，嫩荚长35.7cm，嫩荚宽0.8cm，嫩荚厚0.7cm，单荚重12.6g，荚面纤维无，背缝线深红色，腹缝线深红色，单荚粒数18.3粒，单花梗荚数2.3个，单株结荚数17.3个，成熟荚浅红色，长圆条形，种子肾形，种皮橙色，脐环黑色；百粒重14.5g。对日照敏感，生育期83天。抗锈病和白粉病，中抗病毒病。

【优异特性与利用价值】对锈病和白粉病抗性强，可作为育种材料。

【濒危状况及保护措施建议】少数农户零星种植，收集困难。建议异位妥善保存，扩大种植面积。

  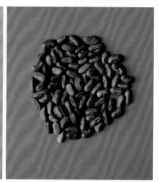

75 八月豇（白皮黑籽）

P331121003

【学　名】Leguminosae（豆科）*Vigna*（豇豆属）*Vigna unguiculata*（豇豆）。
【采集地】浙江省丽水市青田县。

【主要特征特性】植株蔓生，早衰。花紫色，每花序花朵数2.0朵，花序柄绿色，长13.5cm；叶片长12.8cm、宽8.0cm，叶绿色，长卵菱形，叶柄长11.3cm；节间长15.3cm，茎绿色；单株分枝数2.3个；初荚节位5.3节，嫩荚白绿色，喙红色，软荚，荚面较平，嫩荚长23.5cm，嫩荚宽0.5cm，嫩荚厚0.4cm，单荚重6.4g，荚面纤维少，背缝线白绿色，腹缝线绿色，单荚粒数14.3粒，单花梗荚数3.3个，单株结荚数27.5个，成熟荚黄白色，长圆条形，种子肾形，种皮黑色，脐环黑色；百粒重18.1g。对日照敏感，生育期81天。抗锈病，中抗病毒病和白粉病。

【优异特性与利用价值】对锈病抗性强，可作为育种材料。

【濒危状况及保护措施建议】少数农户零星种植，收集困难。建议异位妥善保存，扩大种植面积。

76 冬豇豆（红）

P331124015

【学　名】Leguminosae（豆科）*Vigna*（豇豆属）*Vigna unguiculata*（豇豆）。

【采集地】浙江省丽水市松阳县。

【主要特征特性】植株蔓生，迟衰。花紫色，每花序花朵数2.7朵，花序柄紫色，长24.7cm；叶片长14.0cm、宽8.7cm，叶深绿色，卵菱形，叶柄长10.0cm；节间长13.0cm，茎紫色；单株分枝数5.3个；初荚节位5.7节，嫩荚紫红色，喙绿色，软荚，荚面凸，嫩荚长19.7cm，嫩荚宽1.0cm，嫩荚厚0.8cm，单荚重11.4g，荚面纤维无，背缝线紫红色，腹缝线紫红色，单荚粒数11.3粒，单花梗荚数1.0个，单株结荚数18.0个，成熟荚紫红色，圆筒形，种子肾形，种皮橙底褐花，脐环红色；百粒重16.3g。对日照敏感，生育期84天。抗锈病，感病毒病，中抗白粉病。

【优异特性与利用价值】对锈病抗性强，可作为育种材料。

【濒危状况及保护措施建议】少数农户零星种植，收集困难。建议异位妥善保存，扩大种植面积。

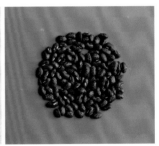

第二节　菜豆种质资源

1 王阜四季豆

2017331074

【学　名】Leguminosae（豆科）*Phaseolus*（菜豆属）*Phaseolus vulgaris*（菜豆）。

【采集地】浙江省杭州市淳安县。

【主要特征特性】植株蔓生。小叶近菱形，叶片绿色，叶片脱落性为部分脱落。始花节位4.3节。结荚部位为下部，软荚，嫩荚长扁条形，长13.8cm，宽1.2cm，喙长1.1cm，荚面凸，质地平滑，嫩荚横切面桃形，嫩荚绿白色，微弯曲，有缝线，缝线绿色，单荚重10.2g，单株结荚数18.7个，单荚种子数5.7粒。种子卵圆形，种皮双色，种皮斑纹为条斑，斑纹色为褐色，千粒重370.2g。

【优异特性与利用价值】一般性种质。

【濒危状况及保护措施建议】少数农户零星种植，收集困难。建议异位妥善保存，扩大种植面积。

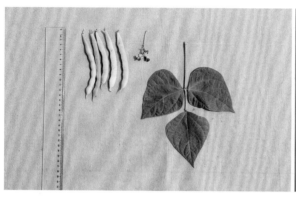

2 建德四季豆-1 　【学　名】Leguminosae（豆科）Phaseolus（菜豆属）Phaseolus vulgaris（菜豆）。
2017332052　【采集地】浙江省杭州市建德市。

【主要特征特性】植株蔓生。小叶近圆形，叶片浅绿色，叶片脱落性为完全脱落。始花节位4.0节。结荚部位均匀分布，软荚，嫩荚长扁条形，长15.7cm，宽0.8cm，喙长0.5cm，荚面凸，质地平滑，嫩荚横切面桃形，嫩荚绿色，微弯曲，有缝线，缝线绿色，单荚重6.0g，单株结荚数20.5个，单荚种子数6.7粒。种子卵圆形，种皮褐色，千粒重290.0g。

【优异特性与利用价值】一般性种质。

【濒危状况及保护措施建议】少数农户零星种植，收集困难。建议异位妥善保存，扩大种植面积。

3 建德四季豆-2

2017332063

【学　名】Leguminosae（豆科）Phaseolus（菜豆属）Phaseolus vulgaris（菜豆）。

【采集地】浙江省杭州市建德市。

【主要特征特性】植株蔓生。小叶近圆形，叶片浅绿色，叶片脱落性为部分脱落。始花节位3.3节。结荚部位均匀分布，软荚，嫩荚长扁条形，长21.3cm，宽0.8cm，喙长1.0cm，荚面微凸，质地平滑，嫩荚横切面长梨形，嫩荚绿色，微弯曲，有缝线，缝线绿色，单荚重13.8g，单株结荚数17.0个，单荚种子数6.0粒。种子肾形，种皮白色，千粒重420.1g。

【优异特性与利用价值】一般性种质。

【濒危状况及保护措施建议】少数农户零星种植，收集困难。建议异位妥善保存，扩大种植面积。

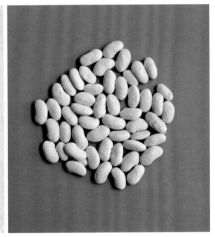

4 桐乡四季豆

2018331426

【学　名】Leguminosae（豆科）Phaseolus（菜豆属）Phaseolus vulgaris（菜豆）。

【采集地】浙江省嘉兴市桐乡市。

【主要特征特性】植株蔓生。小叶近圆形，叶片绿色，叶片脱落性为部分脱落。始花节位4.0节。结荚部位均匀分布，软荚，嫩荚扁条形，长15.2cm，宽1.1cm，喙长0.4cm，荚面微凸，质地平滑，嫩荚横切面桃形，嫩荚浅绿色，直，有缝线，缝线绿色，单荚重7.4g，单株结荚数36.5个，单荚种子数6.0粒。种子卵圆形，种皮褐色，千粒重215.2g。

【优异特性与利用价值】嫩荚荚形漂亮，可作为育种材料。

【濒危状况及保护措施建议】少数农户零星种植，收集困难。建议异位妥善保存，扩大种植面积。

5 景宁四季豆-1

2018332052

【学　名】Leguminosae（豆科）*Phaseolus*（菜豆属）*Phaseolus vulgaris*（菜豆）。

【采集地】浙江省丽水市景宁畲族自治县。

【主要特征特性】植株蔓生。小叶近菱形，叶片绿色，叶片脱落性为完全脱落。始花节位4.0节。结荚部位均匀分布，软荚，嫩荚长扁条形，长14.3cm，宽1.2cm，喙长0.6cm，荚面凸，质地粗糙，嫩荚横切面桃形，嫩荚主色绿色，次色紫红色，微弯曲，有缝线，缝线紫红色，单荚重10.0g，单株结荚数24.0个，单荚种子数7.7粒。种子卵圆形，种皮双色，种皮斑纹为条斑，斑纹色为黑色，千粒重250.2g。

【优异特性与利用价值】一般性种质。

【濒危状况及保护措施建议】少数农户零星种植，收集困难。建议异位妥善保存，扩大种植面积。

6 景宁四季豆-2
2018332092

【学　名】Leguminosae（豆科）*Phaseolus*（菜豆属）*Phaseolus vulgaris*（菜豆）。

【采集地】浙江省丽水市景宁畲族自治县。

【主要特征特性】植株蔓生。小叶近圆形，叶片浅绿色，叶片脱落性为部分脱落。始花节位3.7节。结荚部位均匀分布，软荚，嫩荚长扁条形，长19.3cm，宽0.7cm，喙长1.0cm，荚面凸，质地平滑，嫩荚横切面桃形，嫩荚浅绿色，中度弯曲，有缝线，缝线绿色，单荚重11.2g，单株结荚数24.3个，单荚种子数8.3粒。种子肾形，种皮褐色，千粒重315.4g。

【优异特性与利用价值】豆荚长，可作为育种材料。

【濒危状况及保护措施建议】少数农户零星种植，收集困难。建议异位妥善保存，扩大种植面积。

7 庆元四季豆-1
2018332202

【学　名】Leguminosae（豆科）*Phaseolus*（菜豆属）*Phaseolus vulgaris*（菜豆）。

【采集地】浙江省丽水市庆元县。

【主要特征特性】植株蔓生。小叶近菱形，叶片绿色，叶片脱落性为完全脱落。始花节位2.7节。结荚部位均匀分布，软荚，嫩荚长扁条形，长13.8cm，宽0.9cm，喙长0.5cm，荚面微凸，质地粗糙，嫩荚横切面桃形，嫩荚主色绿色，次色紫红色，微弯曲，有缝线，缝线紫红色，单荚重11.8g，单株结荚数28.5个，单荚种子数8.3粒。种子卵圆形，种皮双色，种皮斑纹为条斑，斑纹色为黑色，千粒重265.2g。

【优异特性与利用价值】一般性种质。

【濒危状况及保护措施建议】少数农户零星种植，收集困难。建议异位妥善保存，扩大种植面积。

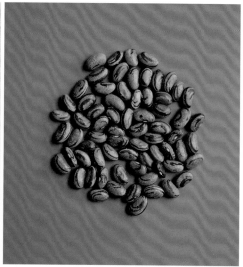

8 庆元四季豆-2

2018332211

【学　名】Leguminosae（豆科）*Phaseolus*（菜豆属）*Phaseolus vulgaris*（菜豆）。

【采集地】浙江省丽水市庆元县。

【主要特征特性】植株蔓生。小叶近圆形，叶片绿色，叶片脱落性为完全脱落。始花节位2.3节。结荚部位均匀分布，软荚，嫩荚长圆棍形，长14.0cm，宽1.1cm，喙长0.4cm，荚面凸，质地平滑，嫩荚横切面桃形，嫩荚绿色，微弯曲，有缝线，缝线绿色，单荚重8.4g，单株结荚数31.5个，单荚种子数6.7粒。种子卵圆形，种皮黑色，千粒重190.2g。

【优异特性与利用价值】一般性种质。

【濒危状况及保护措施建议】少数农户零星种植，收集困难。建议异位妥善保存，扩大种植面积。

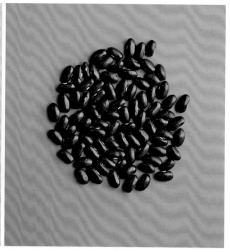

9 庆元四季豆-3

2018332213

【学　名】Leguminosae（豆科）*Phaseolus*（菜豆属）*Phaseolus vulgaris*（菜豆）。
【采集地】浙江省丽水市庆元县。

【主要特征特性】植株蔓生。小叶近菱形，叶片绿色，叶片脱落性为完全脱落。始花节位3.7节。结荚部位均匀分布，软荚，嫩荚长扁条形，长14.3cm，宽1.2cm，喙长0.5cm，荚面微凸，质地粗糙，嫩荚横切面桃形，嫩荚主色紫红色，次色绿色，微弯曲，有缝线，缝线紫红色，单荚重9.6g，单株结荚数29.0个，单荚种子数6.0粒。种子卵圆形，种皮双色，种皮斑纹为条斑，斑纹色为黑色，千粒重240.2g。

【优异特性与利用价值】一般性种质。

【濒危状况及保护措施建议】少数农户零星种植，收集困难。建议异位妥善保存，扩大种植面积。

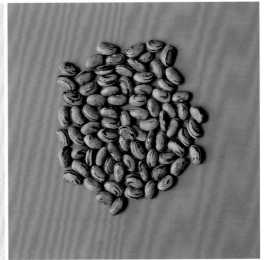

10 庆元四季豆-4

2018332240

【学　名】Leguminosae（豆科）*Phaseolus*（菜豆属）*Phaseolus vulgaris*（菜豆）。
【采集地】浙江省丽水市庆元县。

【主要特征特性】植株蔓生。小叶近圆形，叶片绿色，叶片脱落性为部分脱落。始花节位3.7节。结荚部位均匀分布，软荚，嫩荚长扁条形，长18.7cm，宽1.1cm，喙长0.3cm，荚面凸，质地平滑，嫩荚横切面桃形，嫩荚浅绿色，微弯曲，有缝线，缝线绿色，单荚重13.8g，单株结荚数25.8个，单荚种子数8.7粒。种子卵圆形，种皮褐色，千粒重240.1g。

【优异特性与利用价值】嫩荚荚形漂亮，可作为育种材料。

【濒危状况及保护措施建议】少数农户零星种植，收集困难。建议异位妥善保存，扩大种植面积。

11 开化四季豆-1

2018332405

【学 名】Leguminosae（豆科）*Phaseolus*（菜豆属）*Phaseolus vulgaris*（菜豆）。

【采集地】浙江省衢州市开化县。

【主要特征特性】植株蔓生。小叶近菱形，叶片浅绿色，叶片脱落性为部分脱落。始花节位3.7节。结荚部位均匀分布，软荚，嫩荚长扁条形，长19.2cm，宽1.1cm，喙长0.3cm，荚面凸，质地平滑，嫩荚横切面桃形，嫩荚浅绿色，微弯曲，有缝线，缝线绿色，单荚重13.6g，单株结荚数48.0个，单荚种子数8.7粒。种子肾形，种皮双色，种皮斑纹为宽条斑，斑纹色为褐色，千粒重255.1g。

【优异特性与利用价值】嫩荚荚形漂亮，可作为育种材料。

【濒危状况及保护措施建议】少数农户零星种植，收集困难。建议异位妥善保存，扩大种植面积。

12 开化四季豆-2
2018332424

【学　名】Leguminosae（豆科）Phaseolus（菜豆属）Phaseolus vulgaris（菜豆）。
【采集地】浙江省衢州市开化县。

【主要特征特性】植株蔓生。小叶近圆形，叶片浅绿色，叶片脱落性为部分脱落。始花节位5.0节。结荚部位均匀分布，软荚，嫩荚长扁条形，长17.3cm，宽1.3cm，喙长0.9cm，荚面微凸，质地平滑，嫩荚横切面长梨形，嫩荚浅绿色，微弯曲，有缝线，缝线绿色，单荚重11.2g，单株结荚数28.5个，单荚种子数7.7粒。种子卵圆形，种皮褐色，千粒重275.2g。

【优异特性与利用价值】一般性种质。

【濒危状况及保护措施建议】少数农户零星种植，收集困难。建议异位妥善保存，扩大种植面积。

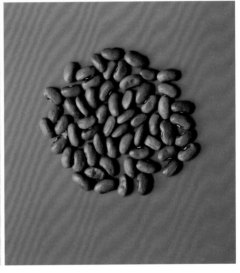

13 开化四季豆-3
2018332439

【学　名】Leguminosae（豆科）Phaseolus（菜豆属）Phaseolus vulgaris（菜豆）。
【采集地】浙江省衢州市开化县。

【主要特征特性】植株蔓生。小叶近圆形，叶片浅绿色，叶片脱落性为部分脱落。始花节位5.7节。结荚部位均匀分布，软荚，嫩荚长扁条形，长16cm，宽1.3cm，喙长0.6cm，荚面微凸，质地平滑，嫩荚横切面长梨形，嫩荚浅绿色，微弯曲，有缝线，缝线绿色，单荚重11.4g，单株结荚数21.0个，单荚种子数7.0粒。种子卵圆形，种皮褐色，千粒重260.2g。

【优异特性与利用价值】一般性种质。

【濒危状况及保护措施建议】少数农户零星种植，收集困难。建议异位妥善保存，扩大种植面积。

 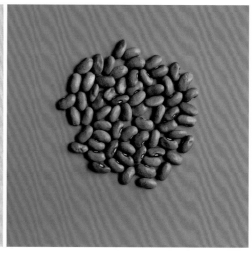

14 衢江四季豆-1

2018333210

【学　名】Leguminosae（豆科）Phaseolus（菜豆属）Phaseolus vulgaris（菜豆）。
【采集地】浙江省衢州市衢江区。

【主要特征特性】植株蔓生。小叶近圆形，叶片绿色，叶片脱落性为完全脱落。始花节位2.7节。结荚部位均匀分布，软荚，嫩荚长扁条形，长14.3cm，宽1.1cm，喙长0.5cm，荚面微凸，质地平滑，嫩荚横切面桃形，嫩荚绿色，直，有缝线，缝线绿色，单荚重7.6g，单株结荚数29.0个，单荚种子数6.7粒。种子卵圆形，种皮白色，千粒重200.2g。

【优异特性与利用价值】一般性种质。

【濒危状况及保护措施建议】少数农户零星种植，收集困难。建议异位妥善保存，扩大种植面积。

 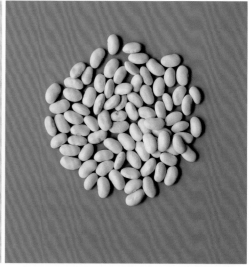

15 衢江四季豆-2

2018333222

【学　名】Leguminosae（豆科）Phaseolus（菜豆属）Phaseolus vulgaris（菜豆）。
【采集地】浙江省衢州市衢江区。

【主要特征特性】植株蔓生。小叶近圆形，叶片绿色，叶片脱落性为完全脱落。始花节位2.7节。结荚部位均匀分布，软荚，嫩荚长扁条形，长14.7cm，宽1.2cm，喙长0.7cm，荚面凸，质地粗糙，嫩荚横切面桃形，嫩荚主色绿色，次色紫红色，微弯曲，有缝线，缝线紫红色，单荚重11.0g，单株结荚数28.3个，单荚种子数8.3粒。种子卵圆形，种皮双色，种皮斑纹为条斑，斑纹色为黑色，千粒重300.1g。

【优异特性与利用价值】一般性种质。

【濒危状况及保护措施建议】少数农户零星种植，收集困难。建议异位妥善保存，扩大种植面积。

16 衢江四季豆-3

2018333243

【学　名】Leguminosae（豆科）Phaseolus（菜豆属）Phaseolus vulgaris（菜豆）。
【采集地】浙江省衢州市衢江区。

【主要特征特性】植株蔓生。小叶近菱形，叶片深绿色，叶片脱落性为完全脱落。始花节位5.0节。结荚部位均匀分布，软荚，嫩荚长扁条形，长15.5cm，宽1.1cm，喙长0.8cm，荚面微凸，质地粗糙，嫩荚横切面桃形，嫩荚主色绿色，次色紫红色，微弯曲，有缝线，缝线绿色，单荚重10.0g，单株结荚数28.0个，单荚种子数7.7粒。种子卵圆形，种皮双色，种皮斑纹为条斑，斑纹色为黑色，千粒重230.1g。

【优异特性与利用价值】一般性种质。

【濒危状况及保护措施建议】少数农户零星种植，收集困难。建议异位妥善保存，扩大种植面积。

17 诸暨四季豆

2018334210

【学　名】Leguminosae（豆科）Phaseolus（菜豆属）Phaseolus vulgaris（菜豆）。
【采集地】浙江省绍兴市诸暨市。

【主要特征特性】植株蔓生。小叶近菱形，叶片绿色，叶片脱落性为部分脱落。始花节位3.0节。结荚部位均匀分布，软荚，嫩荚长扁条形，长19.2cm，宽1.0cm，喙长0.3cm，荚面微凸，质地平滑，嫩荚横切面桃形，嫩荚浅绿色，微弯曲，有缝线，缝线绿色，单荚重13.8g，单株结荚数51.5个，单荚种子数7.7粒。种子肾形，种皮褐色，千粒重260.2g。

【优异特性与利用价值】嫩荚长扁条形，长19.2cm，荚形漂亮，可作为育种材料。

【濒危状况及保护措施建议】少数农户零星种植，收集困难。建议异位妥善保存，扩大种植面积。

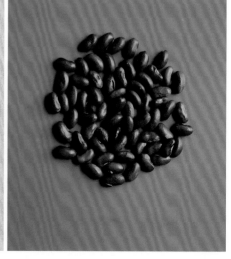

18 矮脚四季豆
2018334327

【学　名】Leguminosae（豆科）*Phaseolus*（菜豆属）*Phaseolus vulgaris*（菜豆）。
【采集地】浙江省台州市仙居县。

【主要特征特性】植株矮生。小叶近菱形，叶片浅绿色，叶片脱落性为部分脱落。始花节位3.0节。结荚部位均匀分布，软荚，嫩荚短扁条形，长13.5cm，宽1.3cm，喙长0.7cm，荚面凸，质地平滑，嫩荚横切面长梨形，嫩荚绿色，直，有缝线，缝线绿色，单荚重12.6g，单株结荚数24.0个，单荚种子数4.3粒。种子圆形，种皮乳白色，千粒重365.0g。

【优异特性与利用价值】一般性种质。

【濒危状况及保护措施建议】少数农户零星种植，收集困难。建议异位妥善保存，扩大种植面积。

 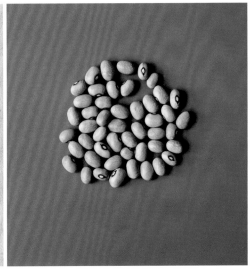

19 临安扁荚
2018334411

【学　名】Leguminosae（豆科）*Phaseolus*（菜豆属）*Phaseolus vulgaris*（菜豆）。
【采集地】浙江省杭州市临安市。

【主要特征特性】植株蔓生。小叶近圆形，叶片绿色，叶片脱落性为完全脱落。始花节位4.3节。结荚部位均匀分布，软荚，嫩荚长扁条形，长15.7cm，宽1.1cm，喙长0.8cm，荚面微凸，质地粗糙，嫩荚横切面长梨形，嫩荚绿色，微弯曲，有缝线，缝线绿色，单荚重9.8g，单株结荚数25.3个，单荚种子数6.3粒。种子卵圆形，种皮黑色，千粒重275.4g。

【优异特性与利用价值】一般性种质。

【濒危状况及保护措施建议】少数农户零星种植，收集困难。建议异位妥善保存，扩大种植面积。

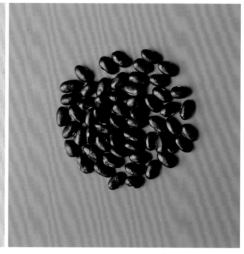

20 红毛四季豆

2018334422

【学　名】Leguminosae（豆科）Phaseolus（菜豆属）Phaseolus vulgaris（菜豆）。

【采集地】浙江省杭州市临安市。

【主要特征特性】植株蔓生。小叶近菱形，叶片绿色，叶片脱落性为部分脱落。始花节位4.0节。结荚部位均匀分布，软荚，嫩荚弯扁条形，长16.5cm，宽1.3cm，喙长0.8cm，荚面凸，质地粗糙，嫩荚横切面桃形，嫩荚主色绿色，次色紫红色，直，有缝线，缝线紫红色，单荚重8.2g，单株结荚数25.5个，单荚种子数7.7粒。种子卵圆形，种皮双色，种皮斑纹为条斑，斑纹色为褐色，千粒重260.2g。

【优异特性与利用价值】一般性种质。

【濒危状况及保护措施建议】少数农户零星种植，收集困难。建议异位妥善保存，扩大种植面积。

21 临安四季豆

2019334498

【学　名】Leguminosae（豆科）Phaseolus（菜豆属）Phaseolus vulgaris（菜豆）。
【采集地】浙江省杭州市临安市。

【主要特征特性】植株蔓生。小叶近菱形，叶片绿色，叶片脱落性为部分脱落。始花节位3.0节。结荚部位均匀分布，软荚，嫩荚长扁条形，长14.5cm，宽1.2cm，喙长0.9cm，荚面凸，质地粗糙，嫩荚横切面桃形，嫩荚主色绿色，次色紫红色，直，有缝线，缝线绿色，单荚重12.3g，单株结荚数34.1个，单荚种子数7.2粒。种子肾形，种皮双色，千粒重250.1g。

【优异特性与利用价值】嫩荚长扁条形，长14.5cm，荚形漂亮。

【濒危状况及保护措施建议】少数农户零星种植，收集困难。建议异位妥善保存，扩大种植面积。

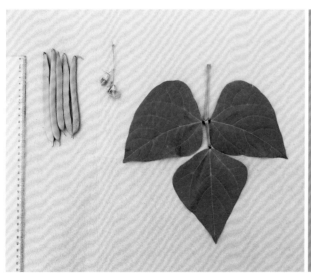

22 花梅豆

P330182016

【学　名】Leguminosae（豆科）Phaseolus（菜豆属）Phaseolus vulgaris（菜豆）。
【采集地】浙江省杭州市建德市。

【主要特征特性】植株蔓生。小叶近圆形，叶片绿色，叶片脱落性为完全脱落。始花节位3.7节。结荚部位均匀分布，软荚，嫩荚长扁条形，长15.2cm，宽0.9cm，喙长0.5cm，荚面微凸，质地粗糙，嫩荚横切面桃形，嫩荚主色绿色，次色紫红色，直，有缝线，缝线绿色，单荚重13.4g，单株结荚数30.0个，单荚种子数7.7粒。种子卵圆形，种皮双色，种皮斑纹为条斑，斑纹色为褐色，千粒重245.2g。

【优异特性与利用价值】嫩荚长扁条形，长15.2cm，荚形漂亮。

【濒危状况及保护措施建议】少数农户零星种植，收集困难。建议异位妥善保存，扩大种植面积。

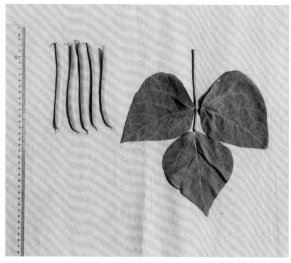

23 花籽扁梅豆荚

P330726033

【学　名】Leguminosae（豆科）Phaseolus（菜豆属）Phaseolus vulgaris（菜豆）。
【采集地】浙江省金华市浦江县。

【主要特征特性】植株蔓生。小叶近菱形，叶片绿色，叶片脱落性为完全脱落。始花节位3.3节。结荚部位均匀分布，软荚，嫩荚长扁条形，长15.7cm，宽0.9cm，喙长0.7cm，荚面微凸，质地平滑，嫩荚横切面桃形，嫩荚主色绿色，次色浅绿色，微弯曲，有缝线，缝线浅紫色，单荚重12.8g，单株结荚数22.0个，单荚种子数7.7粒。种子肾形，种皮双色，种皮斑纹为条斑，斑纹色为褐色，千粒重270.3g。

【优异特性与利用价值】一般性种质。

【濒危状况及保护措施建议】少数农户零星种植，收集困难。建议异位妥善保存，扩大种植面积。

24 兰溪白花白荚

P330781018

【学 名】Leguminosae（豆科）Phaseolus（菜豆属）Phaseolus vulgaris（菜豆）。

【采集地】浙江省金华市兰溪市。

【主要特征特性】植株蔓生。小叶近圆形，叶片绿色，叶片脱落性为部分脱落。始花节位3.7节。结荚部位均匀分布，软荚，嫩荚长扁条形，长16.8cm，宽1.7cm，喙长0.4cm，荚面微凸，质地平滑，嫩荚横切面长梨形，嫩荚浅绿色，微弯曲，有缝线，缝线绿色，单荚重15.0g，单株结荚数24.0个，单荚种子数8.7粒。种子肾形，种皮红褐色，千粒重250.1g。

【优异特性与利用价值】嫩荚长扁条形，荚形漂亮，可作为育种材料。

【濒危状况及保护措施建议】少数农户零星种植，收集困难。建议异位妥善保存，扩大种植面积。

25 土京豆-1

P330784011

【学 名】Leguminosae（豆科）Phaseolus（菜豆属）Phaseolus vulgaris（菜豆）。

【采集地】浙江省金华市永康市。

【主要特征特性】植株蔓生。小叶近菱形，叶片绿色，叶片脱落性为完全脱落。始花节位3.7节。结荚部位均匀分布，软荚，嫩荚长扁条形，长13.8cm，宽0.9cm，喙长0.5cm，荚面微凸，质地粗糙，嫩荚横切面桃形，嫩荚浅绿色，微弯曲，有缝线，缝线绿色，单荚重9.4g，单株结荚数23.0个，单荚种子数6.7粒。种子卵圆形，种皮双色，种皮斑纹为条斑，斑纹色为褐色，千粒重255.4g。

【优异特性与利用价值】一般性种质。

【濒危状况及保护措施建议】少数农户零星种植，收集困难。建议异位妥善保存，扩大种植面积。

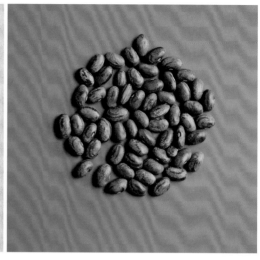

26 土京豆-2

【学　名】 Leguminosae（豆科）Phaseolus（菜豆属）Phaseolus vulgaris（菜豆）。

P330784026　**【采集地】** 浙江省金华市永康市。

【主要特征特性】 植株蔓生。小叶近菱形，叶片浅绿色，叶片脱落性为完全脱落。始花节位3.0节。结荚部位均匀分布，软荚，嫩荚长扁条形，长13.3cm，宽0.8cm，喙长0.5cm，荚面微凸，质地平滑，嫩荚横切面桃形，嫩荚主色绿色，次色浅红色，微弯曲，有缝线，缝线紫红色，单荚重16.6g，单株结荚数27.5个，单荚种子数7.7粒。种子卵圆形，种皮双色，种皮斑纹为条斑，斑纹色为褐色，千粒重265.0g。

【优异特性与利用价值】 一般性种质。

【濒危状况及保护措施建议】 少数农户零星种植，收集困难。建议异位妥善保存，扩大种植面积。

27 仙居矮脚金豆

P331024004

【学　名】Leguminosae（豆科）Phaseolus（菜豆属）Phaseolus vulgaris（菜豆）。

【采集地】浙江省台州市仙居县。

【主要特征特性】植株矮生。小叶近菱形，叶片浅绿色，叶片脱落性为部分脱落。始花节位3.0节。结荚部位均匀分布，软荚，嫩荚长扁条形，长11.8cm，宽0.8cm，喙长0.6cm，荚面凸，质地平滑，嫩荚横切面长梨形，嫩荚浅绿色，直，有缝线，缝线绿色，单荚重8.2g，单株结荚数22.3个，单荚种子数5.0粒。种子圆形，种皮乳白色，千粒重355.4g。

【优异特性与利用价值】一般性种质。

【濒危状况及保护措施建议】少数农户零星种植，收集困难。建议异位妥善保存，扩大种植面积。

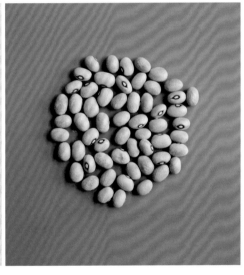

28 三都春分豆

P331124017

【学　名】Leguminosae（豆科）Phaseolus（菜豆属）Phaseolus vulgaris（菜豆）。

【采集地】浙江省丽水市松阳县。

【主要特征特性】植株蔓生。小叶近菱形，叶片绿色，叶片脱落性为完全脱落。始花节位2.7节。结荚部位均匀分布，硬荚，嫩荚长扁条形，长14.7cm，宽1.2cm，喙长0.6cm，荚面微凸，质地粗糙，嫩荚横切面桃形，嫩荚主色绿色，次色紫红色，微弯曲，有缝线，缝线紫红色，单荚重11.2g，单株结荚数26.0个，单荚种子数7.7粒。种子卵圆形，种皮双色，种皮斑纹为条斑，斑纹色为褐色，千粒重255.1g。

【优异特性与利用价值】一般性种质。

【濒危状况及保护措施建议】少数农户零星种植，收集困难。建议异位妥善保存，扩大种植面积。

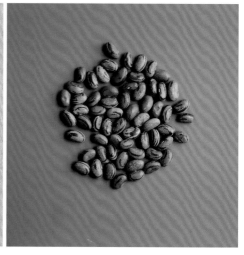

第三节　豌豆种质资源

1 文成中号豌豆-1

P330328004

【学　名】Leguminosae（豆科）*Pisum*（豌豆属）*Pisum sativum*（豌豆）。

【采集地】浙江省温州市文成县。

【主要特征特性】植株蔓生，株高224.3cm。主茎节数22.3节。叶绿色，叶表剥蚀斑多，无叶腋花青斑，复叶叶型普通，托叶叶型普通，小叶数4～6片，小叶叶缘锯齿。鲜茎绿色。花白色，初花节位14，每花序花数1或2朵。鲜荚为硬荚，荚绿色，呈镰刀形，尖端形状锐，荚长9.4cm、宽1.3cm，单荚重4.7g，单荚粒数7.6粒。鲜籽粒绿色，干籽粒扁球形，种子表面光滑，粒色黄色，百粒重16.81g。

【优异特性与利用价值】一般性种质。

【濒危状况及保护措施建议】少数农户零星种植，收集困难。建议异位妥善保存，扩大种植面积。

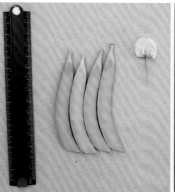
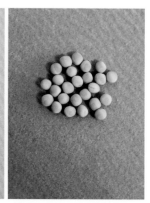

2 乾潭豌豆

2017332041

【学　名】Leguminosae（豆科）*Pisum*（豌豆属）*Pisum sativum*（豌豆）。

【采集地】浙江省杭州市建德市。

【主要特征特性】植株蔓生，株高254.3cm。主茎节数15.0节。叶绿色，叶表剥蚀斑多，无叶腋花青斑，复叶叶型普通，托叶叶型普通，小叶数2～6片，小叶叶缘锯齿。鲜茎绿色。花白色，初花节位18，每花序花数1或2朵。鲜荚为硬荚，荚绿色，呈直形，尖端形状钝，荚长6.6cm、宽1.3cm，单荚重3.3g，单荚粒数5.6粒。鲜籽粒绿色，干籽粒球形，种子表面光滑，粒色黄色，百粒重24.67g。

【优异特性与利用价值】一般性种质。

【濒危状况及保护措施建议】少数农户零星种植，收集困难。建议异位妥善保存，扩大种植面积。

3 麦豆子-2

2017335025

【学　名】Leguminosae（豆科）*Pisum*（豌豆属）*Pisum sativum*（豌豆）。

【采集地】浙江省温州市苍南县。

【主要特征特性】植株蔓生，株高223.0cm。主茎节数13.0节。叶绿色，叶表剥蚀斑少，有叶腋花青斑，复叶叶型普通，托叶叶型普通，小叶数4～6片，小叶叶缘锯齿。鲜茎绿色带紫斑纹。花紫红色，初花节位16，每花序花数1或2朵。鲜荚为软荚，荚绿色，呈镰刀形，尖端形状锐，荚长8.1cm、宽1.5cm，单荚重6.1g，单荚粒数8.3粒。鲜籽粒绿色，干籽粒扁球形，种子表面光滑，粒色浅褐色，百粒重18.53g。

【优异特性与利用价值】一般性种质。

【濒危状况及保护措施建议】少数农户零星种植，收集困难。建议异位妥善保存，扩大种植面积。

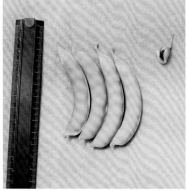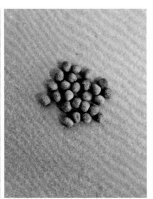

4 麦豆子-1　【学　名】Leguminosae（豆科）Pisum（豌豆属）Pisum sativum（豌豆）。
2017335024　【采集地】浙江省温州市苍南县。

【主要特征特性】植株蔓生，株高175.0cm。主茎节数13.7节。叶绿色，叶表剥蚀斑少，无叶腋花青斑，复叶叶型普通，托叶叶型普通，小叶数4～6片，小叶叶缘锯齿。鲜茎绿色。花白色，初花节位13，每花序花数1或2朵。鲜荚为硬荚，荚绿色，呈直形，尖端形状钝，荚长7.9cm、宽1.4cm，单荚重5.7g，单荚粒数7.3粒。鲜籽粒绿色，干籽粒扁球形，种子表面光滑，粒色黄色，百粒重20.2g。

【优异特性与利用价值】一般性种质。

【濒危状况及保护措施建议】少数农户零星种植，收集困难。建议异位妥善保存，扩大种植面积。

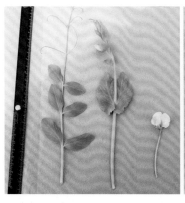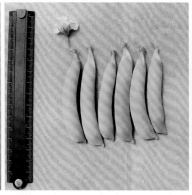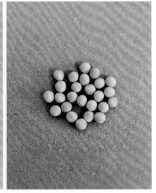

5 衢江豌豆-1　【学　名】Leguminosae（豆科）Pisum（豌豆属）Pisum sativum（豌豆）。
2018333221　【采集地】浙江省衢州市衢江区。

【主要特征特性】植株蔓生，株高188.0cm。主茎节数22.3节。叶绿色，叶表剥蚀斑多，无叶腋花青斑，复叶叶型普通，托叶叶型普通，小叶数2～8片，小叶叶缘全缘。鲜茎绿色。花白色，初花节位17，每花序花数1或2朵。鲜荚为软荚，荚绿色，呈直形，尖端形状钝，荚长6.8cm、宽1.6cm，单荚重1.5g，单荚粒数5.7粒。鲜籽粒绿色，干籽粒球形，种子表面光滑，粒色黄色，百粒重26.5g。

【优异特性与利用价值】一般性种质。

【濒危状况及保护措施建议】少数农户零星种植，收集困难。建议异位妥善保存，扩大种植面积。

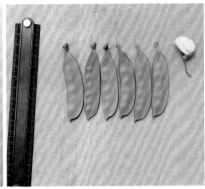

6 桐乡软壳豌豆
2018331454

【学　名】Leguminosae（豆科）Pisum（豌豆属）Pisum sativum（豌豆）。

【采集地】浙江省嘉兴市桐乡市。

【主要特征特性】植株蔓生，株高217.3cm。主茎节数21.3节。叶绿色，叶表剥蚀斑多，有明显的叶腋花青斑，复叶叶型普通，托叶叶型普通，小叶数2～6片，小叶叶缘锯齿。鲜茎绿色。花紫红色，初花节位17，每花序花数1朵。鲜荚为软荚，荚绿色，呈联珠形，尖端形状锐，荚长8.3cm、宽1.5cm，单荚重4.8g，单荚粒数7.7粒。鲜籽粒绿色，干籽粒扁球形，种子表面凹坑，粒色褐色，百粒重22.6g。

【优异特性与利用价值】一般性种质。

【濒危状况及保护措施建议】少数农户零星种植，收集困难。建议异位妥善保存，扩大种植面积。

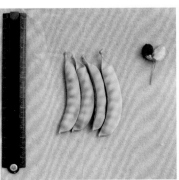

7 嘉善软壳豌豆

2018335478

【学　名】Leguminosae（豆科）Pisum（豌豆属）Pisum sativum（豌豆）。

【采集地】浙江省嘉兴市嘉善县。

【主要特征特性】植株蔓生，株高204.0cm。主茎节数20.7节。叶绿色，叶表剥蚀斑多，有叶腋花青斑，复叶叶型普通，托叶叶型普通，小叶数2～6片，小叶叶缘锯齿。鲜茎绿色。花紫红色，初花节位14，每花序花数1或2朵。鲜荚为软荚，荚绿色，呈联珠形，尖端形状钝，荚长7.8cm、宽1.5cm，单荚重3.1g，单荚粒数7.0粒。鲜籽粒绿色，干籽粒扁球形，种子表面凹坑，粒色褐色，百粒重20.0g。

【优异特性与利用价值】一般性种质。

【濒危状况及保护措施建议】少数农户零星种植，收集困难。建议异位妥善保存，扩大种植面积。

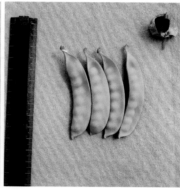

8 甜脆豆

P331021006

【学　名】Leguminosae（豆科）Pisum（豌豆属）Pisum sativum（豌豆）。

【采集地】浙江省台州市玉环县。

【主要特征特性】植株蔓生，株高215.0cm。主茎节数17.0节。叶绿色，叶表剥蚀斑多，有叶腋花青斑，复叶叶型普通，托叶叶型普通，小叶数4～6片，小叶叶缘锯齿。鲜茎绿色。花紫红色，初花节位19，每花序花数1或2朵。鲜荚为软荚，荚绿色，呈联珠形，尖端形状钝，荚长7.5cm、宽1.6cm，单荚重2.5g，单荚粒数7.7粒。鲜籽粒绿色，干籽粒柱形，种子表面皱缩，粒色绿色，百粒重19.3g。

【优异特性与利用价值】一般性种质。

【濒危状况及保护措施建议】少数农户零星种植，收集困难。建议异位妥善保存，扩大种植面积。

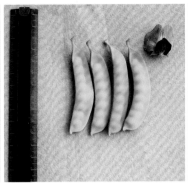

9 濮院豌豆
2018331467

【学　名】Leguminosae（豆科）Pisum（豌豆属）Pisum sativum（豌豆）。
【采集地】浙江省嘉兴市桐乡市。

【主要特征特性】植株蔓生，株高212.0cm。主茎节数20.3节。叶绿色，叶表剥蚀斑多，无叶腋花青斑，复叶叶型普通，托叶叶型普通，小叶数2～6片，小叶叶缘全缘。鲜茎绿色。花白色，初花节位18，每花序花数1或2朵。鲜荚为硬荚，荚绿色，呈直形，尖端形状钝，荚长6.7cm，宽1.4cm，单荚重3.3g，单荚粒数6.0粒。鲜籽粒绿色，干籽粒扁球形，种子表面光滑，粒色黄色，百粒重20.2g。
【优异特性与利用价值】一般性种质。
【濒危状况及保护措施建议】少数农户零星种植，收集困难。建议异位妥善保存，扩大种植面积。

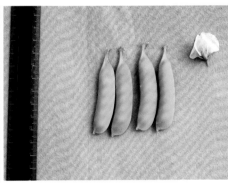

10 赵家蚕豆
2018334148

【学　名】Leguminosae（豆科）Pisum（豌豆属）Pisum sativum（豌豆）。
【采集地】浙江省绍兴市诸暨市。

【主要特征特性】植株蔓生，株高214.7cm。主茎节数19.7节。叶绿色，叶表剥蚀斑多，无叶腋花青斑，复叶叶型普通，托叶叶型普通，小叶数4～6片，小叶叶缘锯齿。鲜茎绿色。花白色，初花节位11，每花序花数1或2朵。鲜荚为硬荚，荚绿色，呈直形，尖端形状钝，荚长7.4cm、宽1.4cm，单荚重4.5g，单荚粒数6.0粒。鲜籽粒绿色，干籽粒扁球形，种子表面光滑，粒色黄色，百粒重29.1g。

【优异特性与利用价值】一般性种质。

【濒危状况及保护措施建议】少数农户零星种植，收集困难。建议异位妥善保存，扩大种植面积。

 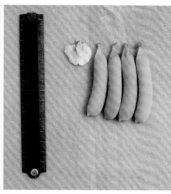 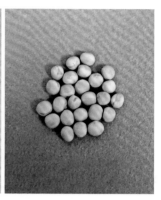

11 平阳软壳豌豆

P330326026

【学　名】Leguminosae（豆科）Pisum（豌豆属）Pisum sativum（豌豆）。

【采集地】浙江省温州市平阳县。

【主要特征特性】植株蔓生，株高170.3cm。主茎节数20.0节。叶绿色，叶表剥蚀斑多，有明显的叶腋花青斑，复叶叶型普通，托叶叶型普通，小叶数4～7片，小叶叶缘锯齿。鲜茎绿色带有紫斑纹。花紫红色，初花节位13，每花序花数1或2朵。鲜荚为软荚，荚绿色，呈联珠形，尖端形状锐，荚长7.7cm、宽1.3cm，单荚重4.2g，单荚粒数7.0粒。鲜籽粒绿色，干籽粒柱形，种子表面凹坑，粒色褐色，百粒重17.3g。

【优异特性与利用价值】一般性种质。

【濒危状况及保护措施建议】少数农户零星种植，收集困难。建议异位妥善保存，扩大种植面积。

 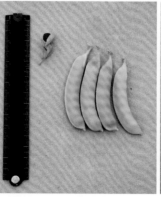 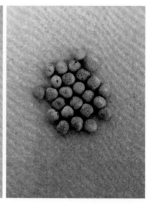

12 临海豌豆

P331082025

【学　名】Leguminosae（豆科）*Pisum*（豌豆属）*Pisum sativum*（豌豆）。

【采集地】浙江省台州市临海市。

【主要特征特性】植株蔓生，株高188.7cm。主茎节数20.0节。叶绿色，叶表剥蚀斑多，无叶腋花青斑，复叶叶型普通，托叶叶型普通，小叶数4～6片，小叶叶缘锯齿。鲜茎绿色。花白色，初花节位15，每花序花数1或2朵。鲜荚为硬荚，荚绿色，呈直形，尖端形状钝，荚长6.8cm、宽1.4cm，单荚重4.6g，单荚粒数5.7粒。鲜籽粒绿色，干籽粒球形，种子表面光滑，粒色黄色，百粒重25.0g。

【优异特性与利用价值】一般性种质。

【濒危状况及保护措施建议】少数农户零星种植，收集困难。建议异位妥善保存，扩大种植面积。

13 奉化白花豌豆

2017334051

【学　名】Leguminosae（豆科）*Pisum*（豌豆属）*Pisum sativum*（豌豆）。

【采集地】浙江省宁波市奉化市。

【主要特征特性】植株蔓生，株高176.0cm。主茎节数20.0节。叶绿色，叶表剥蚀斑多，无叶腋花青斑，复叶叶型普通，托叶叶型普通，小叶数4～6片，小叶叶缘全缘。鲜茎绿色。花白色，初花节位19，每花序花数1或2朵。鲜荚为硬荚，荚绿色，呈直形，尖端形状钝，荚长7.6cm、宽1.5cm，单荚重5.5g，单荚粒数6.7粒。鲜籽粒绿色，干籽粒球形，种子表面光滑，粒色黄色，百粒重25.0g。

【优异特性与利用价值】一般性种质。

【濒危状况及保护措施建议】少数农户零星种植，收集困难。建议异位妥善保存，扩大种植面积。

14 衢江豌豆-2
2018333247

【学　名】Leguminosae（豆科）*Pisum*（豌豆属）*Pisum sativum*（豌豆）。

【采集地】浙江省衢州市衢江区。

【主要特征特性】植株蔓生，株高154.0cm。主茎节数9.3节。叶绿色，叶表剥蚀斑多，无叶腋花青斑，复叶叶型普通，托叶叶型普通，小叶数4～6，小叶叶缘锯齿。鲜茎绿色。花白色，初花节位18，每花序花数1或2朵。鲜荚为硬荚，荚绿色，呈直形，尖端形状钝，荚长7.9cm、宽1.4cm，单荚重2.3g，单荚粒数7.3粒。鲜籽粒绿色，干籽粒扁球形，种子表面光滑，粒色黄色，百粒重18.5g。

【优异特性与利用价值】一般性种质。

【濒危状况及保护措施建议】少数农户零星种植，收集困难。建议异位妥善保存，扩大种植面积。

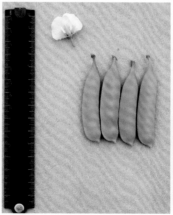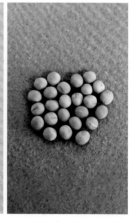

15 煤山豌豆　【学　名】Leguminosae（豆科）*Pisum*（豌豆属）*Pisum sativum*（豌豆）。
2018331246　　【采集地】浙江省湖州市长兴县。

【主要特征特性】植株蔓生，株高204.3cm。主茎节数22.7节。叶绿色，叶表剥蚀斑多，有明显的叶腋花青斑，复叶叶型普通，托叶叶型普通，小叶数2～8片，小叶叶缘锯齿。鲜茎绿色。花紫红色，初花节位18，每花序花数1或2朵。鲜荚为软荚，荚绿色，呈联珠形，尖端形状锐，荚长7.7cm、宽1.4cm，单荚重4.0g，单荚粒数7.3粒。鲜籽粒绿色，干籽粒扁球形，种子表面凹坑，粒色斑纹，百粒重17.9g。

【优异特性与利用价值】一般性种质。

【濒危状况及保护措施建议】少数农户零星种植，收集困难。建议异位妥善保存，扩大种植面积。

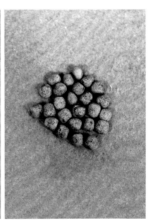

16 石门豌豆-1　【学　名】Leguminosae（豆科）*Pisum*（豌豆属）*Pisum sativum*（豌豆）。
2018331440　　【采集地】浙江省嘉兴市桐乡市。

【主要特征特性】植株蔓生，株高203.0cm。主茎节数19.3节。叶绿色，叶表剥蚀斑多，无叶腋花青斑，复叶叶型普通，托叶叶型普通，小叶数2～6片，小叶叶缘锯齿。鲜茎绿色。花白色，初花节位19，每花序花数1或2朵。鲜荚为硬荚，荚绿色，呈直形，尖端形状钝，荚长7.1cm、宽1.3cm，单荚重4.0g，单荚粒数6.0粒。鲜籽粒绿色，干籽粒球形，种子表面光滑，粒色黄色，百粒重26.8g。

【优异特性与利用价值】一般性种质。

【濒危状况及保护措施建议】少数农户零星种植，收集困难。建议异位妥善保存，扩大种植面积。

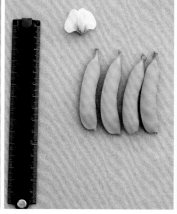

17 黄田麦豆

2018332244

【学 名】Leguminosae（豆科）*Pisum*（豌豆属）*Pisum sativum*（豌豆）。

【采集地】浙江省丽水市庆元县。

【主要特征特性】植株蔓生，株高176.3cm。主茎节数15.3节。叶绿色，叶表剥蚀斑多，有明显的叶腋花青斑，复叶叶型普通，托叶叶型普通，小叶数4～6片，小叶叶缘全缘。鲜茎绿色带有紫斑纹。花紫红色，初花节位12，每花序花数2朵。鲜荚为软荚，荚绿色，呈联珠形，尖端形状锐，荚长7.4cm、宽1.3cm，单荚重4.2g，单荚粒数7.0粒。鲜籽粒绿色，干籽粒扁球形，种子表面凹坑，粒色浅褐色，百粒重14.5g。

【优异特性与利用价值】一般性种质。

【濒危状况及保护措施建议】少数农户零星种植，收集困难。建议异位妥善保存，扩大种植面积。

18 莲都吃荚豌豆

P331102020

【学　名】Leguminosae（豆科）Pisum（豌豆属）Pisum sativum（豌豆）。

【采集地】浙江省丽水市莲都区。

【主要特征特性】植株蔓生，株高189.3cm。主茎节数17.3节。叶绿色，叶表剥蚀斑多，无叶腋花青斑，复叶叶型普通，托叶叶型普通，小叶数4～6片，小叶叶缘锯齿。鲜茎绿色。花白色，初花节位13，每花序花数1或2朵。鲜荚为软荚，荚绿色，呈马刀形，尖端形状锐，荚长7.1cm、宽1.2cm，单荚重3.4g，单荚粒数7.0粒。鲜籽粒绿色，干籽粒球形，种子表面光滑，粒色黄色，百粒重12.8g。

【优异特性与利用价值】一般性种质。

【濒危状况及保护措施建议】少数农户零星种植，收集困难。建议异位妥善保存，扩大种植面积。

19 瑞安吃荚豌豆

2018335252

【学　名】Leguminosae（豆科）Pisum（豌豆属）Pisum sativum（豌豆）。

【采集地】浙江省温州市瑞安市。

【主要特征特性】植株蔓生，株高204.3cm。主茎节数21.0节。叶绿色，叶表剥蚀斑多，无叶腋花青斑，复叶叶型普通，托叶叶型普通，小叶数4～6片，小叶叶缘锯齿。鲜茎绿色。花白色，初花节位17，每花序花数1或2朵。鲜荚为硬荚，荚绿色，呈直形，尖端形状钝，荚长6.1cm、宽1.4cm，单荚重3.3g，单荚粒数5.0粒。鲜籽粒浅绿色，干籽粒球形，种子表面光滑，粒色黄色，百粒重23.0g。

【优异特性与利用价值】一般性种质。

【濒危状况及保护措施建议】少数农户零星种植，收集困难。建议异位妥善保存，扩大种植面积。

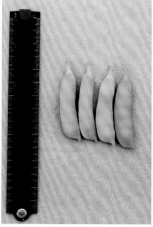

20 石门豌豆-2
2018331441

【学　名】Leguminosae（豆科）*Pisum*（豌豆属）*Pisum sativum*（豌豆）。

【采集地】浙江省嘉兴市桐乡市。

【主要特征特性】植株蔓生，株高180.7cm。主茎节数23.0节。叶绿色，叶表剥蚀斑多，无叶腋花青斑，复叶叶型普通，托叶叶型普通，小叶数2～6片，小叶叶缘全缘。鲜茎绿色。花白色，初花节位21，每花序花数1或2朵。鲜荚为硬荚，荚绿色，呈直形，尖端形状钝，荚长8.4cm、宽1.9cm，单荚重6.6g，单荚粒数7.7粒。鲜籽粒深绿色，干籽粒扁球形，种子表面皱缩，粒色黄色，百粒重20.8g。

【优异特性与利用价值】一般性种质。

【濒危状况及保护措施建议】少数农户零星种植，收集困难。建议异位妥善保存，扩大种植面积。

21 大均硬壳豌豆
2018332073

【学　名】Leguminosae（豆科）Pisum（豌豆属）Pisum sativum（豌豆）。
【采集地】浙江省丽水市景宁畲族自治县。

【主要特征特性】植株矮生，株高157.3cm。主茎节数22.0节。叶深绿色，叶表剥蚀斑多，无叶腋花青斑，无复叶，托叶叶型普通。鲜茎绿色。花白色，初花节位20，每花序花数2朵。鲜荚为硬荚，荚绿色，呈马刀形，尖端形状锐，荚长6.8cm、宽1.4cm，单荚重1.3g，单荚粒数5.7粒。鲜籽粒绿色，干籽粒扁球形，种子表面光滑，粒色黄色，百粒重20.5g。

【优异特性与利用价值】一般性种质。

【濒危状况及保护措施建议】少数农户零星种植，收集困难。建议异位妥善保存，扩大种植面积。

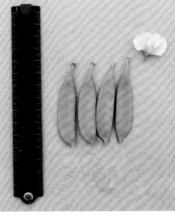

22 武义小蚕豆
2018331002

【学　名】Leguminosae（豆科）Pisum（豌豆属）Pisum sativum（豌豆）。
【采集地】浙江省金华市武义县。

【主要特征特性】植株蔓生，株高174.7cm。主茎节数19.3节。叶绿色，叶表剥蚀斑少，无叶腋花青斑，复叶叶型普通，托叶叶型普通，小叶数4~8片，小叶叶缘全缘。鲜茎绿色。花白色，初花节位19，每花序花数1或2朵。鲜荚为硬荚，荚绿色，呈直形，尖端形状钝，荚长6.8cm、宽1.5cm，单荚重2.2g，单荚粒数4.7粒。鲜籽粒绿色，干籽粒球形，种子表面光滑，粒色黄色，百粒重19.4g。

【优异特性与利用价值】一般性种质。

【濒危状况及保护措施建议】少数农户零星种植，收集困难。建议异位妥善保存，扩大种植面积。

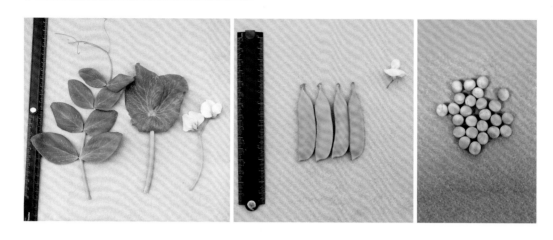

23 郑坑软壳豌豆

2018332112

【学　名】Leguminosae（豆科）*Pisum*（豌豆属）*Pisum sativum*（豌豆）。

【采集地】浙江省丽水市景宁畲族自治县。

【主要特征特性】植株蔓生，株高182.0cm。主茎节数21.0节。叶绿色，叶表剥蚀斑多，有明显的叶腋花青斑，复叶叶型普通，托叶叶型普通，小叶数2～8片，小叶叶缘全缘。鲜茎绿色。花紫红色，初花节位17，每花序花数1或2朵。鲜荚为软荚，荚绿色，呈镰刀形，尖端形状锐，荚长7.0cm、宽1.3cm，单荚重3.8g，单荚粒数6.0粒。鲜籽粒浅绿色，干籽粒扁球形，种子表面凹坑，粒色褐色，百粒重18.4g。

【优异特性与利用价值】一般性种质。

【濒危状况及保护措施建议】少数农户零星种植，收集困难。建议异位妥善保存，扩大种植面积。

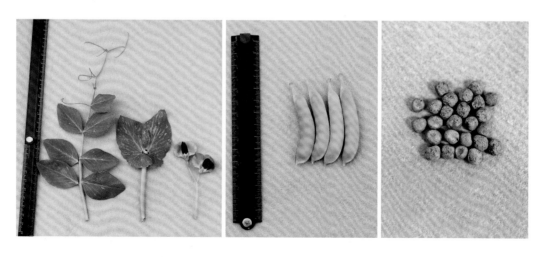

24 松阳土麦豆
P331124010

【学　名】Leguminosae（豆科）Pisum（豌豆属）Pisum sativum（豌豆）。
【采集地】浙江省丽水市松阳县。

【主要特征特性】植株蔓生，株高172.3cm。主茎节数20.7节。叶绿色，叶表剥蚀斑多，无叶腋花青斑，复叶叶型普通，托叶叶型普通，小叶数4～6片，小叶叶缘全缘。鲜茎绿色。花白色，初花节位15，每花序花数1或2朵。鲜荚为硬荚，荚浅绿色，呈马刀形，尖端形状钝，荚长7.0cm、宽1.4cm，单荚重3.4g，单荚粒数5.7粒。鲜籽粒浅绿色，干籽粒球形，种子表面光滑，粒色黄色，百粒重17.1g。

【优异特性与利用价值】一般性种质。

【濒危状况及保护措施建议】少数农户零星种植，收集困难。建议异位妥善保存，扩大种植面积。

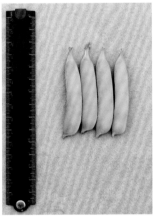

25 大均豌豆
2018332072

【学　名】Leguminosae（豆科）Pisum（豌豆属）Pisum sativum（豌豆）。
【采集地】浙江省丽水市景宁畲族自治县。

【主要特征特性】植株蔓生，株高178.7cm。主茎节数17.7节。叶绿色，叶表剥蚀斑多，无叶腋花青斑，复叶叶型普通，托叶叶型普通，小叶数4～6片，小叶叶缘锯齿。鲜茎绿色。花白色，初花节位13，每花序花数1或2朵。鲜荚为硬荚，荚浅绿色，呈镰刀形，尖端形状锐，荚长7.0cm、宽1.4cm，单荚重5.7g，单荚粒数6.7粒。鲜籽粒深绿色，干籽粒柱形，种子表面皱缩，粒色绿色，百粒重19.8g。

【优异特性与利用价值】一般性种质。

【濒危状况及保护措施建议】少数农户零星种植，收集困难。建议异位妥善保存，扩大种植面积。

26 红星豌豆

2018332045

【学　名】Leguminosae（豆科）Pisum（豌豆属）Pisum sativum（豌豆）。

【采集地】浙江省丽水市景宁畲族自治县。

【主要特征特性】植株蔓生，株高164.3cm。主茎节数19.0节。叶绿色，叶表剥蚀斑少，无叶腋花青斑，复叶叶型普通，托叶叶型普通，小叶数4～6片，小叶叶缘锯齿。鲜茎绿色。花白色，初花节位17，每花序花数2朵。鲜荚为硬荚，荚浅绿色，呈直形，尖端形状钝，荚长6.5cm、宽1.2cm，单荚重3.6g，单荚粒数6.3粒。鲜籽粒浅绿色，干籽粒球形，种子表面光滑，粒色黄色，百粒重19.7g。

【优异特性与利用价值】一般性种质。

【濒危状况及保护措施建议】少数农户零星种植，收集困难。建议异位妥善保存，扩大种植面积。

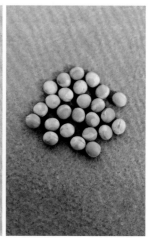

27 绿壳鲜豆

2017334052

【学　名】Leguminosae（豆科）*Pisum*（豌豆属）*Pisum sativum*（豌豆）。

【采集地】浙江省宁波市奉化市。

【主要特征特性】植株蔓生，株高176.3cm。主茎节数14.0节。叶深绿色，叶表剥蚀斑少，无叶腋花青斑，复叶叶型普通，托叶叶型普通，小叶数4～6片，小叶叶缘全缘。鲜茎绿色。花紫红色，初花节位16，每花序花数1或2朵。鲜荚为软荚，荚绿色，呈联珠形，尖端形状锐，荚长7.5cm、宽1.5cm，单荚重1.9g，单荚粒数7.7粒。鲜籽粒绿色，干籽粒扁球形，种子表面凹坑，粒色褐色，百粒重17.8g。

【优异特性与利用价值】一般性种质。

【濒危状况及保护措施建议】少数农户零星种植，收集困难。建议异位妥善保存，扩大种植面积。

28 本地大白

P330604020

【学　名】Leguminosae（豆科）*Pisum*（豌豆属）*Pisum sativum*（豌豆）。

【采集地】浙江省绍兴市上虞区。

【主要特征特性】植株蔓生，株高204.7cm。主茎节数17.7节。叶深绿色，叶表剥蚀斑多，无叶腋花青斑，复叶叶型普通，托叶叶型普通，小叶数2～8片，小叶叶缘锯齿。鲜茎绿色。花白色，初花节位16，每花序花数1或2朵。鲜荚为硬荚，荚浅绿色，呈直形，尖端形状钝，荚长6.4cm、宽1.3cm，单荚重3.4g，单荚粒数5.3粒。鲜籽粒浅绿色，干籽粒球形，种子表面光滑，粒色黄色，百粒重24.9g。

【优异特性与利用价值】一般性种质。

【濒危状况及保护措施建议】少数农户零星种植，收集困难。建议异位妥善保存，扩大种植面积。

29 嘉善豌豆-1

2018335451

【学　名】Leguminosae（豆科）*Pisum*（豌豆属）*Pisum sativum*（豌豆）。

【采集地】浙江省嘉兴市嘉善县。

【主要特征特性】植株蔓生，株高211.0cm。主茎节数16.7节。叶绿色，叶表剥蚀斑少，无叶腋花青斑，复叶叶型普通，托叶叶型普通，小叶数2～6片，小叶叶缘全缘。鲜茎绿色。花白色，初花节位12，每花序花数1或2朵。鲜荚为硬荚，荚绿色，呈马刀形，尖端形状锐，荚长8.0cm、宽1.6cm，单荚重3.5g，单荚粒数7.0粒。鲜籽粒绿色，干籽粒柱形，种子表面皱缩，粒色绿色，百粒重15.1g。

【优异特性与利用价值】一般性种质。

【濒危状况及保护措施建议】少数农户零星种植，收集困难。建议异位妥善保存，扩大种植面积。

30 嘉善红花豌豆

2018335449

【学 名】Leguminosae（豆科）Pisum（豌豆属）Pisum sativum（豌豆）。

【采集地】浙江省嘉兴市嘉善县。

【主要特征特性】植株蔓生，株高227.3cm。主茎节数24.7节。叶绿色，叶表剥蚀斑少，无叶腋花青斑，复叶叶型普通，托叶叶型普通，小叶数4～8片，小叶叶缘全缘。鲜茎绿色。花白色，初花节位19，每花序花数1或2朵。鲜荚为硬荚，荚绿色，呈直形，尖端形状钝，荚长6.8cm、宽1.7cm，单荚重2.3g，单荚粒数6.3粒。鲜籽粒绿色，干籽粒扁球形，种子表面光滑，粒色黄色，百粒重25.0g。

【优异特性与利用价值】一般性种质。

【濒危状况及保护措施建议】少数农户零星种植，收集困难。建议异位妥善保存，扩大种植面积。

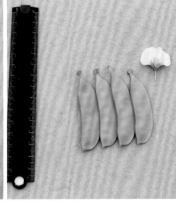

31 瑞安豌豆

2018335207

【学 名】Leguminosae（豆科）Pisum（豌豆属）Pisum sativum（豌豆）。

【采集地】浙江省温州市瑞安市。

【主要特征特性】植株蔓生，株高215.7cm。主茎节数19.3节。叶绿色，叶表剥蚀斑多，无叶腋花青斑，复叶叶型普通，托叶叶型普通，小叶数4～6片，小叶叶缘全缘。鲜茎绿色。花白色，初花节位13，每花序花数1或2朵。鲜荚为硬荚，荚浅绿色，呈直形，尖端形状钝，荚长7.0cm、宽1.4cm，单荚重4.3g，单荚粒数6.3粒。鲜籽粒浅绿色，干籽粒球形，种子表面光滑，粒色黄色，百粒重22.2g。

【优异特性与利用价值】一般性种质。

【濒危状况及保护措施建议】少数农户零星种植，收集困难。建议异位妥善保存，扩大种植面积。

32 嘉善豌豆-2
2018335437

【学　名】Leguminosae（豆科）Pisum（豌豆属）Pisum sativum（豌豆）。
【采集地】浙江省嘉兴市嘉善县。

【主要特征特性】植株蔓生，株高193.3cm。主茎节数24.7节。叶绿色，叶表剥蚀斑多，有明显的叶腋花青斑，复叶叶型普通，托叶叶型普通，小叶数4~6片，小叶叶缘全缘。鲜茎绿色。花紫红色，初花节位18，每花序花数1或2朵。鲜荚为软荚，荚浅绿色，呈联珠形，尖端形状锐，荚长7.0cm、宽1.4cm，单荚重2.0g，单荚粒数6.3粒。鲜籽粒浅绿色，干籽粒扁球形，种子表面凹坑，粒色褐色，百粒重20.1g。

【优异特性与利用价值】一般性种质。

【濒危状况及保护措施建议】少数农户零星种植，收集困难。建议异位妥善保存，扩大种植面积。

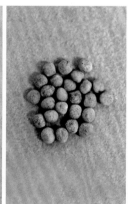

33 奉化湖豆

2017334023

【学　名】Leguminosae（豆科）Pisum（豌豆属）Pisum sativum（豌豆）。

【采集地】浙江省宁波市奉化市。

【主要特征特性】植株蔓生，株高179.0cm。主茎节数18.0节。叶绿色，叶表剥蚀斑多，无叶腋花青斑，复叶叶型普通，托叶叶型普通，小叶数4～6片，小叶叶缘全缘。鲜茎绿色。花白色，初花节位20，每花序花数1或2朵。鲜荚为硬荚，荚浅绿色，呈直形，尖端形状钝，荚长6.7cm、宽1.4cm，单荚重3.4g，单荚粒数5.7粒。鲜籽粒绿色，干籽粒扁球形，种子表面光滑，粒色黄色，百粒重23.9g。

【优异特性与利用价值】一般性种质。

【濒危状况及保护措施建议】少数农户零星种植，收集困难。建议异位妥善保存，扩大种植面积。

34 嘉善白花豌豆

2018335450

【学　名】Leguminosae（豆科）Pisum（豌豆属）Pisum sativum（豌豆）。

【采集地】浙江省嘉兴市嘉善县。

【主要特征特性】植株蔓生，株高180.0cm。主茎节数17.0节。叶绿色，叶表剥蚀斑多，无叶腋花青斑，复叶叶型普通，托叶叶型普通，小叶数4～6片，小叶叶缘全缘。鲜茎绿色。花白色，初花节位18，每花序花数1或2朵。鲜荚为硬荚，荚浅绿色，呈直形，尖端形状钝，荚长6.7cm、宽1.5cm，单荚重2.7g，单荚粒数5.7粒。鲜籽粒绿色，干籽粒球形，种子表面光滑，粒色黄色，百粒重24.5g。

【优异特性与利用价值】一般性种质。

【濒危状况及保护措施建议】少数农户零星种植，收集困难。建议异位妥善保存，扩大种植面积。

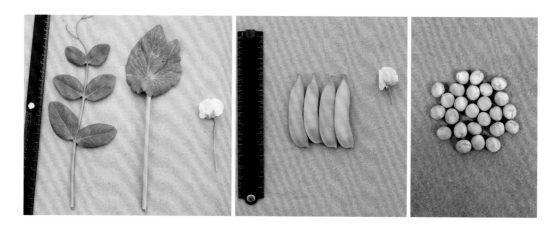

35 临安蚕豆

2018334412

【学　名】Leguminosae（豆科）*Pisum*（豌豆属）*Pisum sativum*（豌豆）。

【采集地】浙江省杭州市临安市。

【主要特征特性】植株蔓生，株高194.0cm。主茎节数16.7节。叶绿色，叶表剥蚀斑多，无叶腋花青斑，复叶叶型普通，托叶叶型普通，小叶数4～6片，小叶叶缘全缘。鲜茎绿色。花白色，初花节位17，每花序花数1或2朵。鲜荚为硬荚，荚绿色，呈直形，尖端形状锐，荚长6.8cm、宽1.4cm，单荚重1.8g，单荚粒数6.0粒。鲜籽粒绿色，干籽粒球形，种子表面光滑，粒色黄色，百粒重14.8g。

【优异特性与利用价值】一般性种质。

【濒危状况及保护措施建议】少数农户零星种植，收集困难。建议异位妥善保存，扩大种植面积。

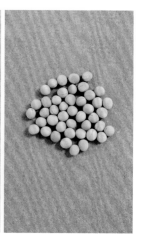

36 桃溪豌豆

2018331099

【学　名】Leguminosae（豆科）Pisum（豌豆属）Pisum sativum（豌豆）。

【采集地】浙江省金华市武义县。

【主要特征特性】植株蔓生，株高193.0cm。主茎节数20.3节。叶绿色，叶表剥蚀斑多，无叶腋花青斑，复叶叶型普通，托叶叶型普通，小叶数4～6片，小叶叶缘全缘。鲜茎绿色。花白色，初花节位14，每花序花数1或2朵。鲜荚为软荚，荚浅绿色，呈马刀形，尖端形状锐，荚长7.1cm、宽1.1cm，单荚重3.1g，单荚粒数6.7粒。鲜籽粒绿色，干籽粒球形，种子表面光滑，粒色黄色，百粒重17.3g。

【优异特性与利用价值】一般性种质。

【濒危状况及保护措施建议】少数农户零星种植，收集困难。建议异位妥善保存，扩大种植面积。

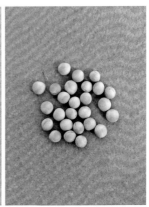

37 黄岩蚕豆

2018333642

【学　名】Leguminosae（豆科）Pisum（豌豆属）Pisum sativum（豌豆）。

【采集地】浙江省台州市黄岩区。

【主要特征特性】植株蔓生，株高183.0cm。主茎节数18.3节。叶绿色，叶表剥蚀斑多，无叶腋花青斑，复叶叶型普通，托叶叶型普通，小叶数4～6片，小叶叶缘全缘。鲜茎绿色。花白色，初花节位15，每花序花数2朵。鲜荚为硬荚，荚绿色，呈直形，尖端形状钝，荚长7.8cm、宽1.6cm，单荚重4.1g，单荚粒数6.0粒。鲜籽粒浅绿色，干籽粒扁球形，种子表面凹坑，粒色黄色，百粒重31.5g。

【优异特性与利用价值】一般性种质。

【濒危状况及保护措施建议】少数农户零星种植，收集困难。建议异位妥善保存，扩大种植面积。

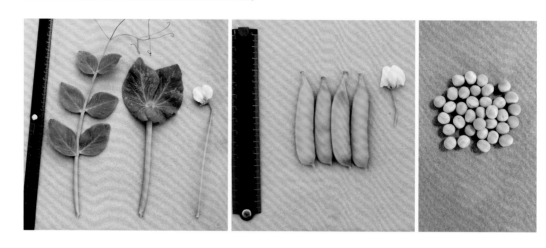

38 枫山细白蚕豌豆

2018334215

【学　名】Leguminosae（豆科）*Pisum*（豌豆属）*Pisum sativum*（豌豆）。

【采集地】浙江省绍兴市诸暨市。

【主要特征特性】植株蔓生，株高144.3cm。主茎节数20.3节。叶绿色，叶表剥蚀斑多，无叶腋花青斑，复叶叶型普通，托叶叶型普通，小叶数6～8片，小叶叶缘全缘。鲜茎绿色。花白色，初花节位16，每花序花数1或2朵。鲜荚为硬荚，荚绿色，呈直形，尖端形状钝，荚长6.9cm、宽1.4cm，单荚重2.4g，单荚粒数6.0粒。鲜籽粒绿色，干籽粒球形，种子表面光滑，粒色黄色，百粒重18.1g。

【优异特性与利用价值】一般性种质。

【濒危状况及保护措施建议】少数农户零星种植，收集困难。建议异位妥善保存，扩大种植面积。

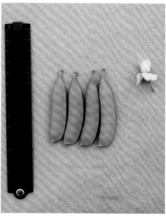
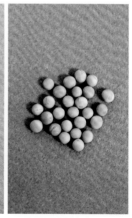

39 白蚕豆

P330324016

【学　名】Leguminosae（豆科）*Pisum*（豌豆属）*Pisum sativum*（豌豆）。

【采集地】浙江省温州市永嘉县。

【主要特征特性】植株蔓生，株高172.0cm。主茎节数20.7节。叶绿色，叶表剥蚀斑多，无叶腋花青斑，复叶叶型普通，托叶叶型普通，小叶数4~6片，小叶叶缘全缘。鲜茎绿色。花白色，初花节位13，每花序花数1或2朵。鲜荚为硬荚，荚浅绿色，呈马刀形，尖端形状钝，荚长6.8cm、宽1.4cm，单荚重3.4g，单荚粒数4.3粒。鲜籽粒浅绿色，干籽粒扁球形，种子表面光滑，粒色黄色，百粒重26.8g。

【优异特性与利用价值】一般性种质。

【濒危状况及保护措施建议】少数农户零星种植，收集困难。建议异位妥善保存，扩大种植面积。

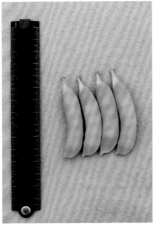

40 舟山白花豌豆

2019335014

【学　名】Leguminosae（豆科）*Pisum*（豌豆属）*Pisum sativum*（豌豆）。

【采集地】浙江省舟山市嵊泗县。

【主要特征特性】植株蔓生，株高189.7cm。主茎节数21.0节。叶绿色，叶表剥蚀斑多，无叶腋花青斑，复叶叶型普通，托叶叶型普通，小叶数2~6片，小叶叶缘全缘。鲜茎绿色。花白色，初花节位19，每花序花数1或2朵。鲜荚为硬荚，荚绿色，呈镰刀形，尖端形状钝，荚长6.3cm、宽1.4cm，单荚重3.2g，单荚粒数6.0粒。鲜籽粒绿色，干籽粒球形，种子表面光滑，粒色黄色，百粒重23.3g。

【优异特性与利用价值】一般性种质。

【濒危状况及保护措施建议】少数农户零星种植，收集困难。建议异位妥善保存，扩大种植面积。

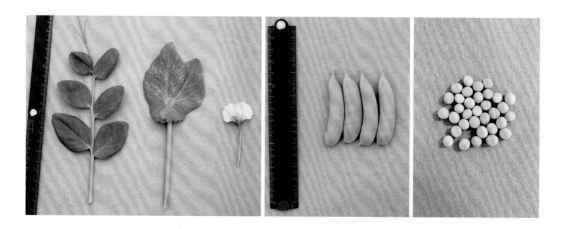

41 永嘉蚕豆

P330324029

【学 名】Leguminosae（豆科）*Pisum*（豌豆属）*Pisum sativum*（豌豆）。

【采集地】浙江省温州市永嘉县。

【主要特征特性】植株蔓生，株高185.7cm。主茎节数17.7节。叶绿色，叶表剥蚀斑多，有明显的叶腋花青斑，复叶叶型普通，托叶叶型普通，小叶数4～6片，小叶叶缘全缘。鲜茎绿色带有紫斑纹。花紫红色，初花节位14，每花序花数2朵。鲜荚为软荚，荚绿色，呈镰刀形，尖端形状锐，荚长8.1cm、宽1.4cm，单荚重2.2g，单荚粒数6.3粒。鲜籽粒绿色，干籽粒扁球形，种子表面凹坑，粒色带有斑纹，百粒重28.6g。

【优异特性与利用价值】一般性种质。

【濒危状况及保护措施建议】少数农户零星种植，收集困难。建议异位妥善保存，扩大种植面积。

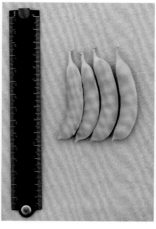

42 食荚豌豆

2019333675

【学　名】Leguminosae（豆科）Pisum（豌豆属）Pisum sativum（豌豆）。

【采集地】浙江省台州市黄岩区。

【主要特征特性】植株蔓生，株高174.0cm。主茎节数19.0节。叶绿色，叶表剥蚀斑多，有明显的叶腋花青斑，复叶叶型普通，托叶叶型普通，小叶数4～6片，小叶叶缘锯齿。鲜茎绿色带有紫斑纹。花紫红色，初花节位20，每花序花数1或2朵。鲜荚为软荚，荚浅绿色，呈联珠形，尖端形状钝，荚长10.6cm、宽2.3cm，单荚重6.0g，单荚粒数8.7粒。鲜籽粒绿色，干籽粒柱形，种子表面凹坑，粒色带有斑纹，百粒重35.5g。

【优异特性与利用价值】一般性种质。

【濒危状况及保护措施建议】少数农户零星种植，收集困难。建议异位妥善保存，扩大种植面积。

43 宁溪豌豆

2019333677

【学　名】Leguminosae（豆科）Pisum（豌豆属）Pisum sativum（豌豆）。

【采集地】浙江省台州市黄岩区。

【主要特征特性】植株蔓生，株高150.7cm。主茎节数20.0节。叶绿色，叶表剥蚀斑多，无叶腋花青斑，复叶叶型普通，托叶叶型普通，小叶数2～6片，小叶叶缘锯齿。鲜茎绿色。花白色，初花节位19，每花序花数1或2朵。鲜荚为硬荚，荚浅绿色，呈马刀形，尖端形状钝，荚长6.4cm、宽1.4cm，单荚重2.8g，单荚粒数6.3粒。鲜籽粒绿色，干籽粒球形，种子表面光滑，粒色黄色，百粒重31.6g。

【优异特性与利用价值】一般性种质。

【濒危状况及保护措施建议】少数农户零星种植，收集困难。建议异位妥善保存，扩大种植面积。

44 早蚕豆

2019335002

【学　名】Leguminosae（豆科）Pisum（豌豆属）Pisum sativum（豌豆）。
【采集地】浙江省舟山市定海区。

【主要特征特性】植株蔓生，株高183.7cm。主茎节数20.7节。叶绿色，叶表剥蚀斑多，无叶腋花青斑，复叶叶型普通，托叶叶型普通，小叶数4～6片，小叶叶缘锯齿。鲜茎绿色。花白色，初花节位18，每花序花数1或2朵。鲜荚为硬荚，荚浅绿色，呈马刀形，尖端形状钝，荚长7.0cm、宽1.4cm，单荚重3.3g，单荚粒数6.3粒。鲜籽粒绿色，干籽粒球形，种子表面光滑，粒色黄色，百粒重24.5g。

【优异特性与利用价值】一般性种质。

【濒危状况及保护措施建议】少数农户零星种植，收集困难。建议异位妥善保存，扩大种植面积。

45 定海白豌豆

2019335001

【学　名】Leguminosae（豆科）Pisum（豌豆属）Pisum sativum（豌豆）。
【采集地】浙江省舟山市定海区。

【主要特征特性】植株蔓生，株高209.0cm。主茎节数17.0节。叶绿色，叶表剥蚀斑多，无叶腋花青斑，复叶叶型普通，托叶叶型普通，小叶数2～6片，小叶叶缘锯齿。鲜茎绿色。花白色，初花节位17，每花序花数1或2朵。鲜荚为硬荚，荚浅绿色，呈直形，尖端形状钝，荚长7.0cm、宽1.4cm，单荚重3.0g，单荚粒数5.7粒。鲜籽粒绿色，干籽粒球形，种子表面光滑，粒色黄色，百粒重32.2g。

【优异特性与利用价值】一般性种质。

【濒危状况及保护措施建议】少数农户零星种植，收集困难。建议异位妥善保存，扩大种植面积。

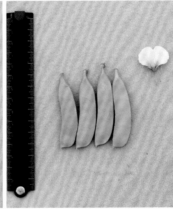

46 富阳野豌豆-1

P330111004

【学　名】Leguminosae（豆科）Pisum（豌豆属）Pisum sativum（豌豆）。
【采集地】浙江省杭州市富阳市。

【主要特征特性】植株矮生，株高72.3cm。主茎节数12.7节。叶绿色，叶表剥蚀斑无，无叶腋花青斑，复叶叶型普通，托叶叶型柳叶状，小叶数7～12片，小叶叶缘全缘。鲜茎紫色。花紫色，初花节位14，每花序花数1或2朵。鲜荚为硬荚，荚绿色，呈马刀形，尖端形状锐，荚长3.8cm、宽0.4cm，单荚重0.7g，单荚粒数7.7粒。鲜籽粒绿色，干籽粒扁球形，种子表面凹坑，粒色带有斑纹，百粒重1.8g。

【优异特性与利用价值】一般性种质。

【濒危状况及保护措施建议】少数农户零星种植，收集困难。建议异位妥善保存，扩大种植面积。

47 富阳野豌豆-2

P330111003

【学　名】Leguminosae（豆科）Pisum（豌豆属）Pisum sativum（豌豆）。
【采集地】浙江省杭州市富阳市。

【主要特征特性】植株矮生，株高70.7cm。主茎节数10.7节。叶绿色，叶表剥蚀斑无，无叶腋花青斑，复叶叶型普通，托叶叶型柳叶状，小叶数10～18片，小叶叶缘全缘。鲜茎绿色。花白色，初花节位15，每花序花数1或2朵。鲜荚为硬荚，荚绿色，呈直形，尖端形状锐，荚长3.6cm、宽0.3cm，单荚重0.6g，单荚粒数7.0粒。鲜籽粒绿色，干籽粒扁球形，种子表面光滑，粒色带有斑纹，百粒重0.5g。

【优异特性与利用价值】一般性种质。

【濒危状况及保护措施建议】少数农户零星种植，收集困难。建议异位妥善保存，扩大种植面积。

48 富阳野豌豆-3

P330111002

【学　名】Leguminosae（豆科）Pisum（豌豆属）Pisum sativum（豌豆）。
【采集地】浙江省杭州市富阳市。

【主要特征特性】植株矮生，株高62.3cm。主茎节数12.3节。叶绿色，叶表剥蚀斑无，无叶腋花青斑，复叶叶型普通，托叶叶型柳叶状，小叶数6～13片，小叶叶缘全缘。鲜茎绿色。花紫色，初花节位15，每花序花数1或2朵。鲜荚为硬荚，荚绿色，呈直形，尖端形状锐，荚长3.5cm、宽0.3cm，单荚重0.5g，单荚粒数7.0粒。鲜籽粒绿色，干籽粒扁球形，种子表面光滑，粒色带有斑纹，百粒重0.4g。

【优异特性与利用价值】一般性种质。

【濒危状况及保护措施建议】少数农户零星种植，收集困难。建议异位妥善保存，扩大种植面积。

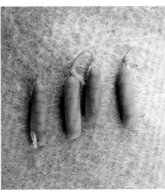

49 临安豌豆
2018334479

【学 名】Leguminosae（豆科）Pisum（豌豆属）Pisum sativum（豌豆）。

【采集地】浙江省杭州市临安市。

【主要特征特性】植株蔓生，株高215.3cm。主茎节数16.7节。叶绿色，叶表剥蚀斑少，有明显的叶腋花青斑，复叶叶型普通，托叶叶型普通，小叶数2~6片，小叶叶缘锯齿。鲜茎绿色带有紫斑纹。花紫红色，初花节位16，每花序花数1或2朵。鲜荚为硬荚，荚绿色，呈镰刀形，尖端形状锐，荚长6.2cm、宽1.4cm，单荚重8.9g，单荚粒数7.7粒。鲜籽粒绿色，干籽粒柱形，种子表面凹坑，粒色褐色，百粒重36.7g。

【优异特性与利用价值】一般性种质。

【濒危状况及保护措施建议】少数农户零星种植，收集困难。建议异位妥善保存，扩大种植面积。

第五章

浙江省叶菜类蔬菜种质资源

第一节 大白菜种质资源

1 青种黄芽菜

P330281023

【学 名】Cruciferae（十字花科）*Brassica*（芸薹属）*Brassica campestris*（芸薹）*Brassica campestris* subsp. *pekinensis*（大白菜）。

【采集地】浙江省宁波市余姚市。

【主要特征特性】中晚熟，较耐冻，综合抗性好，质地软糯，风味清甜，定植后70～80天收获。株型半直立，株高24.0cm，株幅39.0cm；外叶浓绿，无毛，长卵，微皱；叶柄色白，无叶翼；叶球合抱，卵圆，尖顶，心叶外翻发黄，球高18.7cm，球宽8.7cm，单球重500.0g。9月中下旬播种，12月下旬至翌年2月上旬收获。可直播或育苗，育苗苗龄30天左右，定植行距35.0cm、株距25.0cm，结球初期追施三元复合肥，以促进叶球紧实，亩产量2500～3000kg。

【优异特性与利用价值】品质优，栽培易，适应性强，可用作大白菜抗性育种材料。

【濒危状况及保护措施建议】农家品种，栽培历史悠久，浙江宁波、绍兴地区有零星分布，已很难收集到。建议异位妥善保存，扩大种植面积。

第二节　不结球白菜种质资源

1 建德青菜

2017332064

【学　名】Brassicaceae（十字花科）Brassica（芸薹属）Brassica chinensis（白菜）Brassica campestris subsp. chinensis（不结球白菜）。

【采集地】浙江省杭州市建德市。

【主要特征特性】株高28.6cm，株幅34.7cm，叶数9片，叶长26.8cm，叶宽15.0cm，叶柄长9.5cm，叶柄宽2.0cm，叶柄厚4.8mm，短缩茎纵径11.4mm，短缩茎横径20.1mm，单株重603.0g。株型半直立，不束腰，板叶，叶近圆形，叶顶端阔圆形，叶缘无波状，叶面平滑，叶面无蜡粉，叶深绿色，叶脉明显，叶面光泽度强，叶柄绿白色，叶柄横切面扁圆形。

【优异特性与利用价值】熟食，耐寒。

【濒危状况及保护措施建议】分布面积较广，可收集异位保存。

2 宁海乌菜

【学 名】Brassicaceae（十字花科）Brassica（芸薹属）Brassica chinensis（白菜）Brassica campestris subsp. chinensis（不结球白菜）。

2017333083

【采集地】浙江省宁波市宁海县。

【主要特征特性】株高12.5cm，株幅29.7cm，叶数12片，叶长22.9cm，叶宽12.0cm，叶柄长7.9cm，叶柄宽2.6cm，叶柄厚4.7mm，短缩茎纵径17.9mm，短缩茎横径18.5mm，单株重638.0g。株型半直立，不束腰，板叶，叶近圆形，叶顶端阔圆形，叶缘无波状，叶面皱，叶面无蜡粉，叶墨绿色，叶脉明显，叶面光泽度强，叶柄绿白色，叶柄横切面扁圆形。

【优异特性与利用价值】熟食，耐寒，颜色深。

【濒危状况及保护措施建议】分布面积较广，但不同地区有一定的分化，建议收集异位保存。

3 奉化中脚白

2017334089

【学 名】Brassicaceae（十字花科）Brassica（芸薹属）Brassica chinensis（白菜）Brassica campestris subsp. chinensis（不结球白菜）。

【采集地】浙江省宁波市奉化市。

【主要特征特性】株高22.7cm，株幅40.5cm，叶数14片，叶长32.7cm，叶宽17.7cm，叶柄长10.9cm，叶柄宽3.0cm，叶柄厚40.0mm，短缩茎纵径38.0mm，短缩茎横径23.0mm。株型半直立，不束腰，板叶，叶近圆形，叶顶端阔圆形，叶缘无波状，叶面平滑，叶面无蜡粉，叶绿色，叶脉明显，叶面光泽度强，叶柄白色，叶柄横切面扁圆形。

【优异特性与利用价值】熟食，品质好。

【濒危状况及保护措施建议】分布面积较广，建议收集异位保存。

4 长兴四月青

2018331272

【学 名】Brassicaceae（十字花科）Brassica（芸薹属）*Brassica chinensis*（白菜）*Brassica campestris* subsp. *chinensis*（不结球白菜）。

【采集地】浙江省湖州市长兴县。

【主要特征特性】株高29.8cm，株幅44.9cm，莲座叶数16片，叶长33.2cm，叶宽16.1cm，叶柄长13.4cm，叶柄宽5.2cm，叶柄厚11.0mm，短缩茎纵径29.0mm，短缩茎横径30.0mm，单株重650.0g。株型直立、束腰、板叶，叶近圆形，叶顶端阔圆形，叶缘无波状，叶面平滑，叶面无蜡粉，叶深绿色，叶脉明显，叶面光泽度强，叶柄绿色，叶柄横切面半圆形。

【优异特性与利用价值】叶柄肥大，品质好，耐抽薹。

【濒危状况及保护措施建议】分布面积较广，但不同地区有一定的分化，建议分别收集并异位保存。

5 长兴短脚白

【学　名】Brassicaceae（十字花科）Brassica（芸薹属）Brassica chinensis（白菜）Brassica campestris subsp. chinensis（不结球白菜）。

2018331273　【采集地】浙江省湖州市长兴县。

【主要特征特性】株高18.5cm，株幅31.0cm，莲座叶数20片，叶长21.5cm，叶宽9.2cm，叶柄长7.9cm，叶柄宽4.4cm，叶柄厚5.6mm，短缩茎纵径51.0mm，短缩茎横径29.0mm，单株重436.0g。株型直立，束腰，板叶，叶倒卵形，叶顶端圆形，叶缘无波状，叶面平滑，叶面无蜡粉，叶绿色，叶脉不明显，叶面光泽度中等，叶柄绿白色，叶柄横切面半圆形。

【优异特性与利用价值】熟食，耐寒，产量高。

【濒危状况及保护措施建议】分布较广泛，建议收集并异位保存。

6 长兴皱纹菜

2018331282

【学　名】Brassicaceae（十字花科）Brassica（芸薹属）Brassica chinensis（白菜）Brassica campestris subsp. chinensis（不结球白菜）。

【采集地】浙江省湖州市长兴县。

【主要特征特性】株高31.9cm，株幅40.2cm，莲座叶数10片，叶长39.4cm，叶宽16.9cm，叶柄长19.1cm，叶柄宽3.4cm，叶柄厚6.0mm，短缩茎纵径10.0mm，短缩茎横径13.0mm，单株重244.0g。株型半直立，不束腰，板叶，叶椭圆形，叶顶端钝尖，叶缘中度波状，叶面皱，叶面无蜡粉，叶浅绿色，叶脉明显，叶面光泽度中等，叶柄绿白色，叶柄横切面半圆形。

【优异特性与利用价值】熟食，耐寒。

【濒危状况及保护措施建议】分布较广，建议收集并异位保存。

7 长兴龙须菜

【学　名】Brassicaceae（十字花科）Brassica（芸薹属）Brassica chinensis（白菜）Brassica campestris subsp. chinensis（不结球白菜）。

2018331283　　【采集地】浙江省湖州市长兴县。

【主要特征特性】株高24.5cm，株幅30.1cm，莲座叶数15片，叶长26.2cm，叶宽14.1cm，叶柄长15.3cm，叶柄宽5.1cm，叶柄厚9.0mm，短缩茎纵径47.0mm，短缩茎横径28.0mm，单株重387.0g。株型直立，不束腰，板叶，叶倒卵形，叶顶端钝尖，叶缘波状小，叶面皱，叶面无蜡粉，叶深绿色，叶脉明显，叶面光泽度弱，叶柄绿白色，叶柄横切面半圆形。

【优异特性与利用价值】熟食，叶色深，叶柄肥厚，产量高。

【濒危状况及保护措施建议】分布较广，建议收集并异位保存。

8 桐乡青菜

【学　名】Brassicaceae（十字花科）Brassica（芸薹属）Brassica chinensis（白菜）Brassica campestris subsp. chinensis（不结球白菜）。

2018331414　　【采集地】浙江省嘉兴市桐乡市。

【主要特征特性】株高17.6cm，株幅39.1cm，莲座叶数13片，叶长22.5cm，叶宽14.1cm，叶柄长14.7cm，叶柄宽34.9cm，叶柄厚10.4mm，短缩茎纵径49.0mm，短缩茎横径26.1mm，单株重393g。株型直立，束腰，板叶，叶近圆形，叶顶端阔圆形，叶缘无波状，叶面平滑，叶面无蜡粉，叶深绿色，叶脉明显，叶面光泽度强，叶柄绿白色，叶柄横切面半圆形。

【优异特性与利用价值】叶柄肥厚，叶片颜色深。

【濒危状况及保护措施建议】分布较广，建议收集并异位保存。

9 长梗白菜　【学　名】Brassicaceae（十字花科）*Brassica*（芸薹属）*Brassica chinensis*（白菜）*Brassica campestris* subsp. *chinensis*（不结球白菜）。

2018331433　【采集地】浙江省嘉兴市桐乡市。

【主要特征特性】株高21.8cm，株幅28.6cm，莲座叶数11片，叶长28.8cm，叶宽12.2cm，叶柄长14.2cm，叶柄宽2.7cm，叶柄厚4.0mm，短缩茎纵径25.0mm，短缩茎横径21.0mm，单株重888.0g。株型直立，束腰，板叶，叶长卵形，叶顶端钝尖，叶缘无波状，叶面平滑，叶面无蜡粉，叶深绿色，叶脉明显，叶面光泽度中等，叶柄白色，叶柄横切面扁圆形。

【优异特性与利用价值】干物质含量高，适合做腌菜。

【濒危状况及保护措施建议】分布较广，建议收集并异位保存。

10 景宁老白菜

【学 名】Brassicaceae（十字花科）*Brassica*（芸薹属）*Brassica chinensis*（白菜）*Brassica campestris* subsp. *chinensis*（不结球白菜）。

2018332060

【采集地】浙江省丽水市景宁畲族自治县。

【主要特征特性】株高30.8cm，株幅56.7cm，莲座叶数14片，叶长42.6cm，叶宽15.1cm，叶柄长21.7cm，叶柄宽3.3cm，叶柄厚4.6mm，短缩茎纵径23.2mm，短缩茎横径18.2mm，单株重929.0g。株型直立，不束腰，板叶，叶长卵形，叶顶端圆形，叶缘无波状，叶面平滑，叶面无蜡粉，叶深绿色，叶脉明显，叶面光泽度强，叶柄绿白色，叶柄横切面扁圆形。

【优异特性与利用价值】熟食，耐寒。

【濒危状况及保护措施建议】分布较广，建议收集并异位保存。

11 景宁小八叶

【学　名】Brassicaceae（十字花科）Brassica（芸薹属）Brassica chinensis（白菜）
Brassica campestris subsp. *chinensis*（不结球白菜）。

2018332079

【采集地】浙江省丽水市景宁畲族自治县。

【主要特征特性】株高10.7cm，株幅22.7cm，莲座叶数54片，叶长14.1cm，叶宽5.8cm，叶柄长8.9cm，叶柄宽1.5cm，叶柄厚3.7mm，短缩茎纵径21.7mm，短缩茎横径17.7mm，单株重176.0g。株型塌地，不束腰，板叶，叶倒卵形，叶顶端阔圆形，叶缘无波状，叶面多皱，叶面无蜡粉，叶墨绿色，叶脉不明显，叶面光泽度强，叶柄绿色，叶柄横切面半圆形。

【优异特性与利用价值】乌塌菜类型，叶数多，耐寒。

【濒危状况及保护措施建议】分布较广，建议收集并异位保存。

12 白芥油冬菜

【学　名】Brassicaceae（十字花科）Brassica（芸薹属）Brassica chinensis（白菜）
Brassica campestris subsp. *chinensis*（不结球白菜）。

2018332082　　**【采集地】**浙江省丽水市景宁畲族自治县。

【主要特征特性】株高36.6cm，株幅49.9cm，莲座叶数14片，叶长36.8cm，叶宽14.4cm，叶柄长19.6cm，叶柄宽4.8cm，叶柄厚9.4mm，短缩茎纵径47.0mm，短缩茎横径30.3mm，单株重751.0g。株型直立，束腰，板叶，叶倒卵形，叶顶端圆形，叶缘无波状，叶面平滑，叶面无蜡粉，叶绿色，叶脉不明显，叶面光泽度中等，叶柄绿白色，叶柄横切面扁圆形。

【优异特性与利用价值】熟食，耐寒。

【濒危状况及保护措施建议】江浙地区常见类型，建议收集并异位保存。

13 紫松

2018332083

【学　名】Brassicaceae（十字花科）Brassica（芸薹属）Brassica chinensis（白菜）Brassica campestris subsp. chinensis（不结球白菜）。

【采集地】浙江省丽水市景宁畲族自治县。

【主要特征特性】株高17.0cm，株幅32.0cm，莲座叶数21片，叶长24.0cm，叶宽11.3cm，叶柄长10.3cm，叶柄宽2.1cm，叶柄厚4.8mm，短缩茎纵径25.9mm，短缩茎横径

14.3mm，单株重476.0g。株型半直立，不束腰，板叶，叶倒卵形，叶顶端阔圆形，叶缘无波状，叶面微皱，叶紫色，叶脉明显，叶面光泽度中等，叶柄绿白色，叶柄横切面半圆形。

【优异特性与利用价值】叶色为紫色，富含花青素。

【濒危状况及保护措施建议】混杂程度较高，在异位妥善保存的同时，建议提纯复壮。

14 开化白菜

【学　名】Brassicaceae（十字花科）*Brassica*（芸薹属）*Brassica chinensis*（白菜）*Brassica campestris* subsp. *chinensis*（不结球白菜）。

2018332425

【采集地】浙江省衢州市开化县。

【主要特征特性】株高30.0cm，株幅45.0cm，莲座叶数11片，叶长39.2cm，叶宽18.2cm，叶柄长11.8cm，叶柄宽2.5cm，叶柄厚4.6mm，短缩茎纵径14.0mm，短缩茎横径16.8mm，单株重388.0g。株型半塌地，不束腰，板叶，叶长卵形，叶顶端钝尖，叶缘无波状，叶面皱，叶面无蜡粉，叶深绿色，叶脉明显，叶面光泽度强，叶柄绿白色，叶柄横切面扁圆形。

【优异特性与利用价值】生长势强，植株大。

【濒危状况及保护措施建议】分布面积较广，但不同地区有一定的分化，建议分别收集并异位保存。

15 衢江白菜

2018333252

【学　名】Brassicaceae（十字花科）Brassica（芸薹属）Brassica chinensis（白菜）*Brassica campestris* subsp. *chinensis*（不结球白菜）。

【采集地】浙江省衢州市衢江区。

【主要特征特性】株高36.0cm，株幅40.0cm，莲座叶数13片，叶长39.8cm，叶宽15.6cm，叶柄长13.2cm，叶柄宽3.1cm，叶柄厚6.6mm，短缩茎纵径28.7mm，短缩茎横径23.5mm，单株重541.0g。株型半直立，不束腰，板叶，叶长卵形，叶顶端圆形，叶缘无波状，叶面平滑，叶面无蜡粉，叶绿色，叶脉明显，叶面光泽度强，叶柄绿白色，叶柄横切面扁圆形。

【优异特性与利用价值】耐寒，生长势强。

【濒危状况及保护措施建议】分布较广，建议收集并异位保存。

16 油冬儿

2018334168

【学　名】Brassicaceae（十字花科）Brassica（芸薹属）Brassica chinensis（白菜）Brassica campestris subsp. chinensis（不结球白菜）。

【采集地】浙江省绍兴市诸暨市。

【主要特征特性】株高19.0cm，株幅33.0cm，莲座叶数13片，叶长22.3cm，叶宽14.2cm，叶柄长6.2cm，叶柄宽3.9cm，叶柄厚10.3mm，短缩茎纵径48.1mm，短缩茎横径27.6mm，单株重367.0g。株型半直立，束腰，板叶，叶倒卵形，叶顶端圆形，叶缘无波状，叶面平滑，叶面无蜡粉，叶深绿色，叶脉明显，叶面光泽度强，叶柄绿色，叶柄横切面半圆形。

【优异特性与利用价值】浙江地区老品种，叶柄肥大，品质好。

【濒危状况及保护措施建议】分布面积较广，但不同地区有一定的分化，建议收集并异位保存。

17 黑油筒

2018335006

【学 名】Brassicaceae（十字花科）Brassica（芸薹属）Brassica chinensis（白菜）
Brassica campestris subsp. *chinensis*（不结球白菜）。

【采集地】浙江省舟山市定海区。

【主要特征特性】株高19.0cm，株幅36.0cm，莲座叶数15片，叶长26.2cm，叶宽14.8cm，叶柄长11.5cm，叶柄宽3.8cm，叶柄厚8.2mm，短缩茎纵径40.0mm，短缩茎横径23.7mm，单株重234.0g，株型半直立，不束腰，板叶，叶近圆形，叶顶端阔圆形，叶缘无波状，叶面多皱，叶面无蜡粉，叶墨绿色，叶脉明显，叶面光泽度强，叶柄绿色，叶柄横切面半圆形。

【优异特性与利用价值】熟食，叶色深，耐寒。

【濒危状况及保护措施建议】分布面积较广，建议收集并异位保存。

18 四月慢

2019335013

【学　名】Brassicaceae（十字花科）Brassica（芸薹属）Brassica chinensis（白菜）Brassica campestris subsp. chinensis（不结球白菜）。

【采集地】浙江省舟山市嵊泗县。

【主要特征特性】株高17.0cm，株幅35.0cm，莲座叶数11片，叶长23.6cm，叶宽14.5cm，叶柄长9.3cm，叶柄宽4.8cm，叶柄厚11.0mm，短缩茎纵径21.0mm，短缩茎横径32.0mm，单株重906.0g。株型半塌地，不束腰，板叶，叶倒卵形，叶顶端圆形，叶缘无波状，叶面微皱，叶面无蜡粉，叶深绿色，叶脉明显，叶面光泽度强，叶柄绿白色，叶柄横切面半圆形。

【优异特性与利用价值】叶柄肥大，品质好，耐抽薹。

【濒危状况及保护措施建议】分布面积较广，建议收集并异位保存。

19 淳安老乌菜

【学　名】 Brassicaceae（十字花科）Brassica（芸薹属）Brassica chinensis（白菜）
Brassica campestris subsp. chinensis（不结球白菜）。

P330127053

【采集地】 浙江省杭州市淳安县。

【主要特征特性】 株高38.0cm，株幅46.0cm，莲座叶数11片，叶长46.7cm，叶宽15.3cm，叶柄长20.7cm，叶柄宽3.2cm，叶柄厚3.9mm，短缩茎纵径34.8mm，短缩茎横径23.5mm，单株重330.0g。株型直立，不束腰，板叶，叶近圆形，叶顶端阔圆形，叶缘无波状，叶面微皱，叶面无蜡粉，叶深绿色，叶脉明显，叶面光泽度中等，叶柄绿白色，叶柄横切面半圆形。

【优异特性与利用价值】 熟食，耐寒。

【濒危状况及保护措施建议】 分布面积较广，建议收集并异位保存。

20 淳安老白菜

P330127054

【学　名】Brassicaceae（十字花科）*Brassica*（芸薹属）*Brassica chinensis*（白菜）
Brassica campestris subsp. *chinensis*（不结球白菜）。

【采集地】浙江省杭州市淳安县。

【主要特征特性】株高39.0cm，株幅43.0cm，莲座叶数11片，叶长50.7cm，叶宽15.7cm，叶柄长23.7cm，叶柄宽3.3cm，叶柄厚5.5mm，短缩茎纵径46.9mm，短缩茎横径30.0mm，单株重944.0g。株型开展，不束腰，花叶，叶长椭圆形，叶顶端锐尖，叶缘波状大，叶面平滑，叶面无蜡粉，叶绿色，叶脉明显，叶面光泽度强，叶柄绿白色，叶柄横切面扁圆形。

【优异特性与利用价值】叶柄长，叶片大，干物质含量高，做腌菜或干菜。

【濒危状况及保护措施建议】分布面积较广，建议收集并异位保存。

21 淳安三月青

【学　名】Brassicaceae（十字花科）*Brassica*（芸薹属）*Brassica chinensis*（白菜）*Brassica campestris* subsp. *chinensis*（不结球白菜）。

P330127091

【采集地】浙江省杭州市淳安县。

【主要特征特性】株高28.0cm，株幅41.0cm，莲座叶数13片，叶长35.0cm，叶宽10.3cm，叶柄长15.7cm，叶柄宽2.2cm，叶柄厚6.0mm，短缩茎纵径36.3mm，短缩茎横径24.9mm，单株重683.0g。株型直立，不束腰，板叶，叶长卵形，叶顶端钝尖，叶缘无波状，叶面微皱，叶面无蜡粉，叶墨绿色，叶脉不明显，叶面光泽度中等，叶柄绿白色，叶柄横切面半圆形。

【优异特性与利用价值】抗性强，做腌菜或干菜。

【濒危状况及保护措施建议】分布面积较广，建议收集并异位保存。

22 绣花锦

P330502014

【学 名】Brassicaceae（十字花科）Brassica（芸薹属）Brassica chinensis（白菜）
Brassica campestris subsp. chinensis（不结球白菜）。

【采集地】浙江省湖州市吴兴区。

【主要特征特性】株高37.0cm，株幅52.0cm，莲座叶数9片，叶长43.7cm，叶宽22.8cm，叶柄长20.7cm，叶柄宽4.2cm，叶柄厚6.8mm，短缩茎纵径14.0mm，短缩茎横径21.0mm，单株重661.0g。株型半直立，不束腰，板叶，叶椭圆形，叶顶端钝尖，叶缘中度波状，叶面多皱，叶面无蜡粉，叶绿色，叶脉明显，叶面光泽度强，叶柄绿白色，叶柄横切面半圆形。

【优异特性与利用价值】特色品种，具有特殊米香气味。

【濒危状况及保护措施建议】分布面积较广，建议收集并异位保存。

23 东阳老青菜

【学　名】 Brassicaceae（十字花科）*Brassica*（芸薹属）*Brassica chinensis*（白菜）*Brassica campestris* subsp. *chinensis*（不结球白菜）。

P330783003

【采集地】 浙江省金华市东阳市。

【主要特征特性】 株高20.3cm，株幅38.0cm，莲座叶数11片，叶长29.3cm，叶宽15.3cm，叶柄长9.3cm，叶柄宽3.0cm，叶柄厚6.1mm，短缩茎纵径31.7mm，短缩茎横径26.2mm，单株重715.0g。株型直立，不束腰，板叶，叶倒卵形，叶顶端圆形，叶缘无波状，叶面微皱，叶面无蜡粉，叶深绿色，叶脉不明显，叶面光泽度强，叶柄绿白色，叶柄横切面半圆形。

【优异特性与利用价值】 熟食，耐寒，颜色深，发亮。

【濒危状况及保护措施建议】 分布面积较广，但不同地区有一定的分化，建议分别收集并异位保存。

24 高杆白菜

P330822007

【学　名】Brassicaceae（十字花科）*Brassica*（芸薹属）*Brassica chinensis*（白菜）*Brassica campestris* subsp. *chinensis*（不结球白菜）。

【采集地】浙江省金华市东阳市。

【主要特征特性】株高16.0cm，株幅39.0cm，莲座叶数14片，叶长23.7cm，叶宽14.3cm，叶柄长5.3cm，叶柄宽3.8cm，叶柄厚1.2mm，短缩茎纵径59.5mm，短缩茎横径25.9mm，单株重611.0g。株型开展，不束腰，花叶，叶椭圆形，叶顶端锐尖，叶缘无波状，叶面平滑，叶面无蜡粉，叶绿色，叶脉明显，叶面光泽度强，叶柄绿白色，叶柄横切面半圆形。

【优异特性与利用价值】干物质含量高，做腌菜和干菜。

【濒危状况及保护措施建议】分布面积广，建议收集并异位保存。

25 常山乌菜

【学 名】Brassicaceae（十字花科）*Brassica*（芸薹属）*Brassica chinensis*（白菜）
Brassica campestris subsp. *chinensis*（不结球白菜）。

P330822020 【采集地】浙江省衢州市常山县。

【主要特征特性】株高36.0cm，株幅39.0cm，莲座叶数12片，叶长44.0cm，叶宽9.7cm，叶柄长22.3cm，叶柄宽2.3cm，叶柄厚5.4mm，短缩茎纵径29.4mm，短缩茎横径15.0mm，单株重478.0g。株型半直立，不束腰，板叶，叶卵圆形，叶顶端钝尖，叶缘无波状，叶面平滑，叶面无蜡粉，叶深绿色，叶脉不明显，叶面光泽度弱，叶柄绿色，叶柄横切面半圆形。

【优异特性与利用价值】叶柄长，颜色深，耐寒。

【濒危状况及保护措施建议】分布较广，建议收集并异位保存。

26 沈庄白菜

【学　名】Brassicaceae（十字花科）Brassica（芸薹属）Brassica chinensis（白菜）Brassica campestris subsp. chinensis（不结球白菜）。

P331125014　　【采集地】浙江省丽水市云和县。

【主要特征特性】株高33.0cm，株幅42.0cm，莲座叶数10片，叶长36.3cm，叶宽19.1cm，叶柄长18.1cm，叶柄宽3.3cm，叶柄厚7.1mm，短缩茎纵径15.0mm，短缩茎横径24.7mm，单株重806.0g，株型半直立，不束腰，板叶，叶近圆形，叶顶端阔圆形，叶缘波状中度，叶面皱，无蜡粉，叶绿色，叶脉明显，叶面光泽度强，叶柄绿白色，叶柄横切面半圆形。

【优异特性与利用价值】熟食，耐寒。

【濒危状况及保护措施建议】分布面积较广，建议收集并异位保存。

27 板叶白菜

【学　名】Brassicaceae（十字花科）*Brassica*（芸薹属）*Brassica chinensis*（白菜）
Brassica campestris subsp. *chinensis*（不结球白菜）。

P331081021　【采集地】浙江省台州市温岭市。

【主要特征特性】中熟，播种后70天左右收获，较耐热、耐寒，适合加工腌制，幼嫩时也可鲜食。株型直立，株高63.7cm，株幅60.3cm；外叶长勺形，叶面绿色，平展，光滑，无毛，稍有光泽，叶长67.0cm，叶宽16.3cm；叶柄圆，细长白色，无叶翼，柄长44.7cm，柄宽3.2cm；单株重500～1000g。

【优异特性与利用价值】叶柄占比高，适于加工腌制，可用作普通白菜育种材料。

【濒危状况及保护措施建议】农家品种，栽培历史悠久，浙江省南部沿海地区均有分布。建议异位妥善保存，同时扩大种植面积。

28 象牙白菜

【学 名】Brassicaceae（十字花科）*Brassica*（芸薹属）*Brassica chinensis*（白菜）*Brassica campestris* subsp. *chinensis*（不结球白菜）。

P331004007

【采集地】浙江省台州市路桥区。

【主要特征特性】中熟，播种后70天左右收获，较耐热、耐寒，纤维较发达，适合加工腌制，幼嫩时可鲜食。株型直立，不束腰，株高60.7cm，株幅63.0cm；外叶花叶，全裂，裂叶3～5对，叶面绿色，平展，光滑，无毛，稍有光泽，叶长68.7cm，叶宽18.0cm；叶柄圆形，细长白色，无叶翼，柄长32.7cm，柄宽3.0cm；单株重500～1000g。

【优异特性与利用价值】叶柄占比高，适于加工腌制，可用作普通白菜育种材料。

【濒危状况及保护措施建议】农家品种，栽培历史悠久，浙江省南部沿海地区均有分布。建议异位妥善保存，同时扩大种植面积。

第三节　叶用芥菜种质资源

1 粗粳芥
P331081018

【学　名】Brassicaceae（十字花科）Brassica（芸薹属）Brassica juncea（芥菜）。
【采集地】浙江省台州市温岭市。

【主要特征特性】株型半直立，株高44.5cm，株幅81.0cm，分蘖性中等。叶型为板叶，叶长倒卵形，叶顶端尖，叶缘深锯齿，叶面皱，无刺毛，无蜡粉，叶黄绿色，叶长56.0cm，叶宽34.0cm，叶柄浅绿色，无叶瘤，不结球。

【优异特性与利用价值】叶用型，可用作芥菜育种材料。

【濒危状况及保护措施建议】少数农户零星种植，收集困难。建议异位妥善保存，扩大种植面积。

2 下梁菜

P331081020

【学　名】Brassicaceae（十字花科）Brassica（芸薹属）Brassica juncea（芥菜）。

【采集地】浙江省台州市温岭市。

【主要特征特性】株型半直立，株高54.0cm，株幅69.0cm，分蘖性中等。叶型为板叶，叶椭圆形，叶顶端钝尖，叶缘浅锯齿，叶面平滑，无刺毛，无蜡粉，叶浅绿色，叶长48.0cm，叶宽18.0cm，叶柄浅绿色，无叶瘤，不结球。

【优异特性与利用价值】叶用型，可用作芥菜育种材料。

【濒危状况及保护措施建议】少数农户零星种植，收集困难。建议异位妥善保存，扩大种植面积。

3 三门细叶芥菜

P331022013

【学　名】Brassicaceae（十字花科）Brassica（芸薹属）Brassica juncea（芥菜）。

【采集地】浙江省台州市三门县。

【主要特征特性】株型半直立，株高44.0cm，株幅76.0cm，分蘖性强。叶型为花叶，叶倒披针形，叶顶端尖，叶缘复锯齿，叶裂回数二回，叶面平滑，无刺毛，无蜡粉，叶深绿色，叶长51.0cm，叶宽19.0cm，叶柄绿色，无叶瘤，不结球。

【优异特性与利用价值】叶用型，可用作芥菜育种材料。

【濒危状况及保护措施建议】少数农户零星种植，收集困难。建议异位妥善保存，扩大种植面积。

4 鸡啄芥
P330328002

【学 名】Brassicaceae（十字花科）*Brassica*（芸薹属）*Brassica juncea*（芥菜）。

【采集地】浙江省温州市文成县。

【主要特征特性】株型半直立，株高50.0cm，株幅71.0cm，分蘖性中等。叶型为板叶，叶长倒卵形，叶顶端尖，叶缘深锯齿，叶面皱，叶黄绿色，无刺毛，无蜡粉，叶长59.0cm，叶宽37.0cm，叶柄浅绿色，无叶瘤，不结球。

【优异特性与利用价值】叶用型，可用作芥菜育种材料。

【濒危状况及保护措施建议】少数农户零星种植，收集困难。建议异位妥善保存，扩大种植面积。

5 淳安九头芥

P330127010

【学　名】Brassicaceae（十字花科）*Brassica*（芸薹属）*Brassica juncea*（芥菜）。

【采集地】浙江省杭州市淳安县。

【主要特征特性】株型塌地，株高55.0cm，株幅80.0cm，分蘖性强。叶型为花叶，叶倒披针形，叶顶端尖，叶缘复锯齿，叶裂回数二回，叶面光滑，无刺毛，无蜡粉，叶深绿色，叶长60.0cm，叶宽31.0cm，叶柄白绿色，无叶瘤，不结球。

【优异特性与利用价值】叶用型，可用作芥菜育种材料。

【濒危状况及保护措施建议】少数农户零星种植，收集困难。建议异位妥善保存，扩大种植面积。

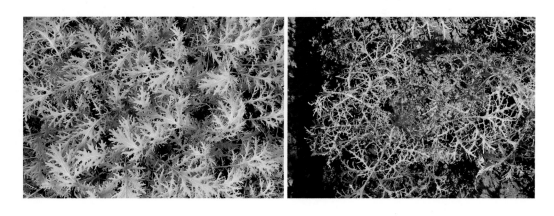

6 余姚弥陀芥菜

P330281028

【学 名】Brassicaceae（十字花科）Brassica（芸薹属）Brassica juncea（芥菜）。
【采集地】浙江省宁波市余姚市。

【主要特征特性】株型塌地，株高37.0cm，株幅85.0cm，分蘖性中等。叶型为板叶，叶长倒卵形，叶顶端阔圆，叶缘波状，叶面微皱，无刺毛，无蜡粉，叶浅绿色，叶长47.0cm，叶宽26.0cm，叶柄浅绿色，无叶瘤，不结球。

【优异特性与利用价值】叶用型，可用作芥菜育种材料。

【濒危状况及保护措施建议】少数农户零星种植，收集困难。建议异位妥善保存，扩大种植面积。

7 长尾巴

P331004006

【学　名】Brassicaceae（十字花科）Brassica（芸薹属）Brassica juncea（芥菜）。
【采集地】浙江省台州市路桥区。

【主要特征特性】株型半直立，株高50.0cm，株幅66.0cm，分蘖性中等。叶型为板叶，叶长倒卵形，叶顶端尖，叶缘深锯齿，叶面皱，无刺毛，无蜡粉，叶黄绿色，叶长59.0cm，叶宽30.0cm，叶柄浅绿色，无叶瘤，不结球。

【优异特性与利用价值】叶用型，可用作芥菜育种材料。

【濒危状况及保护措施建议】少数农户零星种植，收集困难。建议异位妥善保存，扩大种植面积。

8 鸭脚爬

P331004008

【学　名】Brassicaceae（十字花科）Brassica（芸薹属）Brassica juncea（芥菜）。
【采集地】浙江省台州市路桥区。

【主要特征特性】株型开展，株高47.0cm，株幅64.0cm，分蘖性中等。叶型为板叶，叶椭圆形，叶顶端钝尖，叶缘浅锯齿，叶面平滑，无刺毛，无蜡粉，叶绿色，叶长

48.0cm，叶宽19.0cm，叶柄白绿色，无叶瘤，不结球。

【优异特性与利用价值】叶用型，可用作芥菜育种材料。

【濒危状况及保护措施建议】少数农户零星种植，收集困难。建议异位妥善保存，扩大种植面积。

9 宁海细叶芥菜

P330226002

【学　名】Brassicaceae（十字花科）*Brassica*（芸薹属）*Brassica juncea*（芥菜）。

【采集地】浙江省宁波市宁海县。

【主要特征特性】株型开展，株高44.5cm，株幅70.0cm，分蘖性强。叶型为花叶，叶倒披针形，叶顶端尖，叶缘复锯齿，叶裂回数二回，叶面微皱，无刺毛，无蜡粉，叶深绿色，叶长49.0cm，叶宽25.0cm，叶柄绿色，无叶瘤，不结球。

【优异特性与利用价值】叶用型，可用作芥菜育种材料。

【濒危状况及保护措施建议】少数农户零星种植，收集困难。建议异位妥善保存，扩大种植面积。

10 苍南九头芥

2017335035

【学　名】Brassicaceae（十字花科）*Brassica*（芸薹属）*Brassica juncea*（芥菜）。

【采集地】浙江省温州市苍南县。

【主要特征特性】株型半直立，株高45.8cm，株幅82.0cm，分蘖性强。叶型为花叶，叶倒披针形，叶顶端尖，叶缘复锯齿，叶裂回数二回，叶面平滑，无刺毛，无蜡粉，叶绿色，叶长59.0cm，叶宽22.0cm，叶柄浅绿色，无叶瘤，不结球。

【优异特性与利用价值】叶用型，可用作芥菜育种材料。

【濒危状况及保护措施建议】少数农户零星种植，收集困难。建议异位妥善保存，扩大种植面积。

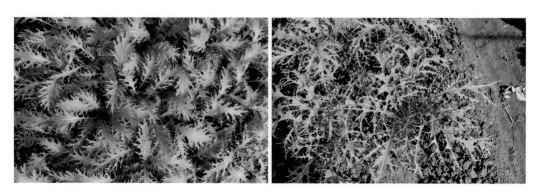

11 松阳土芥菜

P331124024

【学　名】Brassicaceae（十字花科）Brassica（芸薹属）Brassica juncea（芥菜）。

【采集地】浙江省丽水市松阳县。

【主要特征特性】株型半直立，株高48.0cm，株幅76.0cm，分蘖性中等。叶型为板叶，叶长倒卵形，叶顶端尖，叶缘深锯齿，叶面微皱，无刺毛，无蜡粉，叶黄绿色，叶长63.0cm，叶宽32.0cm，叶柄浅绿色，无叶瘤，不结球。

【优异特性与利用价值】叶用型，可用作芥菜育种材料。

【濒危状况及保护措施建议】少数农户零星种植，收集困难。建议异位妥善保存，扩大种植面积。

12 兰溪落汤青

P330781016

【学　名】Brassicaceae（十字花科）*Brassica*（芸薹属）*Brassica juncea*（芥菜）。

【采集地】浙江省金华市兰溪市。

【主要特征特性】株型塌地，株高42.0cm，株幅62.0cm，分蘖性中等。叶型为板叶，叶阔椭圆形，叶顶端阔圆，叶缘全缘，叶面皱，无刺毛，无蜡粉，叶深绿色，叶长42.0cm，叶宽27.0cm，叶柄白绿色，无叶瘤，不结球。

【优异特性与利用价值】叶用型，可用作芥菜育种材料。

【濒危状况及保护措施建议】少数农户零星种植，收集困难。建议异位妥善保存，扩大种植面积。

13 海盐雪菜

P330424019

【学　名】Brassicaceae（十字花科）*Brassica*（芸薹属）*Brassica juncea*（芥菜）。

【采集地】浙江省嘉兴市海盐县。

【主要特征特性】株型开展，株高51.0cm，株幅59.0cm，分蘖性强。叶型为板叶，叶椭圆形，叶顶端尖，叶缘浅锯齿，叶面平滑，无刺毛，无蜡粉，叶绿色，叶长51.0cm，叶宽13.0cm，叶柄浅绿色，无叶瘤，不结球。

【优异特性与利用价值】叶用型，可用作芥菜育种材料。

【濒危状况及保护措施建议】少数农户零星种植，收集困难。建议异位妥善保存，扩大种植面积。

14 黄冬芥

P330424022

【学　名】Brassicaceae（十字花科）*Brassica*（芸薹属）*Brassica juncea*（芥菜）。

【采集地】浙江省嘉兴市海盐县。

【主要特征特性】株型半直立，株高39.0cm，株幅65.0cm，分蘖性弱。叶型为板叶，叶阔椭圆形，叶顶端阔圆，叶缘波状，叶面微皱，无刺毛，无蜡粉，叶深绿色，叶长40.0cm，叶宽27.0cm，叶柄白绿色，无叶瘤，不结球。

【优异特性与利用价值】叶用型，可用作芥菜育种材料。

【濒危状况及保护措施建议】少数农户零星种植，收集困难。建议异位妥善保存，扩大种植面积。

15 石门雪菜

P330483010

【学　名】Brassicaceae（十字花科）Brassica（芸薹属）Brassica juncea（芥菜）。

【采集地】浙江省嘉兴市桐乡市。

【主要特征特性】株型开展，株高42.0cm，株幅65.0cm，分蘖性强。叶型为板叶，叶椭圆形，叶顶端阔圆，叶缘尖，叶面平滑，无刺毛，无蜡粉，叶深绿色，叶长43.0cm，叶宽18.0cm，叶柄白绿色，无叶瘤，不结球。

【优异特性与利用价值】叶用型，可用作芥菜育种材料。

【濒危状况及保护措施建议】少数农户零星种植，收集困难。建议异位妥善保存，扩大种植面积。

16 红叶春

P330683013

【学　名】Brassicaceae（十字花科）*Brassica*（芸薹属）*Brassica juncea*（芥菜）。
【采集地】浙江省绍兴市嵊州市。

【主要特征特性】株型塌地，株高46.0cm，株幅70.0cm，分蘖性弱。叶型为板叶，叶倒卵形，叶顶端圆，叶缘波状，叶面微皱，无刺毛，无蜡粉，叶紫绿色，叶长53.0cm，叶宽33.0cm，叶柄浅绿色，无叶瘤，不结球。

【优异特性与利用价值】叶用型，可用作芥菜育种材料。

【濒危状况及保护措施建议】少数农户零星种植，收集困难。建议异位妥善保存，扩大种植面积。

17 青种细叶九心菜

P330683014

【学　名】Brassicaceae（十字花科）*Brassica*（芸薹属）*Brassica juncea*（芥菜）。
【采集地】浙江省绍兴市嵊州市。

【主要特征特性】株型开展，株高55.0cm，株幅89.0cm，分蘖性强。叶型为花叶，叶倒披针形，叶顶端尖，叶缘复锯齿，叶裂回数二回，叶面皱，无刺毛，无蜡粉，叶黄绿色，叶长62.0cm，叶宽28.0cm，叶柄白绿色，无叶瘤，不结球。

【优异特性与利用价值】叶用型，可用作芥菜育种材料。

【濒危状况及保护措施建议】少数农户零星种植，收集困难。建议异位妥善保存，扩大种植面积。

18 香团春

P330683017

【学　名】Brassicaceae（十字花科）*Brassica*（芸薹属）*Brassica juncea*（芥菜）。

【采集地】浙江省绍兴市嵊州市。

【主要特征特性】株型直立，株高40.0cm，株幅51.0cm，分蘖性弱。叶型为板叶，叶长椭圆形，叶顶端阔圆，叶缘波状，叶面微皱，无刺毛，无蜡粉，叶绿色，叶长42.0cm，叶宽28.0cm，叶柄白绿色，无叶瘤，不结球。

【优异特性与利用价值】叶用型，可用作芥菜育种材料。

【濒危状况及保护措施建议】少数农户零星种植，收集困难。建议异位妥善保存，扩大种植面积。

19 青种中叶九心菜

P330683021

【学　名】Brassicaceae（十字花科）Brassica（芸薹属）Brassica juncea（芥菜）。
【采集地】浙江省绍兴市嵊州市。

【主要特征特性】株型开展，株高46.0cm，株幅75.0cm，分蘖性强。叶型为花叶，叶倒披针形，叶顶端尖，叶缘复锯齿，叶裂回数一回，叶面平滑，无刺毛，无蜡粉，叶深绿色，叶长54.0cm，叶宽26.0cm，叶柄浅绿色，无叶瘤，不结球。

【优异特性与利用价值】叶用型，可用作芥菜育种材料。

【濒危状况及保护措施建议】少数农户零星种植，收集困难。建议异位妥善保存，扩大种植面积。

20 黄叶雪里蕻

P330683036

【学 名】Brassicaceae（十字花科）Brassica（芸薹属）Brassica juncea（芥菜）。

【采集地】浙江省绍兴市嵊州市

【主要特征特性】株型开展，株高45.0cm，株幅79.0cm，分蘖性强。叶型为板叶，叶长倒卵形，叶顶端钝尖，叶缘浅锯齿，叶面平滑，无刺毛，无蜡粉，叶绿色，叶长54.0cm，叶宽18.0cm，叶柄白绿色，无叶瘤，不结球。

【优异特性与利用价值】叶用型，可用作芥菜育种材料。

【濒危状况及保护措施建议】少数农户零星种植，收集困难。建议异位妥善保存，扩大种植面积。

21 景宁落汤青

2018332080

【学 名】Brassicaceae（十字花科）Brassica（芸薹属）Brassica juncea（芥菜）。

【采集地】浙江省丽水市景宁畲族自治县。

【主要特征特性】株型半直立，株高45.0cm，株幅60.0cm，分蘖性中等。叶型为板叶，叶倒卵形，叶顶端阔圆，叶缘全缘，叶面皱，无刺毛，无蜡粉，叶深绿色，叶长36.0cm，叶宽24.0cm，叶柄浅绿色，无叶瘤，不结球。

【优异特性与利用价值】叶用型，可用作芥菜育种材料。

【濒危状况及保护措施建议】少数农户零星种植，收集困难。建议异位妥善保存，扩大种植面积。

22 猪血芥

P331081022

【学　名】Brassicaceae（十字花科）*Brassica*（芸薹属）*Brassica juncea*（芥菜）。
【采集地】浙江省台州市温岭市。

【主要特征特性】株型开展，株高45.0cm，株幅77.0cm，分蘖性弱。叶型为板叶，叶长倒卵形，叶顶端钝尖，叶缘深锯齿，叶面微皱，无刺毛，无蜡粉，叶紫绿色，叶长55.0cm，叶宽35.0cm，叶柄绿色，无叶瘤，不结球。

【优异特性与利用价值】叶用型，可用作芥菜育种材料。

【濒危状况及保护措施建议】少数农户零星种植，收集困难。建议异位妥善保存，扩大种植面积。

23 萧山大叶芥菜
P330109026

【学　名】Brassicaceae（十字花科）Brassica（芸薹属）Brassica juncea（芥菜）。
【采集地】浙江省杭州市萧山区。

【主要特征特性】株型塌地，株高42.0cm，株幅66.0cm，分蘖性中等。叶型为板叶，叶长倒卵形，叶顶端圆，叶缘波状，叶面平滑，无刺毛，无蜡粉，叶绿色，叶长49.0cm，叶宽27.0cm，叶柄白绿色，无叶瘤，不结球。

【优异特性与利用价值】叶用型，可用作芥菜育种材料。

【濒危状况及保护措施建议】少数农户零星种植，收集困难。建议异位妥善保存，扩大种植面积。

24 黄八仙

P330109025

【学　名】Brassicaceae（十字花科）*Brassica*（芸薹属）*Brassica juncea*（芥菜）。

【采集地】浙江省杭州市萧山区。

【主要特征特性】株型开展，株高49.0cm，株幅80.0cm，分蘖性中等。叶型为板叶，叶倒卵形，叶顶端圆，叶缘浅锯齿，叶面平滑，无刺毛，无蜡粉，叶黄绿色，叶长50.0cm，叶宽18.0cm，叶柄白绿色，无叶瘤，不结球。

【优异特性与利用价值】叶用型，可用作芥菜育种材料。

【濒危状况及保护措施建议】少数农户零星种植，收集困难。建议异位妥善保存，扩大种植面积。

25 开化芥菜

P330824019

【学　名】Brassicaceae（十字花科）*Brassica*（芸薹属）*Brassica juncea*（芥菜）。

【采集地】浙江省衢州市开化县。

【主要特征特性】株型开展，株高38.0cm，株幅70.0cm，分蘖性强。叶型为板叶，叶倒卵形，叶顶端圆，叶缘波状，叶面微皱，无刺毛，无蜡粉，叶紫绿色，叶长55.0cm，叶宽28.0cm，叶柄浅绿色，无叶瘤，不结球。

【优异特性与利用价值】叶用型，可用作芥菜育种材料。

【濒危状况及保护措施建议】少数农户零星种植，收集困难。建议异位妥善保存，扩大种植面积。

26 水流芥

P330604001

【学　名】Brassicaceae（十字花科）Brassica（芸薹属）Brassica juncea（芥菜）。

【采集地】浙江省绍兴市上虞区。

【主要特征特性】株型半直立，株高46.0cm，株幅58.0cm，分蘖性中等。叶型为板叶，叶长椭圆形，叶顶端尖，叶缘浅锯齿，叶面平滑，无刺毛，无蜡粉，叶深绿色，叶长46.0cm，叶宽27.0cm，叶柄白绿色，无叶瘤，不结球。

【优异特性与利用价值】叶用型，可用作芥菜育种材料。

【濒危状况及保护措施建议】少数农户零星种植，收集困难。建议异位妥善保存，扩大种植面积。

27 慈溪弥陀芥
p330282013

【学　名】Brassicaceae（十字花科）Brassica（芸薹属）Brassica juncea（芥菜）。

【采集地】浙江省宁波市慈溪市。

【主要特征特性】株型开展，株高39.0cm，株幅64.0cm，分蘖性中等。叶型为板叶，叶倒卵形，叶顶端圆，叶缘波状，叶面平滑，无刺毛，无蜡粉，叶绿色，叶长45.0cm，叶宽21.0cm，叶柄浅绿色，叶瘤小，不结球。

【优异特性与利用价值】叶用型，可用作芥菜育种材料。

【濒危状况及保护措施建议】少数农户零星种植，收集困难。建议异位妥善保存，扩大种植面积。

28 慈溪雪里蕻
P330282015

【学　名】Brassicaceae（十字花科）*Brassica*（芸薹属）*Brassica juncea*（芥菜）。
【采集地】浙江省宁波市慈溪市。

【主要特征特性】株型半直立，株高30.0cm，株幅50.0cm，分蘖性强。叶型为花叶，叶倒披针形，叶顶端尖，叶缘复锯齿，叶裂回数一回，叶面平滑，无刺毛，无蜡粉，叶深绿色，叶长30.0cm，叶宽10.0cm，叶柄浅绿色，无叶瘤，不结球。

【优异特性与利用价值】叶用型，可用作芥菜育种材料。

【濒危状况及保护措施建议】少数农户零星种植，收集困难。建议异位妥善保存，扩大种植面积。

29 临海小叶芥菜
P331082012

【学　名】Brassicaceae（十字花科）*Brassica*（芸薹属）*Brassica juncea*（芥菜）。
【采集地】浙江省台州市临海市。

【主要特征特性】株型半直立，株高45.5cm，株幅80.0cm，分蘖性弱。叶型为板叶，叶倒卵形，叶顶端圆，叶缘波状，叶面多皱，无刺毛，无蜡粉，叶深绿色，叶长59.0cm，叶宽33.0cm，叶柄绿色，无叶瘤，不结球。

【优异特性与利用价值】叶用型，可用作芥菜育种材料。

【濒危状况及保护措施建议】少数农户零星种植，收集困难。建议异位妥善保存，扩大种植面积。

30 富阳细花叶芥

P330111056

【学　名】Brassicaceae（十字花科）Brassica（芸薹属）Brassica juncea（芥菜）。
【采集地】浙江省杭州市富阳市。

【主要特征特性】株型开展，株高50.0cm，株幅72.0cm，分蘖性强。叶型为花叶，叶倒披针形，叶顶端尖，叶缘复锯齿，叶裂回数二回，叶面平滑，无刺毛，无蜡粉，叶深绿色，叶长50.0cm，叶宽24.0cm，叶柄白绿色，无叶瘤，不结球。

【优异特性与利用价值】叶用型，可用作芥菜育种材料。

【濒危状况及保护措施建议】少数农户零星种植，收集困难。建议异位妥善保存，扩大种植面积。

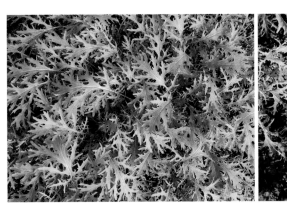

31 细叶九头芥

P330723023

【学　名】Brassicaceae（十字花科）*Brassica*（芸薹属）*Brassica juncea*（芥菜）。

【采集地】浙江省金华市武义县。

【主要特征特性】株型开展，株高60.0cm，株幅82.0cm，分蘖性强。叶型为花叶，叶倒披针形，叶顶端尖，叶缘复锯齿，叶裂回数二回，叶面平滑，无刺毛，无蜡粉，叶黄绿色，叶长67.0cm，叶宽29.0cm，叶柄白绿色，无叶瘤，不结球。

【优异特性与利用价值】叶用型，可用作芥菜育种材料。

【濒危状况及保护措施建议】少数农户零星种植，收集困难。建议异位妥善保存，扩大种植面积。

32 长虹阔叶芥菜
2018332440

【学 名】Brassicaceae（十字花科）*Brassica*（芸薹属）*Brassica juncea*（芥菜）。

【采集地】浙江省衢州市开化县。

【主要特征特性】株型开展，株高49.0cm，株幅82.0cm，分蘖性中等。叶型为板叶，叶倒卵形，叶顶端圆，叶缘波状，叶面平滑，无刺毛，无蜡粉，叶深绿色，叶长62.0cm，叶宽26.0cm，叶柄绿色，无叶瘤，不结球。

【优异特性与利用价值】叶用型，可用作芥菜育种材料。

【濒危状况及保护措施建议】少数农户零星种植，收集困难。建议异位妥善保存，扩大种植面积。

33 临安雪里蕻
2018334404

【学 名】Brassicaceae（十字花科）*Brassica*（芸薹属）*Brassica juncea*（芥菜）。

【采集地】浙江省杭州市临安市。

【主要特征特性】株型开展，株高48.0cm，株幅83.0cm，分蘖性强。叶型为花叶，叶倒披针形，叶顶端尖，叶缘复锯齿，叶裂回数二回，叶面平滑，无刺毛，无蜡粉，叶深绿色，叶长47.0cm，叶宽20.0cm，叶柄白绿色，无叶瘤，不结球。

【优异特性与利用价值】叶用型，可用作芥菜育种材料。

【濒危状况及保护措施建议】少数农户零星种植，收集困难。建议异位妥善保存，扩大种植面积。

34 定海雪里蕻
2018335021
【学　名】Brassicaceae（十字花科）*Brassica*（芸薹属）*Brassica juncea*（芥菜）。
【采集地】浙江省舟山市定海区。

【主要特征特性】株型开展，株高62.0cm，株幅75.0cm，分蘖性强。叶型为花叶，叶倒披针形，叶顶端尖，叶缘复锯齿，叶裂回数二回，叶面微皱，无刺毛，无蜡粉，叶深绿色，叶长56.0cm，叶宽26.0cm，叶柄白绿色，无叶瘤，不结球。

【优异特性与利用价值】叶用型，可用作芥菜育种材料。

【濒危状况及保护措施建议】少数农户零星种植，收集困难。建议异位妥善保存，扩大种植面积。

35 桐乡雪里蕻-1
2018331438

【学　名】Brassicaceae（十字花科）*Brassica*（芸薹属）*Brassica juncea*（芥菜）。
【采集地】浙江省嘉兴市桐乡市。

【主要特征特性】株型半直立，株高46.0cm，株幅62.0cm，分蘖性强。叶型为板叶，叶椭圆形，叶顶端钝尖，叶缘深锯齿，叶面平滑，无刺毛，无蜡粉，叶深绿色，叶长42.0cm，叶宽14.5cm，叶柄白绿色，无叶瘤，不结球。

【优异特性与利用价值】叶用型，可用作芥菜育种材料。

【濒危状况及保护措施建议】少数农户零星种植，收集困难。建议异位妥善保存，扩大种植面积。

36 舟山芥菜

2018335005

【学　名】Brassicaceae（十字花科）*Brassica*（芸薹属）*Brassica juncea*（芥菜）。
【采集地】浙江省舟山市定海区。

【主要特征特性】株型塌地，株高44.0cm，株幅65.0cm，分蘖性中等。叶型为板叶，叶长椭圆形，叶顶端尖，叶缘深锯齿，叶面多皱，无刺毛，无蜡粉，叶黄绿色，叶长56.0cm，叶宽33.0cm，叶柄绿色，无叶瘤，不结球。

【优异特性与利用价值】叶用型，可用作芥菜育种材料。

【濒危状况及保护措施建议】少数农户零星种植，收集困难。建议异位妥善保存，扩大种植面积。

37 嘉雪四月红

2018335453

【学　名】Brassicaceae（十字花科）*Brassica*（芸薹属）*Brassica juncea*（芥菜）。
【采集地】浙江省嘉兴市嘉善县。

【主要特征特性】株型开展，株高46.0cm，株幅65.0cm，分蘖性强。叶型为板叶，叶椭圆形，叶顶端钝尖，叶缘浅锯齿，叶面平滑，无刺毛，无蜡粉，叶黄绿色，叶长37.0cm，叶宽10.0cm，叶柄白绿色，无叶瘤，不结球。

【优异特性与利用价值】叶用型，可用作芥菜育种材料。

【濒危状况及保护措施建议】少数农户零星种植，收集困难。建议异位妥善保存，扩大种植面积。

38 晚雪菜

2018335454

【学　名】Brassicaceae（十字花科）Brassica（芸薹属）Brassica juncea（芥菜）。

【采集地】浙江省嘉兴市嘉善县。

【主要特征特性】株型开展，株高51.0cm，株幅63.0cm，分蘖性强。叶型为板叶，叶长椭圆形，叶顶端钝尖，叶缘深锯齿，叶面平滑，无刺毛，无蜡粉，叶绿色，叶长50.0cm，叶宽15.0cm，叶柄白绿色，无叶瘤，不结球。

【优异特性与利用价值】叶用型，可用作芥菜育种材料。

【濒危状况及保护措施建议】少数农户零星种植，收集困难。建议异位妥善保存，扩大种植面积。

39 洞头本地芥菜

P330305001

【学 名】Brassicaceae（十字花科）Brassica（芸薹属）Brassica juncea（芥菜）。

【采集地】浙江省温州市洞头县。

【主要特征特性】株型半直立，株高44.0cm，株幅66.0cm，分蘖性弱。叶型为板叶，叶倒卵形，叶顶端阔圆，叶缘波状，叶面微皱，无刺毛，无蜡粉，叶绿色，叶长66.0cm，叶宽36.0cm，叶柄白绿色，无叶瘤，不结球。

【优异特性与利用价值】叶用型，可用作芥菜育种材料。

【濒危状况及保护措施建议】少数农户零星种植，收集困难。建议异位妥善保存，扩大种植面积。

40 旱雪菜

2018335460

【学　名】Brassicaceae（十字花科）*Brassica*（芸薹属）*Brassica juncea*（芥菜）。

【采集地】浙江省嘉兴市嘉善县。

【主要特征特性】株型半直立，株高57.0cm，株幅67.0cm，分蘖性强。叶型为板叶，叶椭圆形，叶顶端钝尖，叶缘浅锯齿，叶面平滑，无刺毛，无蜡粉，叶绿色，叶长47.5cm，叶宽19.0cm，叶柄白绿色，无叶瘤，不结球。

【优异特性与利用价值】叶用型，可用作芥菜育种材料。

【濒危状况及保护措施建议】少数农户零星种植，收集困难。建议异位妥善保存，扩大种植面积。

41 桐乡瘤芥菜

2018331446

【学　名】Brassicaceae（十字花科）*Brassica*（芸薹属）*Brassica juncea*（芥菜）。

【采集地】浙江省嘉兴市桐乡市。

【主要特征特性】株型开展，株高44.0cm，株幅67.0cm，分蘖性强。叶型为板叶，叶阔椭圆形，叶顶端圆，叶缘浅锯齿，叶面微皱，无刺毛，无蜡粉，叶深绿色，叶长40.0cm，叶宽24.0cm，叶柄白绿色，叶瘤中等，不结球。

【优异特性与利用价值】叶用型，可用作芥菜育种材料。

【濒危状况及保护措施建议】少数农户零星种植，收集困难。建议异位妥善保存，扩大种植面积。

42 桐乡雪里蕻-2

2018331451

【学　名】Brassicaceae（十字花科）Brassica（芸薹属）Brassica juncea（芥菜）。

【采集地】浙江省嘉兴市桐乡市。

【主要特征特性】株型半直立，株高39.0cm，株幅70.0cm，分蘖性强。叶型为板叶，叶长倒卵形，叶顶端钝尖，叶缘浅锯齿，叶面平滑，无刺毛，无蜡粉，叶深绿色，叶长40.0cm，叶宽13.0cm，叶柄白绿色，无叶瘤，不结球。

【优异特性与利用价值】叶用型，可用作芥菜育种材料。

【濒危状况及保护措施建议】少数农户零星种植，收集困难。建议异位妥善保存，扩大种植面积。

43 黄岩芥菜

2019333671

【学　名】Brassicaceae（十字花科）*Brassica*（芸薹属）*Brassica juncea*（芥菜）。

【采集地】浙江省台州市黄岩区。

【主要特征特性】株型半直立，株高40.0cm，株幅66.0cm，分蘖性弱。叶型为板叶，叶倒卵形，叶顶端圆，叶缘波状，叶面多皱，无刺毛，无蜡粉，叶深绿色，叶长49.0cm，叶宽29.0cm，叶柄绿色，无叶瘤，不结球。

【优异特性与利用价值】叶用型，可用作芥菜育种材料。

【濒危状况及保护措施建议】少数农户零星种植，收集困难。建议异位妥善保存，扩大种植面积。

44 开化九头芥

P330824033

【学　名】Brassicaceae（十字花科）*Brassica*（芸薹属）*Brassica juncea*（芥菜）。
【采集地】浙江省衢州市开化县。

【主要特征特性】株型半直立，株高52.0cm，株幅61.0cm，分蘖性强。叶型为花叶，叶倒披针形，叶顶端尖，叶缘复锯齿，叶裂回数二回，叶面平滑，无刺毛，无蜡粉，叶绿色，叶长50.0cm，叶宽26.0cm，叶柄白绿色，无叶瘤，不结球。

【优异特性与利用价值】叶用型，可用作芥菜育种材料。

【濒危状况及保护措施建议】少数农户零星种植，收集困难。建议异位妥善保存，扩大种植面积。

45 泡婆芥

2018333625

【学　名】Brassicaceae（十字花科）*Brassica*（芸薹属）*Brassica juncea*（芥菜）。
【采集地】浙江省台州市黄岩区。

【主要特征特性】株型开展，株高60.0cm，株幅72.0cm，分蘖性中等。叶型为板叶，叶倒卵形，叶顶端圆，叶缘波状，叶面多皱，无刺毛，无蜡粉，叶深绿色，叶长53.0cm，叶宽25.0cm，叶柄浅绿色，无叶瘤，不结球。

【优异特性与利用价值】叶用型，可用作芥菜育种材料。

【濒危状况及保护措施建议】少数农户零星种植，收集困难。建议异位妥善保存，扩大种植面积。

46 黄岩雪里蕻

2018333636

【学　名】Brassicaceae（十字花科）Brassica（芸薹属）Brassica juncea（芥菜）。

【采集地】浙江省台州市黄岩区。

【主要特征特性】株型半直立，株高52.0cm，株幅66.0cm，分蘖性强。叶型为板叶，叶长椭圆形，叶顶端钝尖，叶缘浅锯齿，叶面平滑，无刺毛，无蜡粉，叶绿色，叶长46.0cm，叶宽15.0cm，叶柄浅绿色，无叶瘤，不结球。

【优异特性与利用价值】叶用型，可用作芥菜育种材料。

【濒危状况及保护措施建议】少数农户零星种植，收集困难。建议异位妥善保存，扩大种植面积。

47 海盐瘤芥菜

P330424021

【学 名】Brassicaceae（十字花科）Brassica（芸薹属）Brassica juncea（芥菜）。

【采集地】浙江省嘉兴市海盐县。

【主要特征特性】株型塌地，株高41.0cm，株幅71.0cm，分蘖性中等。叶型为板叶，叶长倒卵形，叶顶端阔圆，叶缘波状，叶面微皱，无刺毛，无蜡粉，叶绿色，叶长52.0cm，叶宽23.0cm，叶柄浅绿色，叶瘤中等，不结球。

【优异特性与利用价值】叶用型，可用作芥菜育种材料。

【濒危状况及保护措施建议】少数农户零星种植，收集困难。建议异位妥善保存，扩大种植面积。

48 石门瘤芥菜
P330483011

【学 名】Brassicaceae（十字花科）*Brassica*（芸薹属）*Brassica juncea*（芥菜）。
【采集地】浙江省嘉兴市桐乡市。

【主要特征特性】株型开展，株高45.0cm，株幅82.0cm，分蘖性中等。叶型为板叶，叶倒卵形，叶顶端圆，叶缘浅锯齿，叶面平滑，无刺毛，无蜡粉，叶深绿色，叶长47.0cm，叶宽21.0cm，叶柄白绿色，叶瘤中等，不结球。

【优异特性与利用价值】叶用型，可用作芥菜育种材料。

【濒危状况及保护措施建议】少数农户零星种植，收集困难。建议异位妥善保存，扩大种植面积。

49 定海天菜
2018335020

【学 名】Brassicaceae（十字花科）*Brassica*（芸薹属）*Brassica juncea*（芥菜）。
【采集地】浙江省舟山市定海区。

【主要特征特性】株型开展，株高58.0cm，株幅80.0cm，分蘖性中等。叶型为板叶，叶倒卵形，叶顶端尖，叶缘深锯齿，叶面多皱，无刺毛，无蜡粉，叶绿色，叶长64.0cm，叶宽38.0cm，叶柄浅绿色，无叶瘤，不结球。

【优异特性与利用价值】叶用型，可用作芥菜育种材料。

【濒危状况及保护措施建议】少数农户零星种植，收集困难。建议异位妥善保存，扩大种植面积。

50 胭脂芥

P330127050

【学　名】Brassicaceae（十字花科）*Brassica*（芸薹属）*Brassica juncea*（芥菜）。

【采集地】浙江省杭州市淳安县。

【主要特征特性】株型半直立，株高58.0cm，株幅67.0cm，分蘖性强。叶型为花叶，叶倒披针形，叶顶端尖，叶缘复锯齿，叶面平滑，无刺毛，无蜡粉，叶紫绿色，叶长59.0cm，叶宽26.0cm，叶柄浅绿色，无叶瘤，不结球。

【优异特性与利用价值】叶用型，可用作芥菜育种材料。

【濒危状况及保护措施建议】少数农户零星种植，收集困难。建议异位妥善保存，扩大种植面积。

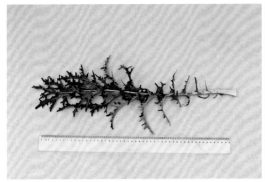

51 紫叶阔叶芥

P330127051

【学 名】Brassicaceae（十字花科）*Brassica*（芸薹属）*Brassica juncea*（芥菜）。
【采集地】浙江省杭州市淳安县。

【主要特征特性】株型半直立，株高60.0cm，株幅65.0cm，分蘖性中等。叶型为板叶，叶椭圆形，叶顶端圆，叶缘波状，叶面微皱，无刺毛，无蜡粉，叶紫绿色，叶长45.0cm，叶宽23.0cm，叶柄绿色，无叶瘤，不结球。

【优异特性与利用价值】叶用型，可用作芥菜育种材料。

【濒危状况及保护措施建议】少数农户零星种植，收集困难。建议异位妥善保存，扩大种植面积。

52 鸡头芥
2018332081

【学　名】Brassicaceae（十字花科）Brassica（芸薹属）Brassica juncea（芥菜）。
【采集地】浙江省丽水市景宁畲族自治县。

【主要特征特性】株型半直立，株高47.0cm，株幅85.0cm，分蘖性强。叶型为花叶，叶倒披针形，叶顶端尖，叶缘复锯齿，叶面微皱，无刺毛，无蜡粉，叶深绿色，叶长60.0cm，叶宽33.0cm，叶柄绿色，无叶瘤，不结球。

【优异特性与利用价值】叶用型，可用作芥菜育种材料。

【濒危状况及保护措施建议】少数农户零星种植，收集困难。建议异位妥善保存，扩大种植面积。

53 小麦芥
P330111057

【学　名】Brassicaceae（十字花科）Brassica（芸薹属）Brassica juncea（芥菜）。
【采集地】浙江省杭州市富阳市。

【主要特征特性】株型开展，株高44.0cm，株幅79.0cm，分蘖性强。叶型为板叶，叶长倒卵形，叶顶端钝尖，叶缘深锯齿，叶面微皱，无刺毛，无蜡粉，叶深绿色，叶长48.0cm，叶宽19.0cm，叶柄白绿色，无叶瘤，不结球。

【优异特性与利用价值】叶用型，可用作芥菜育种材料。

【濒危状况及保护措施建议】少数农户零星种植，收集困难。建议异位妥善保存，扩大种植面积。

54 奉化天菜

2018334106

【学　名】Brassicaceae（十字花科）Brassica（芸薹属）Brassica juncea（芥菜）。

【采集地】浙江省宁波市奉化市。

【主要特征特性】株型半直立，株高47.0cm，株幅70.0cm，分蘖性弱。叶型为板叶，叶长椭圆形，叶顶端圆，叶缘全缘，叶面微皱，无刺毛，无蜡粉，叶深绿色，叶长38.0cm，叶宽22.0cm，叶柄绿色，无叶瘤，不结球。

【优异特性与利用价值】叶用型，可用作芥菜育种材料。

【濒危状况及保护措施建议】少数农户零星种植，收集困难。建议异位妥善保存，扩大种植面积。

55 杨林芥菜

2018332472

【学 名】Brassicaceae（十字花科）Brassica（芸薹属）Brassica juncea（芥菜）。

【采集地】浙江省衢州市开化县。

【主要特征特性】株型半直立，株高54.0cm，株幅60.0cm，分蘖性中等。叶型为板叶，叶倒卵形，叶顶端圆，叶缘波状，叶面皱，无刺毛，无蜡粉，叶深绿色，叶长48.0cm，叶宽30.0cm，叶柄白绿色，无叶瘤，不结球。

【优异特性与利用价值】叶用型，可用作芥菜育种材料。

【濒危状况及保护措施建议】少数农户零星种植，收集困难。建议异位妥善保存，扩大种植面积。

56 瑞安老芥菜

2018335255

【学　名】Brassicaceae（十字花科）Brassica（芸薹属）Brassica juncea（芥菜）。

【采集地】浙江省温州市瑞安市。

【主要特征特性】株型直立，株高64.0cm，株幅75.0cm，分蘖性中等。叶型为板叶，叶长倒卵形，叶顶端圆，叶缘深锯齿，叶面微皱，无刺毛，无蜡粉，叶紫绿色，叶长55.0cm，叶宽27.0cm，叶柄绿色，无叶瘤，不结球。

【优异特性与利用价值】叶用型，可用作芥菜育种材料。

【濒危状况及保护措施建议】少数农民零星种植，收集困难。建议异位妥善保存，扩大种植面积。

57 富阳辣芥菜

P330111016

【学　名】Brassicaceae（十字花科）Brassica（芸薹属）Brassica juncea（芥菜）。

【采集地】浙江省杭州市富阳市。

【主要特征特性】株型开展，株高58.0cm，株幅72.0cm，分蘖性中等。叶型为板叶，叶长椭圆形，叶顶端尖，叶缘浅锯齿，叶面平滑，无刺毛，无蜡粉，叶绿色，叶长54.0cm，叶宽17.0cm，叶柄白绿色，无叶瘤，不结球。

【优异特性与利用价值】叶用型，可用作芥菜育种材料。

【濒危状况及保护措施建议】少数农民零星种植，收集困难。建议异位妥善保存，扩大种植面积。

58 垟井芥

P330328001

【学 名】Brassicaceae（十字花科）Brassica（芸薹属）Brassica juncea（芥菜）。

【采集地】浙江省温州市文成县。

【主要特征特性】株型半直立，株高49.0cm，株幅65.0cm，分蘖性中等。叶型为板叶，叶椭圆形，叶顶端阔圆，叶缘波状，叶面微皱，无刺毛，无蜡粉，叶深绿色，叶长45.0cm，叶宽26.0cm，叶柄白绿色，无叶瘤，不结球。

【优异特性与利用价值】叶用型，可用作芥菜育种材料。

【濒危状况及保护措施建议】少数农户零星种植，收集困难。建议异位妥善保存，扩大种植面积。

59 苍南芥菜

2017335036

【学　名】Brassicaceae（十字花科）Brassica（芸薹属）Brassica juncea（芥菜）。

【采集地】浙江省温州市苍南县。

【主要特征特性】株型半直立，株高52.0cm，株幅70.0cm，分蘖性弱。叶型为板叶，叶椭圆形，叶顶端尖，叶缘深锯齿，叶面微皱，无刺毛，无蜡粉，叶绿色，叶长53.0cm，叶宽32.0cm，叶柄白绿色，无叶瘤，不结球。

【优异特性与利用价值】叶用型，可用作芥菜育种材料。

【濒危状况及保护措施建议】少数农户零星种植，收集困难。建议异位妥善保存，扩大种植面积。

60 柴叶春

P330683018

【学　名】Brassicaceae（十字花科）*Brassica*（芸薹属）*Brassica juncea*（芥菜）。

【采集地】浙江省绍兴市嵊州市。

【主要特征特性】株型直立，株高42.0cm，株幅79.0cm，分蘖性中等。叶型为板叶，叶长倒卵形，叶顶端钝尖，叶缘深锯齿，叶面多皱，无刺毛，无蜡粉，叶黄绿色，叶长53.0cm，叶宽27.0cm，叶柄白绿色，无叶瘤，不结球。

【优异特性与利用价值】叶用型，可用作芥菜育种材料。

【濒危状况及保护措施建议】少数农户零星种植，收集困难。建议异位妥善保存，扩大种植面积。

61 嵊县冬芥菜

P330683020

【学　名】Brassicaceae（十字花科）*Brassica*（芸薹属）*Brassica juncea*（芥菜）。

【采集地】浙江省绍兴市嵊州市。

【主要特征特性】株型开展，株高44.0cm，株幅85.0cm，分蘖性中等。叶型为板叶，叶椭圆形，叶顶端阔圆，叶缘波状，叶面微皱，无刺毛，无蜡粉，叶绿色，叶长64.0cm，叶宽23.0cm，叶柄白绿色，无叶瘤，不结球。

【优异特性与利用价值】叶用型，可用作芥菜育种材料。

【濒危状况及保护措施建议】少数农户零星种植，收集困难。建议异位妥善保存，扩大种植面积。

62 景宁白芥菜

2018332111

【学　名】Brassicaceae（十字花科）Brassica（芸薹属）Brassica juncea（芥菜）。

【采集地】浙江省丽水市景宁畲族自治县。

【主要特征特性】株型半直立，株高47.0cm，株幅60.0cm，分蘖性弱。叶型为板叶，叶长椭圆形，叶顶端钝尖，叶缘深锯齿，叶面微皱，无刺毛，无蜡粉，叶黄绿色，叶长53.0cm，叶宽32.0cm，叶柄白绿色，无叶瘤，不结球。

【优异特性与利用价值】叶用型，可用作芥菜育种材料。

【濒危状况及保护措施建议】少数农户零星种植，收集困难。建议异位妥善保存，扩大种植面积。

63 长虹芥菜
2018332426

【学　名】Brassicaceae（十字花科）Brassica（芸薹属）Brassica juncea（芥菜）。
【采集地】浙江省衢州市开化县。

【主要特征特性】株型开展，株高57.0cm，株幅70.0cm，分蘖性弱。叶型为板叶，叶倒卵形，叶顶端圆，叶缘波状，叶面微皱，无刺毛，无蜡粉，叶绿色，叶长59.0cm，叶宽28.0cm，叶柄浅绿色，无叶瘤，不结球。

【优异特性与利用价值】叶用型，可用作芥菜育种材料。

【濒危状况及保护措施建议】少数农户零星种植，收集困难。建议异位妥善保存，扩大种植面积。

64 细叶小头菜

2017334025

【学　名】Brassicaceae（十字花科）Brassica（芸薹属）Brassica juncea（芥菜）。

【采集地】浙江省宁波市奉化市。

【主要特征特性】株型半直立，株高48.0cm，株幅76.0cm，分蘖性强。叶型为花叶，叶倒披针形，叶顶端尖，叶缘复锯齿，叶面平滑，无刺毛，无蜡粉，叶深绿色，叶长53.0cm，叶宽29.0cm，叶柄浅绿色，无叶瘤，不结球。

【优异特性与利用价值】叶用型，可用作芥菜育种材料。

【濒危状况及保护措施建议】少数农户零星种植，收集困难。建议异位妥善保存，扩大种植面积。

65 衢江九头芥

2018333274

【学　名】Brassicaceae（十字花科）Brassica（芸薹属）Brassica juncea（芥菜）。

【采集地】浙江省衢州市衢江区。

【主要特征特性】株型直立，株高58.0cm，株幅66.0cm，分蘖性强。叶型为花叶，叶倒披针形，叶顶端尖，叶缘复锯齿，叶面平滑，无刺毛，无蜡粉，叶绿色，叶长52.0cm，叶宽20.0cm，叶柄白绿色，无叶瘤，不结球。

【优异特性与利用价值】叶用型，可用作芥菜育种材料。

【濒危状况及保护措施建议】少数农户零星种植，收集困难。建议异位妥善保存，扩大种植面积。

66 嘉善中雪菜

2018335457

【学　名】Brassicaceae（十字花科）*Brassica*（芸薹属）*Brassica juncea*（芥菜）。
【采集地】浙江省嘉兴市嘉善县。

【主要特征特性】株型半直立，株高60.0cm，株幅82.0cm，分蘖性强。叶型为板叶，叶椭圆形，叶顶端尖，叶缘深锯齿，叶面平滑，无刺毛，无蜡粉，叶紫绿色，叶长51.0cm，叶宽16.0cm，叶柄白绿色，无叶瘤，不结球。

【优异特性与利用价值】叶用型，可用作芥菜育种材料。

【濒危状况及保护措施建议】少数农户零星种植，收集困难。建议异位妥善保存，扩大种植面积。

67 中熟芥菜-1

2019333683

【学　名】Brassicaceae（十字花科）*Brassica*（芸薹属）*Brassica juncea*（芥菜）。

【采集地】浙江省台州市黄岩区。

【主要特征特性】株型半直立，株高56.0cm，株幅60.0cm，分蘖性弱。叶型为板叶，叶倒卵形，叶顶端圆，叶缘波状，叶面多皱，无刺毛，无蜡粉，叶深绿色，叶长50.0cm，叶宽28.0cm，叶柄绿色，无叶瘤，不结球。

【优异特性与利用价值】叶用型，可用作芥菜育种材料。

【濒危状况及保护措施建议】少数农户零星种植，收集困难。建议异位妥善保存，扩大种植面积。

68 平阳九头芥

P330326031

【学　名】Brassicaceae（十字花科）*Brassica*（芸薹属）*Brassica juncea*（芥菜）。
【采集地】浙江省温州市平阳县。

【主要特征特性】株型开展，株高46.0cm，株幅63.0cm，分蘖性强。叶型为板叶，叶长倒卵形，叶顶端尖，叶缘深锯齿，叶面光滑，无刺毛，无蜡粉，叶绿色，叶长51.0cm，叶宽16.0cm，叶柄白绿色，无叶瘤，不结球。

【优异特性与利用价值】叶用型，可用作芥菜育种材料。

【濒危状况及保护措施建议】少数农户零星种植，收集困难。建议异位妥善保存，扩大种植面积。

69 中熟芥菜-2

2019333684

【学　名】Brassicaceae（十字花科）*Brassica*（芸薹属）*Brassica juncea*（芥菜）。
【采集地】浙江省台州市黄岩区。

【主要特征特性】株型半直立，株高50.0cm，株幅69.0cm，分蘖性中等。叶型为板叶，叶倒卵形，叶顶端圆，叶缘波状，叶面多皱，无刺毛，无蜡粉，叶深绿色，叶长47.0cm，叶宽28.0cm，叶柄绿色，无叶瘤，不结球。

【优异特性与利用价值】叶用型，可用作芥菜育种材料。

【濒危状况及保护措施建议】少数农户零星种植，收集困难。建议异位妥善保存，扩大种植面积。

70 迟熟芥菜

2019333685

【学　名】Brassicaceae（十字花科）*Brassica*（芸薹属）*Brassica juncea*（芥菜）。

【采集地】浙江省台州市黄岩区。

【主要特征特性】株型半直立，株高45.0cm，株幅68.0cm，分蘖性中等。叶型为板叶，叶倒卵形，叶顶端圆，叶缘波状，叶面多皱，无刺毛，无蜡粉，叶深绿色，叶长57.0cm，叶宽30.0cm，叶柄绿色，无叶瘤，不结球。

【优异特性与利用价值】叶用型，可用作芥菜育种材料。

【濒危状况及保护措施建议】少数农户零星种植，收集困难。建议异位妥善保存，扩大种植面积。

71 画水落汤青

P330783023

【学　名】Brassicaceae（十字花科）Brassica（芸薹属）Brassica juncea（芥菜）。

【采集地】浙江省金华市东阳市。

【主要特征特性】株型半直立，株高44.0cm，株幅51.7cm，分蘖性中等。叶型为板叶，叶倒卵形，叶顶端圆，叶缘全缘，叶面较皱，无刺毛，叶深绿色，叶长45.0cm，叶宽25.7cm，叶柄浅绿色，无叶瘤，不结球。

【优异特性与利用价值】品质优，采收时间长，可鲜食，也可加工腌制，可用作芥菜育种材料。

【濒危状况及保护措施建议】农家品种，栽培历史悠久，浙江省南部沿海地区均有分布。建议异位妥善保存，同时扩大种植面积。

第四节 苋菜种质资源

1 奉化青苋菜杆
2017334075

【学　名】Amaranthaceae（苋科）*Amaranthus*（苋属）*Amaranthus* spp.（苋菜）。
【采集地】浙江省宁波市奉化市。

【主要特征特性】株型为多茎型。幼苗叶面绿色，叶背绿色，成株期叶卵形，叶面绿色，叶背绿色，叶缘全缘，叶面皱缩，叶长11.3cm，叶宽8.3cm，叶面尖端形状为尖，叶面无刺毛，叶柄长3.7cm，叶柄绿色，叶基圆形，叶着生状态为直角，叶片数6片。单株分枝数5.3个。茎绿色，茎枝无刺毛。

【优异特性与利用价值】一般性种质。

【濒危状况及保护措施建议】少数农户零星种植，收集困难。建议异位妥善保存，扩大种植面积。

2 桥墩红苋菜

2017335042

【学 名】Amaranthaceae（苋科）*Amaranthus*（苋属）*Amaranthus* spp.（苋菜）。

【采集地】浙江省温州市苍南县。

【主要特征特性】株型为单茎型。幼苗叶面花色，叶背花色，成株期叶卵圆形，叶面花色，叶背花色，叶缘全缘，叶面皱缩，叶长12.0cm，叶宽10.5cm，叶面尖端形状为尖，叶面无刺毛，叶柄长3.8cm，叶柄绿色，叶基圆形，叶着生状态为半直角，叶片数11片。单株分枝数6个。茎绿色，茎枝无刺毛。

【优异特性与利用价值】一般性种质。

【濒危状况及保护措施建议】少数农户零星种植，收集困难。建议异位妥善保存，扩大种植面积。

3 煤山苋菜

2018331247

【学　名】Amaranthaceae（苋科）*Amaranthus*（苋属）*Amaranthus* spp.（苋菜）。

【采集地】浙江省湖州市长兴县。

【主要特征特性】株型为多茎型。幼苗叶面花色，叶背花色，成株期叶纺锤形，叶面花色，叶背花色，叶缘全缘，叶面平滑，叶长12.5cm，叶宽7.8cm，叶面尖端形状为尖，叶面无刺毛，叶柄长3.7cm，叶柄绿色，叶基楔形，叶着生状态为半直角，叶片数15片。单株分枝数7.3个。茎绿色，茎枝无刺毛。

【优异特性与利用价值】叶片一半红色，一半绿色，比较有特色。

【濒危状况及保护措施建议】少数农户零星种植，收集困难。建议异位妥善保存，扩大种植面积。

4 画溪苋菜

2018331254

【学 名】Amaranthaceae（苋科）*Amaranthus*（苋属）*Amaranthus* spp.（苋菜）。

【采集地】浙江省湖州市长兴县。

【主要特征特性】株型为多茎型。幼苗叶面花色，叶背花色，成株期叶披针形，叶面花色，叶背花色，叶缘全缘，叶面皱缩，叶长31.1cm，叶宽4.5cm，叶面尖端形状为锐尖，叶面无刺毛，叶柄长6.5cm，叶柄红色，叶基锐尖，叶着生状态为半直角，叶片数9片。单株分枝数5.2个。茎红色，茎枝无刺毛。

【优异特性与利用价值】一般性种质。

【濒危状况及保护措施建议】少数农户零星种植，收集困难。建议异位妥善保存，扩大种植面积。

5 桐乡青苋菜

2018331419

【学　名】Amaranthaceae（苋科）*Amaranthus*（苋属）*Amaranthus* spp.（苋菜）。

【采集地】浙江省嘉兴市桐乡市。

【主要特征特性】株型为多茎型。幼苗叶面黄绿色，叶背黄绿色，成株期叶卵圆形，叶面黄绿色，叶背黄绿色，叶缘全缘，叶面平滑，叶长22.2cm，叶宽12.2cm，叶面尖端形状为尖，叶面无刺毛，叶柄长3.8cm，叶柄浅绿色，叶基圆形，叶着生状态为半直角，叶片数17片。单株分枝数7.7个。茎浅绿色，茎枝无刺毛。

【优异特性与利用价值】叶片浅绿色，色泽漂亮。

【濒危状况及保护措施建议】少数农户零星种植，收集困难。建议异位妥善保存，扩大种植面积。

6 紫苋菜

2018331478

【学　名】Amaranthaceae（苋科）Amaranthus（苋属）Amaranthus spp.（苋菜）。

【采集地】浙江省嘉兴市桐乡市。

【主要特征特性】株型为多茎型。幼苗叶面花色，叶背花色，成株期叶卵圆形，叶面花色，叶背紫红色，叶缘全缘，叶面皱缩，叶长11.5cm，叶宽11.3cm，叶面尖端形状为尖，叶面无刺毛，叶柄长4.0cm，叶柄浅绿色，叶基圆形，叶着生状态为半直角，叶片数11片。单株分枝数7.7个。茎浅绿色，茎枝无刺毛。

【优异特性与利用价值】一般性种质。

【濒危状况及保护措施建议】少数农户零星种植，收集困难。建议异位妥善保存，扩大种植面积。

7 黄田苋菜

2018332248

【学　名】Amaranthaceae（苋科）*Amaranthus*（苋属）*Amaranthus* spp.（苋菜）。

【采集地】浙江省丽水市庆元县。

【主要特征特性】株型为多茎型。幼苗叶面绿色，叶背绿色，成株期叶纺锤形，叶面绿色，叶背绿色，叶缘全缘，叶面皱缩，叶长14.5cm，叶宽8.5cm，叶面尖端形状为锐尖，叶面无刺毛，叶柄长4.0cm，叶柄浅绿色，叶基楔形，叶着生状态为近直角，叶片数16片。单株分枝数6.3个。茎绿色，茎枝无刺毛。

【优异特性与利用价值】一般性种质。

【濒危状况及保护措施建议】少数农户零星种植，收集困难。建议异位妥善保存，扩大种植面积。

8 杨林红苋菜
2018332462

【学　名】Amaranthaceae（苋科）*Amaranthus*（苋属）*Amaranthus* spp.（苋菜）。

【采集地】浙江省衢州市开化县。

【主要特征特性】株型为多茎型。幼苗叶面红色，叶背红色，成株期叶长圆形，叶面紫红色，叶背紫红色，叶缘全缘，叶面皱缩，叶长10.0cm，叶宽8.5cm，叶面尖端形状为尖，叶面无刺毛，叶柄长3.3cm，叶柄浅绿色，叶基圆形，叶着生状态为近直角，叶片数10片。单株分枝数7.7个。茎浅绿色，茎枝无刺毛。

【优异特性与利用价值】叶片紫红色，色泽漂亮。

【濒危状况及保护措施建议】少数农户零星种植，收集困难。建议异位妥善保存，扩大种植面积。

9 奉化青苋

2018334115

【学 名】Amaranthaceae（苋科）*Amaranthus*（苋属）*Amaranthus* spp.（苋菜）。

【采集地】浙江省宁波市奉化市。

【主要特征特性】株型为多茎型。幼苗叶面绿色，叶背绿色，成株期叶卵形，叶面绿色，叶背绿色，叶缘全缘，叶面皱缩，叶长15.2cm，叶宽12.5cm，叶面尖端形状为钝圆，叶面无刺毛，叶柄长6.2cm，叶柄绿色，叶基钝圆形，叶着生状态为直角，叶片数14片。单株分枝数8.7个。茎绿色，茎枝无刺毛。

【优异特性与利用价值】一般性种质。

【濒危状况及保护措施建议】少数农户零星种植，收集困难。建议异位妥善保存，扩大种植面积。

10 奉化红苋菜

2018335237

【学 名】Amaranthaceae（苋科）*Amaranthus*（苋属）*Amaranthus* spp.（苋菜）。
【采集地】浙江省宁波市奉化市。

【主要特征特性】株型为多茎型。幼苗叶面紫红色，叶背紫红色，成株期叶卵圆形，叶面紫红色，叶背紫红色，叶缘全缘，叶面皱缩，叶长10.2cm，叶宽8.2cm，叶面尖端形状为尖，叶面无刺毛，叶柄长4.3cm，叶柄浅绿色，叶基圆形，叶着生状态为近直角，叶片数10片。单株分枝数7.0个。茎绿色，茎枝无刺毛。

【优异特性与利用价值】一般性种质。

【濒危状况及保护措施建议】少数农户零星种植，收集困难。建议异位妥善保存，扩大种植面积。

11 奉化白苋菜

2018335238

【学　名】Amaranthaceae（苋科）*Amaranthus*（苋属）*Amaranthus* spp.（苋菜）。
【采集地】浙江省宁波市奉化市。

【主要特征特性】株型为多茎型。幼苗叶面黄绿色，叶背黄绿色，成株期叶卵形，叶面黄绿色，叶背黄绿色，叶缘全缘，叶面皱缩，叶长15.8cm，叶宽12.8cm，叶面尖端形状为尖，叶面无刺毛，叶柄长5.2cm，叶柄绿色，叶基圆形，叶着生状态为直角，叶片数14片。单株分枝数8.7个。茎绿色，茎枝无刺毛。

【优异特性与利用价值】叶片颜色偏黄，比较有特色。

【濒危状况及保护措施建议】少数农户零星种植，收集困难。建议异位妥善保存，扩大种植面积。

12 野生苋菜
2019333665

【学　名】Amaranthaceae（苋科）*Amaranthus*（苋属）*Amaranthus* spp.（苋菜）。
【采集地】浙江省台州市黄岩区。

【主要特征特性】株型为混合型。幼苗叶面绿色，叶背绿色，成株期叶长圆形，叶面绿色，叶背绿色，叶缘全缘，叶面平滑，叶长11.5cm，叶宽6.5cm，叶面尖端形状为尖，叶面无刺毛，叶柄长11.1cm，叶柄红色，叶基圆形，叶着生状态为近直角，叶片数11片。单株分枝数9.3个。茎红色，茎枝有刺毛。

【优异特性与利用价值】一般性种质。

【濒危状况及保护措施建议】少数农户零星种植，收集困难。建议异位妥善保存，扩大种植面积。

13 海盐苋菜

P330424006

【学　名】Amaranthaceae（苋科）*Amaranthus*（苋属）*Amaranthus* spp.（苋菜）。

【采集地】浙江省嘉兴市海盐县。

【主要特征特性】株型为混合型。幼苗叶面绿色，叶背绿色，成株期叶卵形，叶面绿色，叶背绿色，叶缘全缘，叶面平滑，叶长7.2cm，叶宽6.0cm，叶面尖端形状为尖，叶面无刺毛，叶柄长3.0cm，叶柄浅绿色，叶基圆形，叶着生状态为直角，叶片数11片。单株分枝数3.7个。茎红色，茎枝无刺毛。

【优异特性与利用价值】一般性种质。

【濒危状况及保护措施建议】少数农户零星种植，收集困难。建议异位妥善保存，扩大种植面积。

14 平湖苋菜
P330482009

【学　名】Amaranthaceae（苋科）*Amaranthus*（苋属）*Amaranthus* spp.（苋菜）。
【采集地】浙江省嘉兴市平湖市。

【主要特征特性】株型为多茎型。幼苗叶面绿色，叶背绿色，成株期叶长圆形，叶面绿色，叶背绿色，叶缘全缘，叶面皱缩，叶长 12.2cm，叶宽 8.3cm，叶面尖端形状为尖，叶面无刺毛，叶柄长 3.2cm，叶柄红色，叶基圆形，叶着生状态为半直角，叶片数 9 片。单株分枝数 8.3 个。茎紫红色，茎枝无刺毛。

【优异特性与利用价值】一般性种质。

【濒危状况及保护措施建议】少数农户零星种植，收集困难。建议异位妥善保存，扩大种植面积。

15 德清野苋菜

P330521021

【学 名】Amaranthaceae（苋科）*Amaranthus*（苋属）*Amaranthus* spp.（苋菜）。

【采集地】浙江省湖州市德清县。

【主要特征特性】株型为混合型。幼苗叶面花色，叶背花色，成株期叶卵形，叶面花色，叶背花色，叶缘全缘，叶面皱缩，叶长12.5cm，叶宽8.0cm，叶面尖端形状为尖，叶面无刺毛，叶柄长5.5cm，叶柄红色，叶基圆形，叶着生状态为直角，叶片数11片。单株分枝数11.3个。茎红色，茎枝无刺毛。

【优异特性与利用价值】一般性种质。

【濒危状况及保护措施建议】少数农户零星种植，收集困难。建议异位妥善保存，扩大种植面积。

16 刺苋菜（红皮）

P330523007

【学 名】Amaranthaceae（苋科）*Amaranthus*（苋属）*Amaranthus* spp.（苋菜）。

【采集地】浙江省湖州市安吉县。

【主要特征特性】株型为混合型。幼苗叶面花色，叶背花色，成株期叶纺锤形，叶面花色，叶背花色，叶缘全缘，叶面平滑，叶长8.7cm，宽6.3cm，叶面尖端形状为尖，叶面无刺毛，叶柄长4.8cm，叶柄红色，叶基楔形，叶着生状态为直角，叶片数18片。单株分枝数12.3个。茎红色，茎枝无刺毛。

【优异特性与利用价值】一般性种质。

【濒危状况及保护措施建议】少数农户零星种植，收集困难。建议异位妥善保存，扩大种植面积。

17 血脉苋菜

P330726015

【学　名】Amaranthaceae（苋科）*Amaranthus*（苋属）*Amaranthus* spp.（苋菜）。

【采集地】浙江省金华市浦江县。

【主要特征特性】株型为多茎型。幼苗叶面花色，叶背花色，成株期叶卵形，叶面花色，叶背花色，叶缘全缘，叶面皱缩，叶长12.7cm，叶宽10.2cm，叶面尖端形状为尖，叶面无刺毛，叶柄长3.3cm，叶柄浅绿色，叶基圆形，叶着生状态为半直角，叶片数10片。单株分枝数9.3个。茎绿色，茎枝无刺毛。

【优异特性与利用价值】一般性种质。

【濒危状况及保护措施建议】少数农户零星种植，收集困难。建议异位妥善保存，扩大种植面积。

18 芝麻苋菜

P330726016

【学 名】Amaranthaceae（苋科）*Amaranthus*（苋属）*Amaranthus* spp.（苋菜）。

【采集地】浙江省金华市浦江县。

【主要特征特性】株型为多茎型。幼苗叶面绿色，叶背绿色，成株期叶纺锤形，叶面绿色，叶背绿色，叶缘全缘，叶面皱缩，叶长13.0cm，叶宽7.0cm，叶面尖端形状为锐尖，叶面无刺毛，叶柄长4.8cm，叶柄浅绿色，叶基楔形，叶着生状态为半直角，叶片数12片。单株分枝数10.0个。茎浅绿色，茎枝无刺毛。

【优异特性与利用价值】一般性种质。

【濒危状况及保护措施建议】少数农户零星种植，收集困难。建议异位妥善保存，扩大种植面积。

19 舟山红苋菜

P330900014

【学　名】Amaranthaceae（苋科）*Amaranthus*（苋属）*Amaranthus* spp.（苋菜）。
【采集地】浙江省舟山市定海区。

【主要特征特性】株型为单茎型。幼苗叶面紫红色，叶背紫红色，成株期叶近圆形，叶面紫色，叶背紫色，叶缘全缘，叶面皱缩，叶长18.8cm，叶宽9.0cm，叶面尖端形状为尖，叶面无刺毛，叶柄长3.8cm，叶柄紫红色，叶基圆形，叶着生状态为直角，叶片数6片。单株分枝数5.0个。茎紫红色，茎枝无刺毛。

【优异特性与利用价值】叶片正面深紫红色，背面紫红色。

【濒危状况及保护措施建议】少数农户零星种植，收集困难。建议异位妥善保存，扩大种植面积。

20 海菜菇

P330900021

【学 名】Amaranthaceae（苋科）*Amaranthus*（苋属）*Amaranthus* spp.（苋菜）。

【采集地】浙江省舟山市嵊泗县。

【主要特征特性】株型为多茎型。幼苗叶面花色，叶背花色，成株期叶纺锤形，叶面花色，叶背花色，叶缘全缘，叶面皱缩，叶长23.1cm，叶宽12.1cm，叶面尖端形状为尖，叶面无刺毛，叶柄长7.5cm，叶柄紫红色，叶基圆形，叶着生状态为近直角，叶片数8片。单株分枝数7.7个。茎紫红色，茎枝无刺毛。

【优异特性与利用价值】一般性种质。

【濒危状况及保护措施建议】少数农户零星种植，收集困难。建议异位妥善保存，扩大种植面积。

21 三门白苋菜

P331022024

【学 名】Amaranthaceae（苋科）*Amaranthus*（苋属）*Amaranthus* spp.（苋菜）。

【采集地】浙江省台州市三门县。

【主要特征特性】株型为多茎型。幼苗叶面黄绿色，叶背黄绿色，成株期叶纺锤形，叶面黄绿色，叶背黄绿色，叶缘全缘，叶面皱缩，叶长18.7cm，叶宽8.3cm，叶面尖端形状为尖，叶面无刺毛，叶柄长2.3cm，叶柄浅绿色，叶基楔形，叶着生状态为近直角，叶片数13片。单株分枝数8.0个。茎浅绿色，茎枝无刺毛。

【优异特性与利用价值】一般性种质。

【濒危状况及保护措施建议】少数农户零星种植，收集困难。建议异位妥善保存，扩大种植面积。

第五节　芹菜种质资源

1 长兴芹菜
2018331286
【学　名】Apiaceae（伞形科）Apium（芹属）Apium graveolens（芹菜）。
【采集地】浙江省湖州市长兴县。

【主要特征特性】植株为须状根。侧芽数12.3个。叶族姿态为半直立，叶片数10.1片，叶绿色，叶面光泽中等，叶片无起疱，叶片长57.7cm，小叶间距4.4cm，末端小叶长7.8cm，小叶叶缘尖锐，小叶叶缘缺刻密度密，小叶叶缘缺刻深度中等，小叶裂片间隔为分离。叶柄无花青苷显色，叶柄长35.7cm，叶柄宽3.2cm，叶柄筋突起中等，叶柄内侧轮廓轻微凹陷，叶柄有自褪色，叶柄绿色深浅中等，叶柄无空心。

【优异特性与利用价值】一般性种质。

【濒危状况及保护措施建议】少数农户零星种植，收集困难。建议异位妥善保存，扩大种植面积。

2 黄岩白芹

2018333626

【学　名】Apiaceae（伞形科）*Apium*（芹属）*Apium graveolens*（芹菜）。

【采集地】浙江省台州市黄岩区。

【主要特征特性】植株为须状根。侧芽数11.6个。叶族姿态为半直立，叶片数14.2片，叶浅绿色，叶面光泽中等，叶片无起疱，叶片长43.2cm，小叶间距2.9cm，末端小叶长8.3cm，小叶叶缘尖锐，小叶叶缘缺刻密度稀，小叶叶缘缺刻深度深，小叶裂片间隔为接触。叶柄无花青苷显色，叶柄长30.2cm，叶柄宽3.3cm，叶柄筋突起中等，叶柄内侧轮廓轻微凹陷，叶柄有自褪色，叶柄绿色深浅中等，叶柄无空心。

【优异特性与利用价值】一般性种质。

【濒危状况及保护措施建议】少数农户零星种植，收集困难。建议异位妥善保存，扩大种植面积。

3 黄岩旱芹

2018333627

【学　名】Apiaceae（伞形科）Apium（芹属）Apium graveolens（芹菜）。

【采集地】浙江省台州市黄岩区。

【主要特征特性】植株为须状根。侧芽数7.6个。叶族姿态为半直立，叶片数10.6片，叶绿色，叶面光泽中等，叶片无起疱，叶片长49.2cm，小叶间距2.2cm，末端小叶长8.3cm，小叶叶缘尖锐，小叶叶缘缺刻密度稀，小叶叶缘缺刻深度深，小叶裂片间隔为分离。叶柄无花青苷显色，叶柄长33.2cm，叶柄宽3.1cm，叶柄筋突起中等，叶柄内侧轮廓轻微凹陷，叶柄有自褪色，叶柄绿色深浅中等，叶柄无空心。

【优异特性与利用价值】一般性种质。

【濒危状况及保护措施建议】少数农户零星种植，收集困难。建议异位妥善保存，扩大种植面积。

4 舟山空心芹

2019335016

【学　名】Apiaceae（伞形科）*Apium*（芹属）*Apium graveolens*（芹菜）。

【采集地】浙江省舟山市嵊泗县。

【主要特征特性】植株为须状根。侧芽数9.2个。叶族姿态为半直立，叶片数13.2片，叶浅绿色，叶面光泽中等，叶片无起疱，叶片长50.4cm，小叶间距2.6cm，末端小叶长9.9cm，小叶叶缘圆钝，小叶叶缘缺刻密度稀，小叶叶缘缺刻深度中等，小叶裂片间隔为接触。叶柄无花青苷显色，叶柄长28.7cm，叶柄宽1.7cm，叶柄筋突起中等，叶柄内侧轮廓轻微凹陷，叶柄有自褪色，叶柄绿色深浅中等，叶柄无空心。

【优异特性与利用价值】一般性种质。

【濒危状况及保护措施建议】少数农户零星种植，收集困难。建议异位妥善保存，扩大种植面积。

5 慈溪芹菜

P330282003

【学 名】Apiaceae（伞形科）Apium（芹属）Apium graveolens（芹菜）。

【采集地】浙江省宁波市慈溪市。

【主要特征特性】植株为须状根。侧芽数8.3个。叶族姿态为半直立，叶片数9.3片，叶浅绿色，叶面光泽中等，叶片无起疱，叶片长52.4cm，小叶间距2.1cm，末端小叶长11.1cm，小叶叶缘圆钝，小叶叶缘缺刻密度稀，小叶叶缘缺刻深度中等，小叶裂片间隔为分离。叶柄无花青苷显色，叶柄长33.8cm，叶柄宽1.8cm，叶柄筋突起中等，叶柄内侧轮廓轻微凹陷，叶柄有自褪色，叶柄绿色深浅中等，叶柄无空心。

【优异特性与利用价值】叶片浅绿色，色泽漂亮。

【濒危状况及保护措施建议】少数农户零星种植，收集困难。建议异位妥善保存，扩大种植面积。

6 洞头本地芹菜

P330305016

【学　名】Apiaceae（伞形科）*Apium*（芹属）*Apium graveolens*（芹菜）。

【采集地】浙江省温州市洞头县。

【主要特征特性】植株为须状根。侧芽数6.4个。叶族姿态为直立，叶片数7.6片，叶深绿色，叶面光泽中等，叶片无起疱，叶片长33.9cm，小叶间距1.8cm，末端小叶长9.7cm，小叶叶缘圆钝，小叶叶缘缺刻密度稀，小叶叶缘缺刻深度中等，小叶裂片间隔为接触。叶柄无花青苷显色，叶柄长23.8cm，叶柄宽1.1cm，叶柄筋突起中等，叶柄内侧轮廓轻微凹陷，叶柄有自褪色，叶柄绿色深浅中等，叶柄无空心。

【优异特性与利用价值】一般性种质。

【濒危状况及保护措施建议】少数农户零星种植，收集困难。建议异位妥善保存，扩大种植面积。

7 麻布芹菜

P330326006

【学　名】Apiaceae（伞形科）Apium（芹属）Apium graveolens（芹菜）。

【采集地】浙江省温州市平阳县。

【主要特征特性】植株为须状根。侧芽数8.1个。叶族姿态为直立，叶片数7.3片，叶深绿色，叶面光泽中等，叶片无起疱，叶片长52.8cm，小叶间距4.2cm，末端小叶长12.3cm，小叶叶缘圆钝，小叶叶缘缺刻密度稀，小叶叶缘缺刻深度中等，小叶裂片间隔为接触。叶柄无花青苷显色，叶柄长31.9cm，叶柄宽2.4cm，叶柄筋突起中等，叶柄内侧轮廓轻微凹陷，叶柄有自褪色，叶柄绿色深浅中等，叶柄无空心。

【优异特性与利用价值】一般性种质。

【濒危状况及保护措施建议】少数农户零星种植，收集困难。建议异位妥善保存，扩大种植面积。

8 桐乡土芹菜

P330483012

【学　名】Apiaceae（伞形科）*Apium*（芹属）*Apium graveolens*（芹菜）。

【采集地】浙江省嘉兴市桐乡市。

【主要特征特性】植株为须状根。侧芽数7.2个。叶族姿态为斜立，叶片数15.4片，叶黄绿色，叶面光泽中等，叶片无起疱，叶片长44.6cm，小叶间距1.7cm，末端小叶长6.7cm，小叶叶缘尖锐，小叶叶缘缺刻密度中等，小叶叶缘缺刻深度中等，小叶裂片间隔为分离。叶柄无花青苷显色，叶柄长28.2cm，叶柄宽2.8cm，叶柄筋突起中等，叶柄内侧轮廓轻微凹陷，叶柄有自褪色，叶柄绿色浅，叶柄无空心。

【优异特性与利用价值】一般性种质。

【濒危状况及保护措施建议】少数农户零星种植，收集困难。建议异位妥善保存，扩大种植面积。

9 兰溪土芹菜

P330781020

【学 名】Apiaceae（伞形科）*Apium*（芹属）*Apium graveolens*（芹菜）。

【采集地】浙江省金华市兰溪市。

【主要特征特性】植株为须状根。侧芽数8.2个。叶族姿态为直立，叶片数7.1片，叶绿色，叶面光泽中等，叶片无起疱，叶片长39.8cm，小叶间距2.7cm，末端小叶长9.2cm，小叶叶缘圆钝，小叶叶缘缺刻密度稀，小叶叶缘缺刻深度中等，小叶裂片间隔为分离。叶柄有花青苷显色，叶柄花青苷色为浅粉色，叶柄长19.3cm，叶柄宽2.1cm，叶柄筋突起中等，叶柄内侧轮廓轻微凹陷，叶柄有自褪色，叶柄绿色浅，叶柄无空心。

【优异特性与利用价值】叶柄花青苷色为浅粉色，比较有特色。

【濒危状况及保护措施建议】少数农户零星种植，收集困难。建议异位妥善保存，扩大种植面积。

10 常山土芹菜
P330822021

【学　名】Apiaceae（伞形科）*Apium*（芹属）*Apium graveolens*（芹菜）。
【采集地】浙江省衢州市常山县。

【主要特征特性】植株为须状根。侧芽数8.1个。叶族姿态为斜立，叶片数9.4片，叶深绿色，叶面光泽中等，叶片无起疱，叶片长48.2cm，小叶间距1.9cm，末端小叶长9.1cm，小叶叶缘圆钝，小叶叶缘缺刻密度稀，小叶叶缘缺刻深度深，小叶裂片间隔为接触，叶柄无花青苷显色。叶柄长34.2cm，叶柄宽1.8m，叶柄筋突起中等，叶柄内侧轮廓轻微凹陷，叶柄有自褪色，叶柄绿色深浅中等，叶柄无空心。

【优异特性与利用价值】一般性种质。

【濒危状况及保护措施建议】少数农户零星种植，收集困难。建议异位妥善保存，扩大种植面积。

第 六 章

浙江省根茎类蔬菜种质资源

第一节 萝卜种质资源

1 淳安土萝卜
2017331101

【学 名】Brassicaceae（十字花科）*Raphanus*（萝卜属）*Raphanus sativus*（萝卜）。
【采集地】浙江省杭州市淳安县。

【主要特征特性】株高41.0cm，株幅59.7cm，叶长46.7cm，叶宽16.7cm，小裂片9.3对，叶19.3片，中间型，叶浅裂，叶绿色，叶柄浅绿色。肉根地上长4.0cm，肉根总长16.3cm，肉根粗7.3cm，肉根重656.0g，肉根倒长圆锥形，肉根基部阔圆形，根肉白色，地上皮浅绿色，地下皮白色。

【优异特性与利用价值】熟食，耐寒。

【濒危状况及保护措施建议】分布面积较广，可收集异位保存。

2 建德萝卜
2017332034

【学 名】Brassicaceae（十字花科）*Raphanus*（萝卜属）*Raphanus sativus*（萝卜）。
【采集地】浙江省杭州市建德市。

【主要特征特性】株高27.7cm，株幅39.3cm，叶长34.3cm，叶宽11.7cm，叶13.3片，板叶，叶无裂刻，叶绿色，叶柄红色。肉根地上长5.0cm，肉根总长17.0cm，肉根粗9.3cm，肉根重826.0g，肉根纺锤形，肉根基部圆形，根肉白色，地上皮红色，地下皮紫色。

【优异特性与利用价值】熟食，早熟。

【濒危状况及保护措施建议】分布面积较广，可收集异位保存。

3 奉化一点红-1

2017334071

【学 名】Brassicaceae（十字花科）*Raphanus*（萝卜属）*Raphanus sativus*（萝卜）。
【采集地】浙江省宁波市奉化市。

【主要特征特性】株高41.0cm，株幅71.3cm，叶长44.3cm，叶宽13.0cm，小裂片8.3对，叶20.7片，花叶，叶深裂，叶绿色，叶柄浅绿色。肉根地上长3.3cm，肉根总长14.7cm，肉根粗7.7cm，肉根重477.7g，肉根纺锤形，肉根基部圆形，根肉白色，地上皮红色，地下皮白色。

【优异特性与利用价值】熟食，早熟性好。

【濒危状况及保护措施建议】分布面积较广，混杂程度高，浙江地区广泛种植，建议异位妥善保存。

4 圆白萝卜

2018331437

【学 名】Brassicaceae（十字花科）*Raphanus*（萝卜属）*Raphanus sativus*（萝卜）。
【采集地】浙江省嘉兴市桐乡市。

【主要特征特性】株高24.7cm，株幅45.0cm，叶长32.0cm，叶宽9.7cm，叶19.3片，板叶，叶无裂刻，叶绿色，叶柄浅紫色。肉根地上长6.7cm，肉根总长19.0cm，肉根粗

7.3cm，肉根重614.7g，肉根纺锤形，肉根基部圆形，根肉白色，地上皮浅紫色，地下皮白色。

【优异特性与利用价值】熟食，早熟性好，品质高。

【濒危状况及保护措施建议】分布面积较广，浙江地区广泛种植，建议异位妥善保存。

5 景宁白萝卜
2018332013

【学 名】Brassicaceae（十字花科）Raphanus（萝卜属）Raphanus sativus（萝卜）。
【采集地】浙江省丽水市景宁畲族自治县。

【主要特征特性】株高37.0cm，株幅58.0cm，叶长37.3cm，叶宽11.0cm，小裂片8.0对，叶17.3片，花叶，叶全裂，叶浅绿色，叶柄浅绿色。肉根地上长9.0cm，肉根总长19.0cm，肉根粗8.7cm，肉根重782.0g，肉根高圆台形，肉根基部阔圆形，根肉白色，地上皮白色，地下皮白色。

【优异特性与利用价值】熟食，皮色纯白色，收尾好。

【濒危状况及保护措施建议】分布面积较小，可收集异位保存。

6 景宁萝卜

2018332067

【学　名】Brassicaceae（十字花科）Raphanus（萝卜属）Raphanus sativus（萝卜）。

【采集地】浙江省丽水市景宁畲族自治县。

【主要特征特性】株高48.3cm，株幅70.3cm，叶长53.3cm，叶宽15.3cm，叶23.3片，板叶，叶无裂刻，叶绿色，叶柄红色。肉根地上长11.0cm，肉根总长15.7cm，肉根粗8.3cm，肉根重724.0g，肉根纺锤形，肉根基部圆形，根肉白色，地上皮红色，地下皮红色。

【优异特性与利用价值】熟食，早熟。

【濒危状况及保护措施建议】分布面积较广，可收集异位保存。

7 开化萝卜

2018332421

【学　名】Brassicaceae（十字花科）Raphanus（萝卜属）Raphanus sativus（萝卜）。

【采集地】浙江省衢州市开化县。

【主要特征特性】株高45.0cm，株幅57.7cm，叶长47.0cm，叶宽13.7cm，小裂片8.7对，叶20.7片，花叶，叶深裂，叶绿色，叶柄浅绿色。肉根地上长4.7cm，肉根总长14.0cm，肉根粗9.7cm，肉根重873.3g，肉根纺锤形，肉根基部圆形，根肉白色，地上皮浅绿色，地下皮白色。

【优异特性与利用价值】熟食，早熟。

【濒危状况及保护措施建议】分布面积较广，可收集异位保存。

8 音坑萝卜

2018332476

【学　名】Brassicaceae（十字花科）*Raphanus*（萝卜属）*Raphanus sativus*（萝卜）。

【采集地】浙江省衢州市开化县。

【主要特征特性】株高38.0cm，株幅60.7cm，叶长46.7cm，叶宽17.3cm，小裂片10.0对，叶17.7片，中间型，叶浅裂，叶绿色，叶柄浅绿色。肉根地上长5.7cm，肉根总长14.0cm，肉根粗8.0cm，肉根重642.0g，肉根纺锤形，肉根基部圆形，根肉白色，地上皮浅绿色，地下皮白色。

【优异特性与利用价值】熟食。

【濒危状况及保护措施建议】分布面积较广，可收集异位保存。

9 衢江白萝卜

2018333228

【学　名】Brassicaceae（十字花科）*Raphanus*（萝卜属）*Raphanus sativus*（萝卜）。

【采集地】浙江省衢州市衢江区。

【主要特征特性】株高48.7cm，株幅66.7cm，叶长44.7cm，叶宽20.0cm，小裂片10.0对，叶20.0片，花叶，叶全裂，叶绿色，叶柄浅绿色。肉根地上长15.3cm，肉根总长29.7cm，肉根粗6.0cm，肉根重1082.3g，肉根长弯号角形，肉根基部尖形，根肉白色，地上皮白色，地下皮白色。

【优异特性与利用价值】熟食，耐寒。

【濒危状况及保护措施建议】分布面积较广，可收集异位保存。

10 磐安红萝卜
2018333421

【学　名】Brassicaceae（十字花科）*Raphanus*（萝卜属）*Raphanus sativus*（萝卜）。

【采集地】浙江省金华市磐安县。

【主要特征特性】株高30.3cm，株幅53.0cm，叶长32.3cm，叶宽10.3cm，小裂片6.0对，叶12.7片，花叶，叶全裂，叶绿色，叶柄红色。肉根地上长3.0cm，肉根总长10.7cm，肉根粗8.3cm，肉根重509.7g，肉根梨形，肉根基部圆形，根肉白色，地上皮粉红色，地下皮白色。

【优异特性与利用价值】熟食，早熟。

【濒危状况及保护措施建议】分布面积较广，可收集异位保存。

11 奉化一点红-2
2018334104

【学　名】Brassicaceae（十字花科）*Raphanus*（萝卜属）*Raphanus sativus*（萝卜）。

【采集地】浙江省宁波市奉化市。

【主要特征特性】株高36.7cm，株幅44.3cm，叶长32.3cm，叶宽11.7cm，叶16.7片，板叶，叶无裂刻，叶绿色，叶柄浅绿色。肉根地上长5.7cm，肉根总长14.3cm，肉根粗6.7cm，肉根重385.0g，肉根短圆柱形，肉根基部尖形，根肉白色，地上皮粉红色，地下皮白色。

【优异特性与利用价值】熟食，耐寒。

【濒危状况及保护措施建议】分布面积较广，可收集异位保存。

12　奉化圆萝卜
2018334108

【学　名】 Brassicaceae（十字花科）*Raphanus*（萝卜属）*Raphanus sativus*（萝卜）。
【采集地】 浙江省宁波市奉化市。

【主要特征特性】 株高29.0cm，株幅56.7cm，叶长36.7cm，叶宽14.7cm，小裂片6.0对，叶15.3片，花叶，叶全裂，叶绿色，叶柄浅绿色。肉根地上长2.3cm，肉根总长9.3cm，肉根粗10.5cm，肉根重564.7g，肉根扁圆形，肉根基部阔圆形，根肉白色，地上皮白色，地下皮白色。

【优异特性与利用价值】 熟食，早熟。

【濒危状况及保护措施建议】 分布面积较小，可收集异位保存。

13　白萝卜（短种）
2018334333

【学　名】 Brassicaceae（十字花科）*Raphanus*（萝卜属）*Raphanus sativus*（萝卜）。
【采集地】 浙江省台州市仙居县。

【主要特征特性】 株高37.3cm，株幅72.3cm，叶长44.7cm，叶宽18.0cm，小裂片8.0对，叶18.0片，花叶，叶全裂，叶绿色，叶柄浅绿色。肉根地上长4.3cm，肉根总长12.7cm，肉根粗10.0cm，肉根重798.7g，肉根卵圆形，肉根基部圆形，根肉白色，地上皮白色，地下皮白色。

【优异特性与利用价值】 熟食，早熟。

【濒危状况及保护措施建议】 分布面积较广，可收集异位保存。

14 临安山萝卜

2018334405

【学　名】Brassicaceae（十字花科）*Raphanus*（萝卜属）*Raphanus sativus*（萝卜）。

【采集地】浙江省杭州市临安市。

【主要特征特性】株高40.7cm，株幅45.7cm，叶长38.3cm，叶宽14.0cm，叶29.0片，板叶，叶无裂刻，叶绿色，叶柄浅绿色。肉根地上长6.7cm，肉根总长15.3cm，肉根粗7.0cm，肉根重655.7g，肉根短圆柱形，肉根基部圆形，根肉白色，地上皮白色，地下皮白色。

【优异特性与利用价值】熟食，早熟性好。

【濒危状况及保护措施建议】分布面积较广，可收集异位保存。

15 定海大萝卜

2018335018

【学　名】Brassicaceae（十字花科）*Raphanus*（萝卜属）*Raphanus sativus*（萝卜）。

【采集地】浙江省舟山市定海区。

【主要特征特性】株高55.7cm，株幅69.3cm，叶长52.0cm，叶宽16.7cm，小裂片10.7对，叶20.7片，花叶，叶全裂，叶绿色，叶柄浅绿色。肉根地上长4.3cm，肉根总长27.3cm，肉根粗6.0cm，肉根重775.0g，肉根长圆柱形，肉根基部尖形，根肉白色，地上皮白色，地下皮白色。

【优异特性与利用价值】熟食，根耐裂。

【濒危状况及保护措施建议】分布面积较小，可收集异位保存。

16 定海小萝卜
2018335019

【学　名】Brassicaceae（十字花科）Raphanus（萝卜属）Raphanus sativus（萝卜）。
【采集地】浙江省舟山市定海区。

【主要特征特性】株高27.3cm，株幅60.7cm，叶长38.0cm，叶宽16.0cm，小裂片7.3对，叶16.7片，花叶，叶全裂，叶绿色，叶柄浅绿色。肉根地上长3.7cm，肉根总长8.0cm，肉根粗11.7cm，肉根重610.3g，肉根扁圆形，肉根基部阔圆形，根肉白色，地上皮白色，地下皮白色。

【优异特性与利用价值】熟食，早熟性好。

【濒危状况及保护措施建议】分布面积较小，可收集异位保存。

17 长岗山萝卜
2018335024

【学　名】Brassicaceae（十字花科）Raphanus（萝卜属）Raphanus sativus（萝卜）。
【采集地】浙江省舟山市定海区。

【主要特征特性】株高23.0cm，株幅47.7cm，叶长24.7cm，叶宽8.7cm，叶16.7片，板叶，叶无裂刻，叶绿色，叶柄浅绿色。肉根地上长7.3cm，肉根总长12.0cm，肉根粗9.3cm，肉根重676.7g，肉根梨形，肉根基部圆形，根肉白色，地上皮白色，地下皮白色。

【优异特性与利用价值】熟食，早熟性好，收尾好。

【濒危状况及保护措施建议】分布面积较小，可收集异位保存。

18 雪梨萝卜

P330109019

【学　名】Brassicaceae（十字花科）*Raphanus*（萝卜属）*Raphanus sativus*（萝卜）。

【采集地】浙江省杭州市萧山区。

【主要特征特性】株高42.0cm，株幅47.3cm，叶长35.3cm，叶宽10.0cm，叶15.7片，板叶，叶无裂刻，叶绿色，叶柄浅绿色。肉根地上长9.0cm，肉根总长20.0cm，肉根粗6.8cm，肉根重573.3g，肉根长圆柱形，肉根基部阔圆形，根肉白色，地上皮白色，地下皮白色。

【优异特性与利用价值】熟食，早熟。

【濒危状况及保护措施建议】分布面积较广，可收集异位保存。

19 小金钟萝卜

P330281024

【学　名】Brassicaceae（十字花科）*Raphanus*（萝卜属）*Raphanus sativus*（萝卜）。

【采集地】浙江省宁波市余姚市。

【主要特征特性】株高29.7cm，株幅53.0cm，叶长37.0cm，叶宽13.3cm，小裂片7.3对，叶19.7片，板叶，叶全裂，叶绿色，叶柄浅绿色。肉根地上长7.3cm，肉根总长11.0cm，肉根粗10.7cm，肉根重691.3g，肉根卵圆形，肉根基部阔圆形，根肉白色，地上皮白色，地下皮白色。

【优异特性与利用价值】熟食，早熟性好。

【濒危状况及保护措施建议】分布面积较小，可收集异位保存。

20 兰溪小萝卜

P330781022

【学　名】Brassicaceae（十字花科）*Raphanus*（萝卜属）*Raphanus sativus*（萝卜）。

【采集地】浙江省金华市兰溪市。

【主要特征特性】株高45.3cm，株幅64.7cm，叶长38.7cm，叶宽12.0cm，叶16.7片，中间型，叶浅裂，叶绿色，叶柄浅绿色。肉根地上长11.7cm，肉根总长18.0cm，肉根粗8.3cm，肉根重762.3g，肉根长圆柱形，肉根基部圆形，根肉白色，地上皮白色，地下皮白色。

【优异特性与利用价值】加工萝卜，腌制用。

【濒危状况及保护措施建议】分布面积较广，纯度不够，需要提纯复壮。

21 壶平底萝卜

P330783010

【学　名】Brassicaceae（十字花科）*Raphanus*（萝卜属）*Raphanus sativus*（萝卜）。

【采集地】浙江省金华市东阳市。

【主要特征特性】株高45.0cm，株幅64.3cm，叶长47.0cm，叶宽20.0cm，小裂片8.0对，叶14.3片，花叶，叶全裂，叶绿色，叶柄浅绿色。肉根地上长7.3cm，肉根总长12.0cm，肉根粗5.3cm，肉根重291.7g，肉根短圆柱形，肉根基部阔圆形，根肉白色，地上皮白色，地下皮白色。

【优异特性与利用价值】熟食。

【濒危状况及保护措施建议】分布面积较广，可收集异位保存。

22 永康萝卜

P330784039

【学 名】Brassicaceae（十字花科）*Raphanus*（萝卜属）*Raphanus sativus*（萝卜）。

【采集地】浙江省金华市永康市。

【主要特征特性】株高52.0cm，株幅76.3cm，叶长56.0cm，叶宽21.3cm，小裂片9.3对，叶22.7片，花叶，叶全裂，叶绿色，叶柄浅绿色。肉根地上长1.0cm，肉根总长18.0cm，肉根粗6.7cm，肉根重613.7g，肉根长圆柱形，肉根基部锐尖，根肉白色，地上皮白色，地下皮白色。

【优异特性与利用价值】熟食。

【濒危状况及保护措施建议】分布面积较广，可收集异位保存。

23 玉岩圆萝卜

P331124009

【学 名】Brassicaceae（十字花科）*Raphanus*（萝卜属）*Raphanus sativus*（萝卜）。

【采集地】浙江省丽水市松阳县。

【主要特征特性】株高35.0cm，株幅63.2cm，叶长43.3cm，叶宽15.7cm，小裂片7.3对，叶16.3片，中间型，叶深裂，叶绿色，叶柄浅绿色。肉根地上长4.0cm，肉根总长10.3cm，肉根粗9.7cm，肉根重644.7g，肉根梨形，肉根基部阔圆形，根肉白色，地上皮浅绿色，地下皮白色。

【优异特性与利用价值】熟食。

【濒危状况及保护措施建议】分布面积较广，可收集异位保存。

第二节　根用芥菜种质资源

1 短叶大头菜

2018335456

【学　名】Brassicaceae（十字花科）Brassica（芸薹属）Brassica juncea（芥菜）。

【采集地】浙江省嘉兴市嘉善县。

【主要特征特性】株高 42.0cm，株幅 56.0cm，株型半直立，分蘖性弱。叶型为板叶，叶长椭圆形，叶顶端钝尖，叶缘波状，叶裂回数一回，叶面平滑，叶绿色，叶脉浅绿色，叶柄白绿色；肉质根短圆柱形，根肩形状平，根肩疤痕小，肉质根纵径 9.5cm，根地上部纵径 6.0cm、横径 6.6cm，根地上部皮浅绿色，根地下部皮黄白色，根肉白色，单株总重 490.0g，单根重 320.0g。

【优异特性与利用价值】根用型，可用作芥菜育种材料。

【濒危状况及保护措施建议】少数农户零星种植，收集困难。建议异位妥善保存，扩大种植面积。

2 城西大头菜

P330424018

【学 名】Brassicaceae（十字花科）Brassica（芸薹属）*Brassica juncea*（芥菜）。

【采集地】浙江省嘉兴市海盐县。

【主要特征特性】株高43.0cm，株幅52.0cm，株型半直立，分蘖性弱。叶型为板叶，叶长椭圆形，叶顶端钝尖，叶缘波状，叶面平，叶绿色，叶脉浅绿色，叶柄浅绿色；肉质根长圆锥形，根肩形状平，根肩疤痕小，肉质根纵径13.5cm，根地上部纵径9.0cm、横径9.5cm，根地上部皮浅绿色，根地下部皮黄白色，根肉白色，单株总重895.0g，单根重730.0g。

【优异特性与利用价值】根用型，可用作芥菜育种材料。

【濒危状况及保护措施建议】少数农户零星种植，收集困难。建议异位妥善保存，扩大种植面积。

3 斜桥大头菜

P330481007

【学 名】Brassicaceae（十字花科）Brassica（芸薹属）Brassica juncea（芥菜）。

【采集地】浙江省嘉兴市海宁市。

【主要特征特性】株高32.0cm，株幅54.0cm，株型半直立，分蘖性弱。叶型为板叶，叶长椭圆形，叶顶端钝尖，叶缘波状，叶裂回数一回，叶面平，叶绿色，叶脉浅绿色，叶柄浅绿色；肉质根长圆柱形，根肩形状平，根肩疤痕小，肉质根纵径14.5cm，根地上部纵径13.0cm、横径7.5cm，根地上部皮浅绿色，根地下部皮黄白色，根肉白色，单株总重885.0g，单根重645.0g。

【优异特性与利用价值】根用型，可用作芥菜育种材料。

【濒危状况及保护措施建议】少数农户零星种植，收集困难。建议异位妥善保存，扩大种植面积。

4 高桥大头菜

P330483015

【学　名】Brassicaceae（十字花科）*Brassica*（芸薹属）*Brassica juncea*（芥菜）。

【采集地】浙江省嘉兴市桐乡市。

【主要特征特性】株高34.0cm，株幅45.0cm，株型半直立，分蘖性弱。叶型为板叶，叶长椭圆形，叶顶端钝尖，叶缘波状，叶裂回数一回，叶面平，叶绿色，叶脉浅绿色，叶柄白绿色；肉质根短圆柱形，根肩形状平，根肩疤痕小，肉质根纵径11.5cm，根地上部纵径9.0cm、横径6.5cm，根地上部皮浅绿色，根地下部皮黄白色，根肉白色，单株总重385.0g，单根重280.0g。

【优异特性与利用价值】根用型，可用作芥菜育种材料。

【濒危状况及保护措施建议】少数农户零星种植，收集困难。建议异位妥善保存，扩大种植面积。

第三节　茎用芥菜种质资源

1 余缩一号

P330281022

【学　名】Brassicaceae（十字花科）Brassica（芸薹属）Brassica juncea（芥菜）。

【采集地】浙江省宁波市余姚市。

【主要特征特性】株高54.0cm，株幅70.0cm，株型半直立，分蘖性中等。叶型为板叶，叶长倒卵形，叶顶端尖，叶缘深锯齿，叶面微皱，叶绿色，叶柄白绿色；肉（瘤）茎类型为茎瘤，肉（瘤）茎形状为短棒，肉（瘤）茎纵径16.0cm、横径9.5cm，肉（瘤）茎皮浅绿色，单株总重795.0g，肉（瘤）茎重530.0g。

【优异特性与利用价值】茎用型，可用作芥菜育种材料。

【濒危状况及保护措施建议】少数农户零星种植，收集困难。建议异位妥善保存，扩大种植面积。

2 红卫半碎叶

P330481004

【学　名】Brassicaceae（十字花科）Brassica（芸薹属）Brassica juncea（芥菜）。
【采集地】浙江省嘉兴市海宁市。

【主要特征特性】株高53.0cm，株幅71.0cm，株型开展，分蘖性中等。叶型为板叶，叶长倒卵形，叶顶端尖，叶缘深锯齿，叶裂刻为浅裂，叶裂回数一回，叶面平，叶绿色，叶脉浅绿色，叶柄白绿色；肉（瘤）茎类型为茎瘤，肉（瘤）茎皮浅绿色，肉（瘤）茎近圆球。

【优异特性与利用价值】茎用型，可用作芥菜育种材料。

【濒危状况及保护措施建议】少数农户零星种植，收集困难。建议异位妥善保存，扩大种植面积。

3 大叶种

P330481005

【学　名】Brassicaceae（十字花科）*Brassica*（芸薹属）*Brassica juncea*（芥菜）。

【采集地】浙江省嘉兴市海宁市。

【主要特征特性】株高63.0cm，株幅78.0cm，株型半直立，分蘖性中等。叶型为板叶，叶长倒卵形，叶顶端圆形，叶缘波状，叶面平，叶绿色，叶脉浅绿色，叶柄白绿色；肉（瘤）茎类型为茎瘤，肉（瘤）茎皮浅绿色，肉（瘤）茎近圆球。

【优异特性与利用价值】茎用型，可用作芥菜育种材料。

【濒危状况及保护措施建议】少数农户零星种植，收集困难。建议异位妥善保存，扩大种植面积。

4 青皮笋菜

P331081003

【学 名】Brassicaceae（十字花科）Brassica（芸薹属）Brassica juncea（芥菜）。

【采集地】浙江省台州市温岭市。

【主要特征特性】株高44.0cm，株幅70.0cm，株型半直立，分蘖性弱。叶型为板叶，叶长椭圆形，叶顶端圆形，叶缘波状，叶裂刻为浅裂，叶裂回数一回，叶面微皱，叶绿色，叶脉浅绿色，叶柄浅绿色；肉（瘤）茎类型为笋子，肉（瘤）茎长纺锤形，肉（瘤）茎纵径22.0cm、横径5.0cm，肉（瘤）茎皮浅绿色，单株总重365.0g，肉（瘤）茎重265.0g。

【优异特性与利用价值】茎用型，可用作芥菜育种材料。

【濒危状况及保护措施建议】少数农户零星种植，收集困难。建议异位妥善保存，扩大种植面积。

参 考 文 献

邓国富. 2020. 广西农作物种质资源. 北京: 科学出版社.

方智远. 2017. 中国蔬菜育种学. 北京: 中国农业出版社.

林志寅, 庄文雅, 汪精磊, 胡天华, 包崇来. 2021. 浙江省萝卜种质资源表型多样性分析. 浙江农业科学, 62(10): 1996-1999.

刘旭, 郑殿升, 黄兴奇. 2013. 云南及周边地区农业生物资源调查. 北京: 科学出版社.

《农作物种质资源技术规范》总编辑委员会. 2007. 农作物种质资源技术规范. 北京: 中国农业出版社.

汪宝根, 吴新义, 李素娟, 陈小央, 李艳伟, 汪颖, 鲁忠富, 吴晓花, 李国景. 2021. 浙江省地方豇豆种质资源的鉴定与评价. 植物遗传资源学报, 22(2): 380-389.

《浙江农业志》编纂委员会. 2004. 浙江省农业志（上下册）. 北京: 中华书局.

《浙江通志》编纂委员会. 2021. 浙江通志·农业志. 杭州: 浙江教育出版社.

索　引